Christian Mikunda

Der verbotene Ort

oder

Die inszenierte Verführung

*Unwiderstehliches Marketing
durch strategische Dramaturgie*

REDLINE WIRTSCHAFT

Christian Mikunda
Der verbotene Ort oder Die inszenierte Verführung
Unwiderstehliches Marketing durch strategische Dramaturgie
Frankfurt: Redline Wirtschaft, 2005
ISBN 3-636-01214-2

Unsere Web-Adresse:
http://www.redline-wirtschaft.de

Umschlag: INIT, Büro für Gestaltung, Bielefeld
Coverabbildung: Photonica, Hamburg
Copyright © 2005 by Redline Wirtschaft, Redline GmbH, Frankfurt/M.
Ein Unternehmen der Süddeutscher Verlag Hüthig Fachinformationen
Satz: deleatur:com, Wien
Druck: Himmer, Augsburg
Printed in Germany

Für Denise

Inhalt

Vorwort zur Neuauflage

Jeder Autor freut sich über Leserbriefe und sieht ab und zu im Internet nach, was da über seine Bücher geschrieben steht. Eines Tages entdeckte ich auf der Homepage von Amazon.de die Rezension eines Schweizer Marketingfachmanns, der folgendes ins Netz gestellt hatte:

»Mikundas faszinierendes Buch entstand zwischen 1992 und 1995. Weil es nicht überarbeitet wurde, sind viele Beispiele nicht mehr aktuell. Doch der theoretische Teil überzeugt. Es geht ohnehin darum, Mikundas Erkenntnisse selber wahrzunehmen, um sie anwenden zu können. Was beinhaltet Mikundas „sagenhafte" Theorie? Sie ordnet, was bisher verstreut da war und sagt klipp und klar, was eine gute Geschichte ist. So anschaulich und nachvollziehbar habe ich das selten gelesen. Der ehemalige Film- und Fernsehdramaturg gibt all seine Geheimnisse preis. Der Blick in Mikundas reich gefüllte Schatztruhe dramaturgischer Kunstgriffe ist gleichzeitig ein Blick in die menschliche Psyche. Dieser Ansatz macht das Buch so spannend, dass es wohl nicht nur Filmer und Werber mit Genuss lesen werden. Schön, wie Mikunda am Schluss des Buches auch die ewige Frage nach der Ethik im Marketing in Form von Geschichten beantwortet. Hätte er darauf verzichtet, seine Ausführungen mit wissenschaftlichen Formeln anzureichern, gäbe es noch weniger zu kritisieren. Aber vielleicht sind seine „Formeln" einfach seine spezielle Art von Selbstironie.«

Das Fazit der Buchbesprechung lautete schließlich: »Tolle Theorie – überholte Beispiele«. Was soll ich sagen? Der Mann hatte Recht. Mit der Rezension unter dem Arm überfiel ich meinen Verleger mit dem Vorschlag, das Buch einer drastischen Überarbeitung zu unterziehen. Et voilà, da ist sie. Alle Beispiele wurden aktualisiert und viele neue dazugeschrieben. Dabei konnte ich endlich verschiedenen Entwicklungen in der »Experience Economy« Rechnung tragen, die sich seither ereignet hatten, zum Beispiel der Verwandlung der Thematisierung von etwas sehr Kulissenhaften zu etwas, das über Design und Echtheit funktioniert. Mit dem geschärften Blick zehn weiterer Jahre war ich bemüht, alle Kunstgriffe noch schlüssiger zu erklären. Auch die dramaturgischen Formeln, die etwa beschreiben, warum bei einem erfolgreichen Event gleich drei psychologische Mechanismen im Spiel sind, wurden geradliniger. Unter dem Einfluss des 11. September und anderer terroristischer Ereignisse habe ich ein komplett neues Kapitel zum Thema »Sozio-Dramaturgie« geschrieben. Ich glaube, das Buch ist jetzt stärker denn je. Nun hoffe ich auf weitere aktive Leser, wie jenen Rezensenten aus der Schweiz.

Dr. Christian Mikunda
Wien, Februar 2005

Das Zeitalter der Unwiderstehlichkeit

Erwartungsvoll pressen sie die Einkaufstaschen von Bloomingdale's und Macy's fest an sich und stürzen sich vergnügt kreischend den künstlichen Wasserfall hinab, hier im größten Einkaufszentrum der USA, der Mall of America in Minneapolis – Spannungslösung an einem Ort, an dem dieselben Käufer doch eben erst Gold gefunden haben. Hollywood hat dafür Tausende Geschichten in ihre Köpfe versenkt. Da sind die Stories von den Pioniertagen Amerikas, vom Aufbruch in ein gelobtes Land, Go West, Entbehrungen, Schuften am Klondike, Gold schürfen und dann der Augenblick des unerwarteten Glücks. Und dieser Augenblick wird wahr im Camp Snoopy, dem Vergnügungspark der Mall.

Davor: das Abenteuer während des Einkaufs selbst. Schon von weitem winkt ein großer Baum, »Lost Forests« heißt der Shop, in dem viele verwunschene Plüschtiere im Halbdunkel von großen Bäumen hängen, daneben kleine Zettel, auf denen zu lesen steht, was diese Tierchen in den Wald gebracht hat, in diese mythische Welt, die längst verschüttete Geschichten wachruft. Erlebnisplanung in der Mall, das bedeutet unter anderem, den Drehbüchern in unserem Kopf einen Tritt zu versetzen, die gespeicherten Geschichten aufzurufen und wahr werden zu lassen, wie bei einem Kinderspiel, dessen Phantasien wir für bare Münze nehmen, und schließlich die Spannungslösung danach, der simulierte Absturz, das Kribbeln in der Magengrube.

Zur selben Zeit betritt in Paris ein Städtetourist das größte Museum der Welt und bleibt für einen Augenblick wie angewurzelt stehen. Dann greift die Dramaturgie des Louvre und saugt den Besucher in sich hinein. Bis vor einigen Jahren lagen die einzelnen Museumsabteilungen zueinander beziehungslos in unterschiedlichen Gebäuden und Stockwerken. Doch dann kam der amerikanische Architekt chinesischer Abstammung Ieoh Ming Pei. Er schuf für alle Abteilungen ein gemeinsames Zentrum, gebildet von der berühmten Glaspyramide, die in einen unterirdischen Eingangsbereich mündet. Von dort aus schlendert der

Besucher durch das Museum, genießt erwartungsvolle Durchblicke und folgt den Hinweisschildern auf die Mona Lisa, einem der berühmten Ausstellungsgegenstände des Louvre. Dabei spürt er, wie solche Wahrzeichen eine Abteilung unverwechselbar machen, so wie sich ein Stadtviertel vom anderen durch ein charakteristisches Bauwerk unterscheidet. Der Besucher erlangt nach und nach die Kontrolle über die Vielfalt der Räume. Lustvoll kann er im Museumslabyrinth navigieren. Das Museum ist zum »Playground« geworden und hat als Gebäude einen ähnlichen Erlebniswert wie die berühmten Ausstellungsstücke selbst.

Zwölf Flugstunden weiter westlich, im Beverly-Hills-Hotel in Hollywood, beginnt eine Pressekonferenz, weit weg von europäischem Kulturgut und nicht gerade für jedermann zugänglich. Selbst anerkannte Filmjournalisten müssen sich vom Veranstalter »nominieren« lassen, um an einer dieser so genannten »Junkets« teilnehmen zu können. Ihr Ablauf ähnelt in verblüffender Weise altägyptischen Tempelritualen. Das Prinzip lautet: Was man nicht so ohne weiteres bekommt, steigt unweigerlich im Wert. Im Tempel der Pharaonen war von Hof zu Hof jeder Tempelbezirk immer privilegierteren Mitgliedern der Gesellschaft zugänglich, bis zum eigentlichen Heiligtum, in dem sich schließlich nur mehr die geweihten Priester aufhalten durften. In Hollywood werden die auserwählten Journalisten in einem Luxushotel in immer »geheimere« Bereiche des »Tempels« vorgelassen, bis sie schließlich nach geduldigem Vorrücken im »Allerheiligsten« dem Star gegenüberstehen. Die Pressekonferenz wird so zur Initiation, zur Weihe derjenigen, die dazugehören, fernab jeder puristischen Informationsvermittlung.

Wo also soll dieses Buch beginnen? In Hollywood, wo die Pressekonferenz zum Abenteuer wird? In einem fesselnden Museum, das spielerisch seine Architektur zur Geltung bringt? Oder in der großen Kauflustmaschinerie einer amerikanischen Shopping Mall? Es ist ganz egal, wo dieses Buch beginnt. Denn heute, zu Beginn des 21. Jahrhunderts, sind beinahe alle Marketingbereiche von starken Erlebnissen durchdrungen. Die menschliche Evolution hat uns zu Gefühlsmenschen gemacht, die ihre Umwelt emotional erfahren wollen. Die neuen Erlebnismedien erfüllen dieses Bedürfnis heute ebenso selbstverständlich wie früher nur populäre Spielfilme oder Romane. Und tatsächlich: Alte europäische Museen, die uns einst verstaubt vorkamen, sind jetzt unwiderstehliche

Touristenmagnete, und selbst langweilige Pressekonferenzen gewinnen durch psychologische Extras an Attraktivität.

Womit also könnte dieses Buch beginnen? Vielleicht damit, wie sich alle Formen der neuen Unwiderstehlichkeit aus einer gemeinsamen Keimzelle heraus entwickelten.

Der Ursprung

Alles begann damit, dass die Menschen lernten, sich mit nur wenigen Informationen in der Welt zurechtzufinden. Dann haben sie herausgefunden, dass das auch noch Spaß macht. Zum Beispiel in der Sprache. Die meisten Menschen haben keine großen Probleme damit, sich über so manches Fremdwort hinwegzuschwindeln. Wenn da etwa jemand welke Xerolien aus der Vase nimmt, um sie im Mülleimer verschwinden zu lassen, hat man spontan botanische Assoziationen, auch wenn es solche Xerolien vielleicht überhaupt nicht gibt. »Xerolie«, das ist tatsächlich einfach ein Kunstwort. Und schon kommt tief im 19. Jahrhundert Lewis Carroll, der Autor von »Alice im Wunderland«, auf die Idee, Tausende Briefe an kleine Mädchen zu schreiben, in denen er mit der Sprache intellektuelle Scherze treibt.

My  Ina

beginnt er einen seiner Briefe und spielt damit, dass der geneigte Adressat auf Grund der gleichen Aussprache kurzerhand das Rentier (deer) gegen die Anrede (dear) austauscht. Weil man dabei mit zwei Bezugsebenen zurechtkommen muss, macht das Spaß. »I came 2 Your door 2 wish U many happy returns« setzt er den Brief fort. Was damals der elitäre Spaß eines Professors aus Oxford war, ist heute Allgemeingut. »Bar-B-Q« schreiben die Amerikaner frech verkürzt auf die Einladungskarte für das Grillfest, *»Liberté-Égalité-Portabilité«* lautete der »revolutionäre« Slogan für tragbare Computer von Toshiba, und mit »Der Name der Hose« (und nicht der »Rose«) waren Bluejeans gemeint. Eine Kreditkarte eroberte mit »Veni-Vidi-Visa« den deutschen Markt, und das ABS-Bremssystem stellte sich mit *»Der Mensch lenkt, die Bremse denkt«* vor, eine Anspielung auf *»Der Mensch denkt, Gott lenkt«*.

Wer so dazu gebracht wird, Schlüsse zu ziehen, fühlt sich auf eine vibrierende Weise lebendig und aktiv. Der Psychologe Salomon bezeichnete diesen Zustand der Involviertheit als *AIME*, als den »Amount of invested Mental Elaborations«.

Je mehr man Gelegenheit hat, sich einen Reim zu machen, desto höher der AIME – Wert, der Grad der Involviertheit.

Praktisch alle Marketingbereiche versuchen, den Kunden in einen solchen Zustand der erhöhten Aktivität zu versetzen, um so nebenbei ihre Botschaften miteinsaugen zu lassen. Lewis Carroll und andere haben also in unserem Denken das Potential einer körpereigenen »Erlebnissubstanz« entdeckt, die heute, durch den beschleunigten Informationsaustausch, in jede Ritze des Lebens eingedrungen ist. Selbst Lkw-Fahrer werden von Mercedes mit aktivierenden Slogans angesprochen: *»Machen Sie sich mal richtig Luft«* (Klimaanlage); oder *»Lassen Sie Federn bei Mercedes«* (Stoßdämpfer) lauten die Headlines der Broschüren. Die Erlebnissubstanz in unserem Kopf hat die Welt erobert, und sie wird eine neue Wissenschaft hervorbringen.

Die strategische Dramaturgie

Ich stehe in der »Mall of America« und bin verwirrt. Bin ich eben tatsächlich als Konsum-Dramaturg bezeichnet worden? Sicherlich, ich habe den Teilnehmern an diesem Seminar des Zürcher Gottlieb-Duttweiler-Instituts versucht zu zeigen, wie hier in Minneapolis der Erlebniswert gezielt im Dienste des Verkaufs steht. Aber bin ich nicht ebenso Trainer bei Fernsehsendern, von Kameraleuten, Drehbuchautoren, Journalisten, ein Anwalt des Publikums, der die Profis dazu bringt, gefälligst zuschauergemäß vorzugehen? Und jetzt? Ist das Erlebnis an sich nicht wertfrei? Denn wie man jemanden involviert und aktiviert, das weiß nicht nur die Werbung. Das wussten auch jene chinesischen Studenten, die 1989 gegen den greisen Machthaber Teng antraten. Als

Ausdruck des stummen Protests gingen in jenen Tagen in Peking Tausende kleine Flaschen zu Bruch. Der Name Teng Hsiao-ping kann lautmalerisch nämlich auch als »kleine Flasche« verstanden werden. Und so waren es jene zersplitternden Wasserflaschen, die bei Gleichgesinnten die fundamentale menschliche Fähigkeit auslösten, sich einen Reim zu machen. Das Erlebnis stand im Dienste eines definierten Ziels.

Na also. Ich bin kein *Konsum-Dramaturg*, obwohl das Marketing im Zentrum dieses Buches steht. Ich bin strategischer Dramaturg. Aristoteles zeigte mit seiner Katharsis-Theorie der »Reinigung« 335 Jahre vor Christi Geburt, was das Theater mit unserer Psyche macht, wenn wir tief bewegt die Vorstellung verlassen. Lessing wollte im 18. Jahrhundert, im Zeitalter der Aufklärung, zeigen, wie uns die Dramaturgie in bessere Menschen verwandelt. Dieses Buch beschreibt Erlebnisse, die im Dienste einer Sache stehen, die volle Museen garantieren, das Kaufen fördern, politisch intervenieren, das eigene Heim gemütlich machen oder Junkies von Drogen wegholen.

Die strategische Dramaturgie beruht auf Erkenntnissen der kognitiven Psychologie und soll dazu beitragen, Erlebnisse zu optimieren.

Ich möchte meinem Leser vor Augen führen, welche Auswirkungen Planungsentscheidungen auf den Konsumenten haben. Ich möchte ihm helfen, falsches Pathos und andere Fehler zu vermeiden und seine kreative Intuition spontan zu begreifen. Dem »naiven« Leser, der das Glück hat, das alles nicht umsetzen zu müssen, soll die Einsicht in das Erlebnis noch mehr Genuss und Lebensfreude bringen.

1. PSYCHOLOGIE

Wer beim Landeanflug die große ägyptische Pyramide des Luxor-Hotels sieht, spürt instinktiv, dass er sich *der* Erlebnishauptstadt schlechthin nähert. Ich möchte hier für mein Buch einen Rundgang zusammenstellen, der alle sieben psychologischen Mechanismen der Dramaturgie enthält. Es gibt tatsächlich sieben ganz unterschiedliche Möglichkeiten, um den Konsumenten zu involvieren und zu aktivieren. Las Vegas bringt seine Besucher dazu, sich erstens auf Geschichten einen Reim zu machen, zweitens im Raum und drittens in der Zeit zu navigieren, viertens Spannung aufzubauen und wieder zu lösen, fünftens sich ein Image-Bild von etwas zu machen, sechstens die »Regeln des Spiels« zu erkunden und siebtens Rhythmen und Gezeiten zu erspüren. Las Vegas steht stellvertretend für eine internationale und branchenübergreifende Entwicklung. Deshalb wird die Reise auf der ersten Ebene dieses Buchs immer wieder von Las Vegas ausgehen. Von dort geht es in die ganze Welt hinaus, hinüber in andere Erlebnisbereiche und hinein in unser Innenleben, in die Brain-Strukturen des Erlebens.

Brain Scripts
Die Drehbücher im Kopf

Las Vegas, eine Stadt, die Geschichten erzählt? Aber ja! Während noch in den siebziger Jahren mitreisende Kinder am Hotelpool deponiert wurden, ist in den Neunzigern die ganze Familie unterwegs, um etwa vor der Fassade des »Treasure-Island«-Hotels die große Seeschlacht zwischen den Piraten und der britischen Flotte zu erleben. Die Show läuft sechsmal täglich, ist umsonst und lockt jeweils Tausende Zuschauer in die unmittelbare Nähe der einarmigen Banditen. Alles, was zu unserer erlernten Vorstellung von einer »ordentlichen« Piratenschlacht gehört, wird während der Show nach und nach aufgerufen. Da schiebt sich zu bedrohlicher Filmmusik das britische Segelschiff hinter dem Hotel hervor und – »Aye, Aye, Sir« – werden Segel gerafft und Drohungen hinübergerufen zum Segelschiff der Piraten, das vor der Inselkulisse mit Spelunken und Palmen vor Anker liegt. Eine volle Breitseite und schon stürzen die Piraten vom Mast, ein Fass wird von der Explosionswucht hochgeschleudert. Beide Schiffe brennen schließlich lichterloh, und wenn dann der Marinesegler sinkt, steht der britische Kapitän salutierend auf der Brücke, während die Fluten über ihm zusammenschlagen.

Wie die Geschichtenmaschine funktioniert

Die Show, die 2003 spektakulär aufgefrischt wurde, besteht aus zahlreichen Signalen, die dem Publikum Gelegenheit geben, sich »einen Reim« zu machen. Zum Beispiel »liest« man das Untergehen des Kapitäns nicht als Tat eines Lebensmüden, sondern als edelmütiges Handeln eines Kapitäns, der sich weigert, sein sinkendes Schiff zu verlassen. Drehbücher im Kopf, *Brain Scripts*, sind dafür verantwortlich, dass man bei einer Geschichte versteht, was *eigentlich* gespielt wird. Es sind erlernte Handlungsmuster, die von Signalen aufgerufen werden und aus beziehungslos nebeneinander stehenden Informationen in unserem Kopf eine sinnvolle Handlung zusammenkonstruieren. Ein vielfach prämierter norwegischer Werbespot zeigt eindrucksvoll die Bauweise solcher *Brain Scripts:*
Da bläst ein Windstoß einem etwas rundlich aussehenden Mann um die Fünfzig den Hut vom Kopf. Aus purer Bosheit überfährt ein junger Rocker im Cabrio das geliebte Stück und walzt es platt. Noch ahnt man nicht, worum es geht. Es ist nun etwas später, und der hilflose kleine Mann mit dem Hut sitzt am Steuer seiner Straßenbahn, als er plötzlich hellauf zu lachen beginnt. Das Cabrio des Widersachers parkt tatsächlich rechtswidrig auf den Schienen. Während man den Slogan des Werbespots liest, hört man das Krachen des Aufpralls: »Make Way for the Tram!«
Das Lachen des Straßenbahnfahrers, die Erinnerung an das, was mit seinem Hut geschah, und das Krachen des Blechs sind Hinweise, die in ihrem Zusammenspiel Sinn ergeben. »Rache ist süß«, darum geht es also, das ist das Brain Script, mit dem wir die Geschichte verstehen. Einem vorerst Hilflosen wird eine Ungerechtigkeit zugefügt, er erhält Gelegenheit zur Rache, und er genießt sie auch. Psychologen würden

»Ungerechtigkeit«, »Rache« und »Freude darüber« als die Slots dieses Gehirndrehbuchs bezeichnen, als jene prinzipiellen Aspekte, die erwartet werden, damit wir eine »Rache-ist-süß«-Geschichte registrieren.

Man könnte sich Hunderte auf den ersten Blick ganz unterschiedliche Handlungen einfallen lassen, die nach diesem Prinzip funktionieren, aber immer müssten dabei die *Slots* »Ungerechtigkeit«, »Rache« und »Freude« eine Rolle spielen. Abweichungen werden vom Publikum sofort registriert, wie im psychologischen Experiment bewiesen wurde und wie die Beratungspraxis lehrt. Für einen internationalen Wäscheproduzenten haben wir kürzlich einen Werbespot analysiert, der den Auftraggebern irgendwie nicht ganz plausibel erschien. Eine Passantin auf der Straße flirtet mit dem Dekorateur im Schaufenster. Es geht um freundlich-patente Unterwäsche, und daher tun die beiden alles mögliche, was so zum Script »Miteinander vertraut tun« passt. Doch oje! Da zeigt sie ihm ihren eigenen Body-Einteiler, es ist derselbe wie im Schaufenster, indem sie sich beinahe die Kleider vom Leib reißt, eine Entblößung, die eher mit Anmache als mit Vertrautheit zu tun hat. Der unangemessene *Slot* (die Entblößung) ruft ein ganz anderes Script auf (die Anmache) und löst so im Konsumenten eine »Script-Kollision« aus. Der Spot wurde schließlich neu gedreht.

Nur wenn präzis treffende Signale ausgesandt werden, stellt sich im Konsumenten auch der Erlebnisnutzen ein:

Er fühlt sich eingeweiht, ist »in der Geschichte drinnen«, macht sich in der richtigen Weise einen Reim, ist aktiviert und involviert.

Wo Brain Scripts wirksam werden

Überall wo Informationen nicht trocken serviert werden sollen, versucht man durch *Script-Unterstützung* eine plastische und erlebnishafte Vorstellung einer Situation zu schaffen. Die Bandbreite reicht dabei vom Verkaufsprospekt bis zum seriösen Museum. Im Reiseprospekt über den Venice-Simplon-Orient-Express, den restaurierten Luxuszug, werden die Informationen über Ankunfts- und Abfahrtszeiten des Zuges auf der Brain-Script-Ebene ergänzt. So heißt es nicht nur »Zürich, Ankunft 6.27 Uhr«, sondern auch:

»Ein sanftes Klopfen an Ihrer Kabinentüre kündigt das Frühstück an. Sie sind nun in Zürich. An einem Bahnübergang schaut ein Mann ungläubig dem gold- und blaufarbigen Traum nach, der an ihm und seinem Hund vorbeigleitet. Sie prosten ihm mit Ihrer Kaffeetasse zu.«

Auch im Hotel kommuniziert man mit den Gästen auf emotionale Weise. Im Luxushotel »Little Palm Island« auf den Florida Keys findet jeder Gast abends ein namentlich an ihn adressiertes Briefchen auf seinem Bett vor. Eines Abends lautet die schlechte Nachricht, dass am kommenden Tag ein Regenguss droht. Der Brief hält dafür Vorschläge bereit.

»Wie wärs«, steht da geschrieben, »wenn Sie am Strand spazieren gehen - wen kümmerts, wenn man nass wird. Und danach machen Sie es sich vielleicht in Ihrem Jacuzzi bequem, mit einer Flasche Wein und einer Meeresfrüchteplatte - und Sie werden sich wünschen, dass es wieder einmal schlechtes Wetter gibt.«

Die negative Nachricht wurde durch *Script-Unterstützung* zu einer positiven Geschichte verwandelt, inklusive unterschwelliger Aufforderung zum Sex in einem Hotel, in dem Paare gern ihre Beziehung auffrischen und Kinder nicht akzeptiert werden.

Sogar Museen müssen heute erlebnisorientiert denken. In der Textilabteilung des Deutschen Museums in München hat man Dioramen mit lebensgroßen Figuren aus verschiedenen historischen Epochen eingerichtet. Mit einem »Telefon« belauscht man die Vergangenheit, und durch eine Art Hörspiel – man erlebt etwa den Streit mit missgünstigen Nachbarn im alten Ägypten – werden technische Details der Stofferzeugung transportiert. Während es in einem Technischen Museum früher genügte, Flugzeuge in Originalgröße und faszinierende Triebwerke auszustellen, braucht es jetzt als *Script-Unterstützung* vielleicht einige ausrangierte Flugzeugsitze für müde Besucher oder eine »Rattertafel« für das richtige Flugzeug-Feeling.

Der David-gegen-Goliath-Mythos

Die bisherigen Beispiele demonstrieren: »Drehbücher im Kopf« sind in sehr vielen, ganz unterschiedlichen Bereichen dafür verantwortlich, dass wir wissen, was gespielt wird. Und es macht oft Spaß, sie anzu-

wenden, weil damit eine kognitive Aktivität verbunden ist. Nur: Wie
kommen die Drehbücher eigentlich in den Kopf hinein?

Eine Möglichkeit sind unsere alten *Mythen*. Sie enthalten das Wissen
unserer Kultur, geben Antworten auf Fragen wie: »Woher kommen
wir? Was ist der Sinn des Lebens? Wie kann man im Leben bestehen?«
Mythen sind prototypische Geschichten, die in Büchern, wie der Bibel,
oder den griechischen Sagen um Götter und Helden aufgezeichnet sind.
Doch wer liest schon die Bibel? Kaum jemand, doch jedermann sitzt vor
dem Fernseher, geht ins Kino und hört Musik im Radio. Die populäre
Kultur hält die Mythen in uns präsent. Sie ist eine Zwischenebene, ein
ständiges Trainingsprogramm für mythische Scripts, das zwischen dem
mythischen Ursprung und der Marketinganwendung vermittelt.

Da ist zum Beispiel der Mythos von *David und Goliath*. Wer die
Geschichte aus dem Alten Testament kennt, trägt einen prinzipiellen
Ablauf der folgenden Ereignisse mit sich herum: Einem übermächtigen
Aggressor tritt ein schlecht ausgerüsteter, aber gewitzter Verteidiger
entgegen. Der Herausforderer verhöhnt ihn wegen seiner Schwäche.
Sie kämpfen, und schließlich besiegt der Schwache den Starken durch
sein Geschick, im Original durch die Steinschleuder. Doch auch jeder,
der ab und zu das Fernsehgerät einschaltet, kennt diesen Ablauf. Jede
Folge der Serie »Columbo« mit Peter Falk läuft konsequent nach
diesem Muster ab, enthält dieselben *Slots* wie die biblische Version:
»Herausforderung, Verhöhnung« usw. Inspektor Columbo, der scharf-
sinnige »Underdog«, ermittelt gegen wohlhabende, gebildete Mörder
aus der »Upper class«, die versuchen, den perfekten Mord zu begehen.
Einer macht sich über Columbo lustig, als dieser Fremdworte nicht
verstehen kann, ein anderer beobachtet herablassend, wie Columbo
seine Zigarettenasche verstohlen in die eigene Manteltasche kippt,
weil die herumstehenden Aschenbecher alle so teuer aussehen. Der
Zuschauer, der durch die Serie bereits auf das Script trainiert ist, begreift sehr wohl, wie diese kleinen Demütigungen im Gesamtablauf des
»David-gegen-Goliath-Kampfes« zu verstehen sind. Und natürlich ist es
eine Finte (»Steinschleuder«!), mit der Columbo noch jeden arroganten
Mörder zur Strecke brachte.

Die Serie ist eine der erfolgreichsten aller Zeiten und läuft seit mehr
als 20 Jahren in der ganzen Welt. »Columbo« und andere Produkte der
Populärkultur lehren das David-Goliath-Script. Greenpeace wendet es

an. Tatsächlich laufen die meisten der spektakulären PR-Aktionen der Umweltorganisation nach diesem Muster ab. Wenn verhindert werden soll, dass Atommüll ins Meer gekippt wird und ein riesiges Schiff einem kleinen orangefarbenen Greenpeace-Schlauchboot gegenübersteht, registrieren wir bereits den übermächtigen Herausforderer und den schwachen Verteidiger. Verblüffenderweise reagieren nun »die Bösen« häufig tatsächlich »scriptgemäß«. Sie versuchen etwa, die Greenpeace-Leute mit großen Wasserkanonen von Bord zu spritzen. Damit rechnet Greenpeace und bringt rechtzeitig Fotografen und Kameraleute in Position, die den Akt der Demütigung des Schwachen dokumentieren. Alle Welt ist jetzt auf der Seite der »Guten«, und es ist Zeit für die Finte. Das Schlauchboot drängt das Atomschiff ab, oder die Greenpeace-Leute ketten sich an Schornsteinen an. Sieg! Jeder nur halbwegs engagierte Journalist wird die Sache als David-Goliath-Story erzählen, meist ohne sich dieser Tatsache überhaupt bewusst zu sein.

Alles wird so angelegt, um die Presse zu veranlassen, »in der richtigen Weise« zu berichten,

in der Art eines Lehrstücks über die Macht der Ohnmächtigen und den Glauben an die Gerechtigkeit.

Der Mythos vom Goldenen Schuss

Wer immer sich mit dem Gedanken trägt, mythische Scripts im Marketing einzusetzen, sollte zuallererst prüfen, ob das Script durch Filme, Fernsehsendungen, populäre Songs, Comics usw. tatsächlich in unsere Köpfe gelangt ist. Der Abdruck im großen Buch der deutschen Heldensagen allein ist noch keine Garantie für die erhoffte *Script-Unterstützung*. Das ist umso wichtiger, je größer die Öffentlichkeit ist, in die man sich mit einem strategischen Anliegen wagt.

Zu den größten PR-Maßnahmen überhaupt gehören die Eröffnungsfeierlichkeiten der Olympischen Spiele. Sie werden schließlich von Milliarden Menschen am Fernsehschirm verfolgt. Feierliche Eröffnungen sollen für jedermann emotional nachvollziehbar sein und geraten deshalb leicht pathetisch oder banal. Grandios gelang die Gratwanderung bei den Olympischen Sommerspielen in Barcelona. Der heikle Akt des Entzündens der olympischen Flamme wurde durch eindrucksvolle *Script-Unterstützung* lesbar gemacht. Als letzter in einer langen Reihe berühmter spanischer Athleten, die das olympische Feuer ins Stadion trugen, stand da plötzlich ein Sportler der Para Olympics, der Olympischen Spiele der Behinderten. Die Idee: Ein Schütze, der auf den ersten Blick unterprivilegiert erscheint, kann durch den Schuss seines Lebens etwas Großartiges bewirken, so wie der rechtlose Robin Hood, der so genau ins Schwarze trifft, dass er sogar den Pfeil des Gegners spaltet oder den Gefährten vom Galgen herunterschießt. Barcelonas Robin Hood war ein Bogenschütze mit einem Klumpfuß, der mit seinem brennenden Pfeil das Feuer entflammte. Jeder verstand die Botschaft. Der Jubel war unbeschreiblich, als das Wagnis gelang, und das Fernsehen wiederholte den Meisterschuss in Zeitlupe. Die olympische Erfolgsformel vom Goldenen Schuss wurde inzwischen mehrmals wiederholt. Muhammed Ali, gezeichnet von seiner Parkinson Krankheit, entzündende zitternd das olympische Feuer von Atlanta. Eine Aborigines Sportlerin, Symbol für die Unterdrückung der Ureinwohner von Australien, hielt die Fackel an die Feuerschüssel in Sydney und gewann vor den Augen von Milliarden danach Goldmedaillen für ihr Land.

Einige Milliarden Zuschauer weniger haben jene jungen Leute, die wir während unserer Lernexpeditionen in die »Mall of America« beobachteten. Aber auch hier in Minneapolis braust Applaus auf. Der Ball ist im Korb. Im Basketballkorb. Es ist Freitagnachmittag, und das Management hat sich etwas für das jugendliche Publikum einfallen lassen, eine von vielen PR-Maßnahmen, um die Besucherzahl noch weiter zu steigern. Vor allem schwarze Kids wagen den Wurf auf dem eben erst aufgebauten Basketballcourt – Star sein für zehn Minuten, den großen Wurf machen. Naive Teenager? Wie war das doch gleich mit Robin Hood und Wilhelm Tell? Mit einem Schuss alles erreichen oder verlieren. Der Goldene Schuss ist ein Mythos, der in unser aller Köpfe steckt. Aktionen, wie die in der Mall, lassen diese Geschichten Wirklichkeit werden, auch im kleinen. Da steht ein strahlender schwarzer Robin Hood vor uns, und wir applaudieren ihm.

Die kleinen Dinge des Lebens

Mythische Scripts kommen immer dann zum Einsatz, wenn es um Grundsätzliches im Leben geht, um Sieg und Niederlage, große Gefühle und ewige Fragen. Wenn der Frühstückskaffee und das Geschirr-spülmittel beworben werden, greift das Marketing auf einen anderen Erfahrungspool zurück, auf **S**lice-**O**f-**L**ife-**S**cripts. Diese *Sols* enthalten das Wissen, wie wir uns in bestimmten Alltagssituationen verhalten sollen. Das Restaurant-Script sagt uns, dass man in beliebten Lokalen besser vorher reserviert, die Suppe vor dem Dessert gegessen wird und man unvermeidlich für die Rechnung in Form eines Zahlungsmittels Vorsorge treffen muss. Sols sind Lebensbewältigungs-Mechanismen, die einem helfen, sich auf Situationen einzustellen. Normalerweise ist man sich dieses Vorgangs nicht bewusst. Das ändert sich, wenn man in eine ganz andere Welt eintaucht. Der Bestsellerautor Michael Crichton (»Jurassic Park«) erzählt in seinen Reisetagebüchern von den Tisch-manieren in Hongkong. »Sind Sie über das Wasser gekommen? Dann dürfen Sie den Fisch nicht umdrehen«, wird Crichton belehrt, als er einen 1000-Dollar-Fisch wenden möchte, um während einer Einladung mehr von diesem exklusiven chinesischen Fisch zu ergattern. Nur wer nicht über das Meer zu diesem Hausboot fuhr, darf Hand an den im Meer gefangenen Fisch legen. Der Butler wendet schließlich den Fisch – er wohnte auf dem Boot.

Um das allzu normale Sol-Script dramaturgisch wirksam zu machen, muss im Alltäglichen das Besondere gesucht werden.

Wissenschaftlich ausgedrückt heißt das: Kleinste Abweichungen veran-lassen den Konsumenten, die Lücken zu schließen, sich einen »Reim zu machen«. Wichtige Techniken dafür sind *Tiefen-Führung* und *Script-Verdichtung.*

Tiefen-Führung:
Das erhellende Script ist tief unter der Oberfläche verborgen. Ein Werbespot: An der Oberfläche sieht man, wie einige Katzen, vorbei an einer anderen, einen Raum betreten. Einem Hund wird von dieser Katze fauchend der Einlass verwehrt. Je drei, vier Katzen haben sich

um einen Futternapf versammelt. In der Tiefe sagt uns das Script, dass einem ungebetenen Gast dort, wo die Reservierungen überprüft werden, der Eintritt verwehrt wird: »Wait to be seated.« Der Spot heißt: »Das Restaurant.« Die Ergänzungsleistung zwischen Oberfläche und Tiefe erzeugt die Involviertheit des Konsumenten.

Script-Verdichtung:
Wenn ein Sol zu »normal« ist, warum nicht mehrere miteinander kombinieren? Meine Frau Denise Mikunda-Schulz hat in ihrem ersten Buch untersucht, wie Lokale zur Bühne werden. Intuitiv werden Elemente, die zu einem üblichen Restaurant- oder Barbesuch gehören, durch Elemente verdichtet, die man eher mit einem Theaterbesuch verbindet. Das ist der Grund, warum bei unserem letzten Besuch im »Supper Club« in Amsterdam ein thailandischer Bildhauer inmitten des Restaurants an einer lebensgroßen Lehmskulptur arbeitete; vor sich ein halbnacktes männliches Model, neben sich ein DJ, der dazu auflegte. Solche Performances erscheinen uns wie *Aufführungen* zwischen den Speisefolgen. Viele Bars bringen den Gast dazu, *eine Runde zu drehen.* Das macht man auch im Theater, wenn man in der Pause den prunkvollen Saal, die Pausenräume, die Treppe besichtigt. Schaulust hier wie dort. Im »Torres de Avila« in Barcelona treibt sie uns mit dem Glas in der Hand vom Sonnenturm über gläserne Brücken in den Mondturm hinüber, wo sich die Bartische unter einem künstlichen Sternenhimmel drehen. Die Aufwertung der feststehenden Elemente (SLOTS) des Restaurant-Scripts durch solche aus theatralischen Bereichen macht aus normalen Lokalen jene »trendigen« Erlebnisstätten, von denen zwar überall die Rede ist, von denen aber niemand so recht weiß, wie sie eigentlich entstehen.
Werbung für Konsumgüter des täglichen Bedarfs und erlebnishafte Restaurants, Bars und Hotels sind wesentliche Anwendungsbereiche für Sol-Scripts. Hinzu kommen all jene PR-Maßnahmen, die sozusagen das Fortschreiten des Lebens verfolgen. Wer hat geheiratet, ist gestorben, hat die Firma gewechselt; bei welchem Prominenten wurde wieder einmal die Villa ausgeraubt, wessen wertvolle Gitarre ist kurz vor dem Auftritt verschwunden und dann im letzten Moment wieder aufgetaucht? Ganze Medien leben von solchen *Sol*-Mitteilungen; Prominenten-Ko-

lumnen in Tageszeitungen, Mitarbeiterzeitschriften und ihre News, Manager-Magazine, TV-Zeitschriften. Die Liste ist beliebig fortführbar.

Die Spiele der Erwachsenen

Manche Prominente vermarkten nicht nur ihr Alltagsleben. Verona Feldbusch bricht in der ZDF-Talkshow von Johannes B. Kerner in telegene Tränen aus, als sie die alte Geschichte vom Ehekrieg inklusive Gewalt durch ihren Kurzzeit-Ehemann Dieter Bohlen zum Besten gibt. Das Publikum hört atemlos zu, denn hier wird kolportagenhaft ein Script aufgerufen, dessen Mechanik wir alle kennen. Es gehört zu den *Spielen der Erwachsenen*, wie der Psychiater Eric Berne jene Scripts nannte, die uns sagen, wie das Zusammenleben der Menschen funktioniert.

Man erlernt die Scripts einfach im sozialen Umgang. Berne beschreibt etwa ein häufiges Spiel auf Cocktailparties, das er »Schlemihl« nennt, ein jiddisches Wort für Schlaukopf. Schlemihl brennt dem Gastgeber unabsichtlich/absichtlich ein Loch ins Sofa und sagt »Verzeihung«. »Macht nichts«, sagt der Gastgeber zähneknirschend. Schlemihl fasst das als Freibrief auf, noch mehr anzurichten, während der Gastgeber sich als »über den Dingen stehend« vorkommt. Die Sitcom »Alf« über den liebenswerten, jedoch oft nervtötenden Außerirdischen läuft nach demselben Schlemihl-Prinzip ab. Alf zündet die Küche an, will den Kater »Lucky« fressen und bestellt Sachen auf Kreditkarten von Willi, das ist »Schlematzl«, der Dummkopf und Vater von Alfs amerikanischer Gastfamilie. Willi ist erstaunlich langmütig, versucht Alf so etwas wie Ethik vorzuleben und hält ihm zugute, dass er es nicht böse meint. Während Alf schaut, wie weit er gehen kann, fühlt Willi sich durch Verzeihung als moralischer Sieger. Leider ist das auch das Spiel, das alle politischen Populisten mit der Öffentlichkeit treiben. Schirinowsky in Russland, Jörg Haider in Österreich, Silvio Berlusconi in Italien – alle schauen, wie weit sie gehen können und kommen dabei immer wieder davon. Unsere Scripts verhindern die konsequente Reaktion.

»Jetzt hab' ich dich endlich, du Schweinehund« (Berne) ist ein Spiel, mit dem die kritische Presse Umweltsünder in der Industrie vor sich hertreibt. Die »Yellow press« macht Prominente zu Opfern, wenn sie *»Geld macht nicht glücklich«* spielt - von Prinzessin Diana (»candle in the wind«) bis Boris Becker (»Samenraub«). Beim Spiel *»Crime doesn't*

pay« geben flüchtige Wirtschaftskriminelle Interviews in exotischen Ländern und beklagen dabei den Verlust des heimischen Schwarzbrots. Aber auch die Branche der Wirtschaftskriminellen selbst bedient sich Scripts vom Typ »Spiele der Erwachsenen«. Wieder ist es Michael Crichton, der in seinem Roman »Der große Eisenbahnraub« einige Scripts viktorianischer Trickbetrüger aufdeckt. Der »Kutschentrick« war eine »der gewieftesten Methoden, um sich in ein fremdes Haus Einlass zu verschaffen. Dabei spielten die Trinkgeldgewohnheiten der damaligen Zeit eine Rolle«, schreibt Crichton. Kurz gesagt: Da Bedienstete, die mit Gästen des Hauses in Berührung kamen, so wenig Gehalt erhielten, dass sie vom Trinkgeld der Gäste leben mussten, konnte man auf ein diesbezüglich scriptadaptiertes Verhalten bauen (ein solches war auch die Abneigung gegen weniger bemittelte Besucher). Eine herrschaftliche Kutsche hält vor dem Haus, es läutet, der Bediente öffnet und geht die paar Schritte zur Kutsche vor. Eine Dame fragt nach dem Weg, der Bedienstete antwortet, erhält den obligaten Shilling, geht ins Haus zurück. Inzwischen sind die Einbrecher längst ins Haus geschlüpft, etwa um Schlüssel für Abdrücke und künftige Besuche zu entwenden. Zeitgenössische Beispiele möchte ich an dieser Stelle lieber nicht erläutern, auch wenn dem Leser mein Vertrauen gilt.

Wie man Scripts zum Laufen bringt

Soweit zu den unterschiedlichen Arten von »*Drehbüchern im Kopf«.*

Es gibt Mythen für die besonderen Ereignisse des Lebens, Sols für die alltäglichen Abläufe und Spiele der Erwachsenen, die etwas über unser soziales Zusammenleben aussagen.

Alle Formen funktionieren wie Computerprogramme, die erst geladen werden müssen, bevor sie Informationen verarbeiten. Welche Knöpfe man drücken muss, um die Geschichtenmaschinen in uns anzuwerfen, hängt vom Bekanntheitsgrad des Scripts ab. »Rache ist süß« oder »Wer einmal lügt, dem glaubt man nicht, auch wenn er dann die Wahrheit spricht« sind sprichwörtliche Abläufe, die so prototypisch und allgemein bewusst sind, dass ein Funke genügt, um die Lunte zu entzünden. Die Psychologie bezeichnet solche Funken als –

Header:

Jede gute Schlagzeile in der Tageszeitung ist im Prinzip ein solcher *Header*, der das Script lostritt: »Absturz. Alle Passagiere tot«! Da stellt sich sofort die Frage nach der Absturzursache, wurde der Flugschreiber gefunden, gibt es Anzeichen für eine Bombe, für menschliches Versagen usw. Weil die Sache mit den *Headers* so gut funktioniert, werden sie auch strategisch eingesetzt. Bei der altehrwürdigen Versicherungsgesellschaft Lloyds weiß jeder Mitarbeiter und jeder Tourist, der die PR-Broschüren gelesen hat: Wenn die alte Glocke geläutet wird, ist ein Unglück passiert, etwa ein versichertes Schiff gesunken. Allein der Anblick der Glocke wirkt bereits als *Header*, der diese Vorstellungen PR-wirksam aufruft. Der älteste verbriefte Einsatz von *Headers* stammt aus dem antiken Griechenland. Prostituierte trugen Sandalen, die Abdrücke mit der Aufforderung hinterließen, den Fußspuren zu folgen. Historische Worte sind manchmal spontane, meist aber ganz bewusst ausgestreute *Headers*, die als »Sager« von der Presse zitiert werden können und eine bestimmte Sichtweise des Ereignisses lostreten. Wie sagte Neil Armstrong so schön am 20. Juli 1969 auf dem Mond: *»That's one small step for a man, one giant leap for mankind.«* Eng damit verwandt sind Wahlsprüche. Arnold Schwarzenegger punktete während seines Wahlkampfs zum kalifornischen Gouverneur mit seinem Terminator-Wahlspruch »I'll be back« und gewann prompt die Wahl. *»Wir sind das Volk«* war das laut hinausgerufene Motto der Demonstranten, die das DDR-Regime zum Teufel schickten. Der auslösende Funke des *Headers* ist überall.

Zu denken geben

Komplexe Scripts müssen dem Konsumenten jedoch in einem längeren Prozess beigebracht werden. Dafür gibt es verschiedene Techniken, denen eines gemeinsam ist. Man denkt: »Das kann doch kein Zufall sein.« Wenn Sie, der Leser, einmal kurz bei meinem Schreibtisch vorbeikommen könnten, würde ich Ihnen jetzt das Foto eines verschmitzt dreinschauenden Schweins zeigen. Dann würde ich Ihnen den Text geben, den die Werbeagentur dazu gewählt hat: »Die gefährlichste in Österreich lebende Tierart.« Dämmert es?

Widersprüche

können Scripts zwar nicht so schlagartig aufrufen wie Headers, aber sie bringen uns dazu, nach einem Sinn hinter den Gegensätzen zu forschen. Der dem Schweinefoto nun weiter folgende Werbetext der EA-Generali-Versicherung nimmt die Ahnung auf, spricht von den Gefahren eines erhöhten Cholesterinspiegels, entwickelt das Script, mit dem wir verstehen: Das Schwein killt dich!

Als nächstes werfe ich den Videorecorder an und lege eine Kassette aus einem kürzlich gelaufenen Seminar ein. Bilder aus einem Dorf, kein Text, etwas Musik, es könnte die Rohfassung eines Fremdenverkehrsfilms sein. Meine Seminarteilnehmer, Profis auf ihrem Gebiet, haben die Videominiatur erstellt. Vielfalt in Landschaft und Bevölkerungsstruktur sollte die Aussage sein. Sie waren über die Reaktion der anderen Seminarteilnehmer entsetzt, denen das Thema nicht verraten wurde. Die sagten tatsächlich: »Hier gibt es für niemanden Arbeit, und daher müssen die Leute im arbeitsfähigen Alter auspendeln.« Was war geschehen?

Überlänge

Da waren zum Beispiel in einer ziemlich langen, ruhigen Kameraeinstellung Weinberge zu sehen. Wenn eine Information in *Überlänge* dargeboten wird, länger als nötig ist, um sie zu verstehen, beginnt der Konsument automatisch nach Hintergründen für die ausführliche Darbietung zu suchen. Der Verdacht der Teilnehmer: Die Weinberge sind verlassen, keine Arbeit im Dorf.

Häufung

Etwas später tritt eine bestimmte Information mehrmals hintereinander auf. Immer wieder sieht man abwechselnd Kinder und alte Leute, alte Leute und Kinder. »Einmal ist keinmal«, sagt der Volksmund, doch zweimal, dreimal, viermal – das muss etwas bedeuten. Die *Häufung* veranlasste die Teilnehmer zu der These, dass die arbeitsfähige Bevölkerung weg ist und nur Kinder und alte Leute untertags im Dorf zu sehen sind.

Symptom

Schließlich fährt auch noch ein rotes Auto nach links aus dem Bild, vorbei an der Tafel Ortsende, mit dem durchgestrichenen Ortsnamen: Ein *Symptom*, also eine Information, die einen Rückschluss bewirkt. Die Arbeitslosigkeit erscheint als Ursache für das Wegfahren. Und flugs ist die falsche Fährte gelegt, das falsche Script aufgerufen. Konsumenten, die einmal auf eine falsche Spur gebracht wurden, sind nur schwer von ihr abzubringen. Und verblüffend: Der Film war nur neun Einstellungen lang. Industriefilme, PR-Texte, überall benutzen wir scheinbare Widersprüche, Überlängen, Häufungen und Symptome, um die Konsumenten auf Ideen zu bringen. Hoffentlich auf die richtigen!

Lücke im Detail oder »Ratiocination«?

Dann muss das Script aber auch am Laufen gehalten werden. Wie man das macht? Der Videorecorder ist noch an und die Cannes-Rolle griffbereit. In einem Werbespot für den Club Méditerranée schlägt jemand einen Golfball aus einer regentraurigen Villa, sodass dieser über die halbe Erdkugel fliegt, um auf einer Südseeinsel einen Zentimeter vor dem Loch zum Stillstand zu kommen. Nur: Der Flug des Balls wird gar nicht gezeigt. Man sieht nur Menschen, die irgendetwas mit ausgestrecktem Zeigefinger verfolgen. Nie war ein fliegendes Objekt so präsent wie dieses, das man gar nicht sah. *Erfolgreich erzählen bedeutet also – nicht alles sagen, nicht alles zeigen.* Der Konsument soll die strategischen Lücken ergänzen können. Dafür braucht er natürlich das Script, die Gebrauchsanweisung, mit der er die Leerstellen spielend füllt. Ein Leitsatz für professionelle Marketing-Geschichten könnte daher lauten:

Deutliche Gesamtlinie, aber Mut zur Lücke im Detail.

Einzige Ausnahme bildet die Spezialtechnik der *Ratiocination*, der Ablauffaszination. Das ist eine Methode, die sich vor allem zur Darstellung technischer Vorgänge eignet. In meiner Kindheit habe ich mir die Nase an jenen Schaufenstern plattgedrückt, in denen kleine Metallkugeln über Rampen nach unten rollten und dabei durch ihr Gewicht den Lauf anderer Kugeln in vielfältiger Weise beeinflussten, Wippen auslösten, in Löcher fielen, bis Aufzüge sie wieder nach oben brachten. Die Firmen Lego und Matador haben es zur Meisterschaft im Rollenlassen solcher Kugeln gebracht. Wenn vor unseren Augen Aktion und Reaktion wie in einem nahtlosen Räderwerk ineinander greifen, entsteht die Faszination der Ratiocination. Das Ablaufscript ist bei dieser Technik nicht durch Lücken durchsetzt. Im Gegenteil! Es wird übererfüllt. Und so fand ich mich 20 Jahre nach den suggestiven Schaufenstererlebnissen bei minus 15 Grad auf dem Vorfeld des Frankfurter Flughafens wieder. Für einen Airline-Film drehten wir den Vorgang der Entladung und Beladung eines Jets zwischen Landung und Start als Sog von lückenlos ineinandergreifenden Handgriffen, Aktionen, Werkzeugen, Arbeitstruppen, Gesten, als Ballett mit dem Flugzeug. In vielen anderen technischen Industriefilmen sollte sich diese Methode wiederholen.

Technikfaszination entsteht durch Ablauflogik und lückenlose Erfüllung aller Elemente, die zu diesem Ablauf dazugehören.

An meine Leser kann ich nur appellieren, mit dieser Technik lieber den Aufbau eines Campingzelts zu dokumentieren als den Zusammenbau einer – wie heißt das heute – »geilen« Schnellfeuerwaffe.

Story Machine

Schließlich die Frage nach dem Warum. Was bringt uns dazu, Geschichten durstig in uns hineinzusaugen? Ich glaube, wir versuchen damit, an das Leben heranzukommen, an das, was »da draußen« abläuft. Wir wollen *»verstehen«*. Psychologen formulieren es weniger romantisch. Roger Schank und andere haben festgestellt, dass wir die Welt ständig nach Anzeichen absuchen, was eine Situation hervorgebracht hat, welche Konsequenzen sich aus ihr ergeben, welche höheren Mächte ihre Finger im Spiel haben.

Wir alle suchen nach unserer eigenen Geschichte. Die Brain Scripts, die Geschichten der anderen, helfen uns dabei.

Das ist zumindest unsere Sehnsucht und unsere Hoffnung. Zu diesem Zweck tragen wir alle eine Geschichtenmaschine mit uns herum, deren Schalter und Relais dieses Kapitel beschrieb. Und die Macher auf der anderen Seite, die Werbetexter, Drehbuchautoren, Gestalter von PR-Events? Wie können sie wissen, ob sie bei Entwicklung und Produktion

ihrer Botschaften richtig liegen? Wie identifiziert man die zielführende
Story Machine, die das Produkt voranbringt und den Konsumenten zum
Eingeweihten macht? Hier sind einige Hinweise:

①   Versuchen Sie die Geschichte in einem einzigen möglichst kurzen
     Satz zu erzählen. »Umweltschützer verhindern das Auslaufen des
     9.000 Bruttoregistertonnen großen Atommüllschiffs mit einem
     kleinen Schlauchboot.« Oft schimmert hinter diesem Satz bereits
     das Brain Script durch.

②   Formulieren Sie das Script. Es ist »David gegen Goliath«. Schauen
     Sie, ob Ihr Material dieser Geschichte entspricht, dramaturgisch
     ausgedrückt: Bedienen Sie die Slots der Story, das, was man unbe-
     dingt braucht, um eine David-Goliath-Geschichte zu erzählen? Der
     PR-Beauftragte von Greenpeace findet an dieser Stelle die Fotos,
     die zeigen, wie das Team im Schlauchboot mit der Wasserkanone
     verhöhnt wird.

③   Gibt es genug Material, das die Story vorantreibt? Das sind *Headers*,
     wie Schlagzeilen, Slogans, geflügelte Worte, und das sind Dinge, die
     uns *zu denken geben*, etwa Widersprüche, Häufungen. Vielleicht
     gibt es ein Foto, das in einem Bild den Größenunterschied zwi-
     schen dem kleinen gelben Schlauchboot und dem riesigen schwar-
     zen Schiff zeigt, den *Kontrast* so richtig sichtbar macht, noch durch
     ein Teleobjektiv verstärkt.

④   Gibt es ausreichend *Lücken* für die Phantasie des Konsumenten?
     Geschichten sollten auf jeden Fall in der Tiefe erzählt werden, ohne
     das Script offensichtlich werden zu lassen. An der Oberfläche läuft
     die Geschichte ab, *in die Tiefe führt das Script*. Nichts ist schlim-
     mer als eine Cinderella-Story, in der tatsächlich gläserne Schuhe
     vergessen werden.

⑤   Schließlich sollte man sich fragen, ob man den richtigen Ton ge-
     troffen hat. Erzählt man ein dramatisches mythisches Script, die
     Alltagsgeschichte eines *Slice-Of-Life* oder ein pointiertes *Spiel der*
     Erwachsenen?

Die Diagnose beschreibt die Story Machine, die im Konsumenten zu
laufen beginnt. Das ist eine große Verantwortung für jeden Kreativen.
Wir sind tatsächlich in der Lage, in die Köpfe unserer Mitmenschen

vorzudringen. Wer Dramaturgie strategisch einsetzt, sollte sich dessen bewusst sein. Und auch wer sich der Dramaturgie verweigert, geht letzten Endes strategisch vor. Der Konsument wird immer versuchen, ein Script zu finden, sein Bedürfnis »zu verstehen« ist einfach zu groß für pure Gleichgültigkeit. Wenn keines für ihn vorgesehen ist, wird er ein beliebiges Script heranziehen, nur um irgendwie einen Sinn in dem Ganzen zu finden. Falsche Fährten, Missverständnisse, Aggressionen können die Folgen sein.

Wer aber dramaturgisch vorgeht, reicht dem Konsumenten seine hilfreiche Hand.

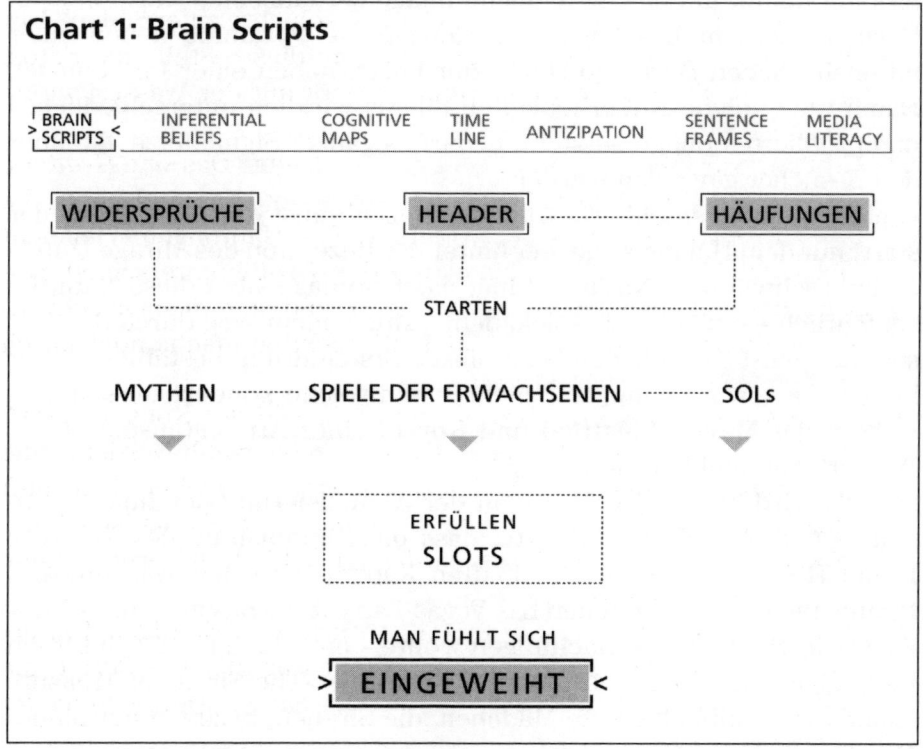

Chart 1: Brain Scripts

| BRAIN SCRIPTS | INFERENTIAL BELIEFS | COGNITIVE MAPS | TIME LINE | ANTIZIPATION | SENTENCE FRAMES | MEDIA LITERACY |

WIDERSPRÜCHE .... HEADER .... HÄUFUNGEN

STARTEN

MYTHEN .... SPIELE DER ERWACHSENEN .... SOLs

ERFÜLLEN
SLOTS

MAN FÜHLT SICH
> EINGEWEIHT <

Inferential Beliefs
Sich ein Bild machen

Umsteigeflughafen Salt Lake City. Wir kommen aus Minneapolis und warten auf unseren Anschlussflug. Das vertraute Rattern der Anzeigetafel lässt uns aufblicken. Flug DL 979 nach LA$ VEGA$ steht da zu lesen. Der Buchstabe »S« wurde tatsächlich durch das Dollarzeichen ersetzt. LA$ VEGA$, welches Bild sollen wir uns von unserem Reiseziel machen? Das Dollarglück, der Geldregen, Glamour, alles schnell und glitzernd, laut und blinkend? Sicherlich gibt es so etwas wie ein Gesamtimage dieser faszinierenden Stadt. Doch innerhalb dieser Corporate Identity tobt ein Kampf um das individuelle Image der einzelnen Casinohotels. Deshalb steht in Las Vegas eine ägyptische Pyramide neben einer mittelalterlichen Burg, ein römischer Palast neben einer Pirateninsel. Damit über solche Äußerlichkeiten hinaus wirklich unterschiedliches und profiliertes Image entsteht, bedarf es ganzer Signalnetze, die über den Besucher geworfen werden.

»Smoking or no smoking?« fragt der Rezeptionist den Gast. Doch der starrt nur dem Hai ins Auge, der hinter der Rezeption des Mirage-Hotels entlang schwimmt. »Natur« ist hier das Leitimage, aber diese Natur ist »gefährlich – exzentrisch – dekadent«. Auf seinem Weg durch das Riesenhotel wird sich für den Gast dieser Ersteindruck bestätigen. Tiger hinter Glas erwarten ihn, aber nicht irgendwelche, sondern die seltenen weißen der Magier Siegfried und Roy in einer Art Sultanspalast mit Wasserfällen und Marmor.

Ständig wird hier in Las Vegas an der Aktualisierung des Image gearbeitet. Als man 2003 entdeckte, dass die Piratenshow des Treasure Island Hotels mit ihrem standhaften Kapitän und den wagemutigen Piraten nicht mehr zur neuen Las-Vegas-Partyszene passte – die Britney Spears in chicke Clubs nachfolgen wollte – entschied man sich für ein Re-Design. Das Hotel heißt nun TI, die Show »The Sirens of Treasure Island« und halbbekleidete Mädchen, die Sirenen, bezirzen mit hipper Musik und coolen Dance Acts eine Gruppe abtrünniger Piraten auf dem vorfahrenden Schiff. Auf großen Videowänden wird das Geschehen live übertragen, eine weibliche Drummerin thront in luftiger Höhe und das Ganze wirkt wie ein lebendig gewordener Musikclip von MTV: »High

Energy« ist das neue Schlagwort des Hotels. Das mutige Re-Design hat funktioniert, denn -

Auch Image ist das Produkt einer Konstruktion.

Was Brillenträger intelligent macht

»Natürlich – gefährlich – exzentrisch – dekadent« ist der Imagefächer des Mirage. Jedes Hotel versucht, eine möglichst individuelle Reihung von Eigenschaften zu signalisieren. Wenn der Gast des Mirage nach dem Hai nicht auf weiße Tiger, sondern auf eine Uhr träfe, die den Countdown der aussterbenden Tierwelt herunterzählt, entstünde vielleicht der Imagefächer »natürlich – unberührt – selten – kostbar«: Aus dem Exzentrik-Hotel würde ein Öko-Hotel. Der *Image-Fächer* entscheidet, welchen Eindruck das Hotel macht.

Hinter dem Phänomen der unterschiedlichen Einschätzung steckt derselbe psychologische Mechanismus, der auch Brillenträger intelligent macht. Früher, als es noch keine Design-Brillen gab, wurden Brillenträger automatisch auch als intelligent angesehen, obwohl die Brille doch eigentlich nur sagt, dass jemand fehlsichtig ist. Bis heute gibt es unzählige Werbespots, in denen ein junger Mann mit Brille irgendetwas konsumiert, darauf die Brille wegwirft und jetzt als ganz toller Typ dasteht. Eine wissenschaftliche Untersuchung zeigt, dass die meisten Menschen blonde Frauen mit großer Oberweite immer noch für nicht gerade intelligent und moralisch gefestigt halten. Es ist das Image des »blonden Dummchens«, das hier zuschlägt. Was kann man da tun? Zum Beispiel eine Brille aufsetzen.

Psychologen nennen den Mechanismus *Inferential Beliefs*, gefolgerte Meinungen. Er lässt uns von wahrnehmbaren Eigenschaften der Personen und Objekte auf deren verborgene Eigenschaften schließen. Da man sich nicht immer im persönlichen Kontakt mit jemandem auseinander setzen kann, ist man eben gezwungen, sich selbst »ein Bild zu machen«. Ob diese gefolgerten Eigenschaften dann auch den Tatsachen entsprechen oder böse Klischees sind, ist dem Image-Mechanismus herzlich egal.

Eine bewusste Anwendung der »gefolgerten Meinungen« ist die *indirekte Darstellung* von Eigenschaften, die direkt nur schwer visualisierbar sind. Dazu gehört etwa Geschwindigkeit. Für einen Industriefilm sollte gezeigt werden, wie ein Gerät das Verlegen von Aluminiumdächern in einem Zehntel der früher verwendeten Zeit schafft. Das Kamerateam schoss Bilder eines langsam über das Dach kriechenden Geräts, von der Firma liebevoll »Dachdackel« genannt, Bilder, die alles andere als Tempo zeigten. Die Lösung: Im Schnitt wurde, mit Rossinis Musik unterstützt, die Allgegenwart des Dachdackels gezeigt. Er tauchte einfach ständig an einer anderen Stelle des Dachs auf, wechselte immerfort die Richtung, begegnete sich selbst. Mit diesem »Figaro-hier-Figaro-da Effekt« konnte durch »Allgegenwart« indirekt Geschwindigkeit dargestellt werden.

Zurück nach Las Vegas, denn einzelne gefolgerte Meinungen machen noch kein Imageprofil. Es funktioniert so: Erst wird eine markante Eigenschaft deutlich hergezeigt – der Hai steht für die Gefährlichkeit der Natur. Dieser Eindruck löst im Konsumenten gefolgerte Meinungen aus – alle Eigenschaften, die man mit der wilden Natur verbindet. Jetzt wird dieses noch diffuse Eigenschaftsbündel modelliert. Zu diesem Zweck gibt es in den Vegas-Hotels nach der Rezeptions-Show auch meist noch eine Show in der Lobby – die weißen Luxus-Tiger, Restaurant-Events – ein üppiges Dschungelrestaurant, Fassaden-Shows – einen Vulkanausbruch vor dem Hotel. Aus dem diffusen Eigenschaftsbündel entsteht so ein Fächer von klar miteinander verbundenen Eigenschaften und ein entsprechender Gesamteindruck, eine Imagepersönlichkeit, ein bestimmter *Look*. Das Mirage ist etwas exzentrisch Natürliches. Wann immer nun der Gast auf seinen Hotelrundgängen eine Eigenschaft registriert, die in dieses Bild passt, erzielt er einen *Treffer im Imagefächer*.

Wer sein inneres Bild öfters anwenden kann, bekommt mehr und mehr das Gefühl, dieses Gegenüber einschätzen zu können, mit ihm vertraut zu sein.

Das ist der Grund, warum bekannten Medienpersönlichkeiten auf der Straße immer wieder auf die Schultern geklopft wird und Passanten mit ihnen wie mit Freunden verkehren wollen. Häufige Treffer im Imagefächer haben ähnliche Auswirkungen wie tatsächliche Bekanntschaft: *In-*

ferential Beliefs bewirken Vertrautheit. Fehler im Imagefächer können daher zu katastrophalen Irritationen beim Konsumenten führen.

Zu irreführend, zu instabil, zu simpel

Die Eigenschaften im Signalnetz eines Vegas-Hotels müssen aufeinander abgestimmt sein. Zwar wird in der Lobby vielleicht eine andere Eigenschaft thematisiert als hinter der Rezeption, doch sie passt in denselben Imagefächer hinein. Genauso müssen bei einer Markenpersönlichkeit die Signale zwischen Werbespot, Maßnahmen am Point of sale und dem Verkaufskatalog einem gemeinsamen Imagefächer angehören. Wenn der Markenauftritt der Unterwäsche eher »natürlich – unkompliziert – körperbewusst« ist, kann man für den Point of sale nicht ein Model auswählen, das mit allen Mitteln der Kunst Erotik signalisiert.

Die unbeabsichtigte Irreführung des Konsumenten ist der häufigste Kardinalfehler bei der Imageplanung.

Irreführung:
Montagmorgen im Zürcher Gottlieb-Duttweiler-Institut, hoch über dem Zürichsee. Ein Seminarteilnehmer mit langem Anreiseweg betritt eine Stunde nach Seminarbeginn unseren Raum. Wir wissen, es muss dieser PR-Beauftragte einer gemeinnützigen Hilfsorganisation sein. Dunkler Anzug, braun gebrannt, markantes Profil und eine auffällig bunte Krawatte. »Aha«, denken wir, »da hat sich eine Non-profit-Organisation einen smarten Werbeprofi ins Haus geholt«. Alles falsch. Später erkennen wir: Den gelernten Geographen hat das persönliche Engagement zu seinem Job gebracht. An diese Episode muss ich denken, als ich einen PR-Prospekt eines großen deutschen Industrieunternehmens gezeigt bekomme. Zur Einführung einer flachen Hierarchie, mit Gruppenarbeit und Mitbestimmung für die Blue-Collar-Mitarbeiter, wurde ein Gruppenfoto des mit der Umsetzung betrauten Projektteams angefertigt. Slogan: Wir sind immer für euch da. Bloß alle 15 Männer des Teams trugen in feierlichster Form Anzug und Krawatte. »Kleider machen Leute«, sagt der Volksmund. Falsche Signale rufen falsche Imagefächer auf, sagt die Wissenschaft.

Instabilität:

Das ist der zweite Kardinalfehler. Wer in der Öffentlichkeit steht, sollte dafür Sorge tragen, nicht heute als Dandy und morgen als »Banker im Nadelstreif« aufzutreten. Manche Politiker haben sich zur Imagestabilisierung ein Etikett zugelegt. Jörg Haider, der rechtskonservative Populist aus Österreich, hat durch sein Etikett – einen leuchtend blauen Schal – den liberalen Bürgern meiner Heimat für alle Zeiten das Tragen blauer Schals verdorben. Der Schal steht für die politische Gesinnung. Wie alle Etiketten fördert er nicht nur das spontane Wiedererkennen des Imageträgers, er fungiert auch als Auslöser für gespeichertes Image.

Das Etikett holt die Eigenschaften, die man dem Imageträger zuschreibt, aus dem Dunkel unserer Erinnerung hervor.

Kontakt-Affekt-Phänomen nennen das die Psychologen. Der Effekt ist so zwingend, dass oft nur mehr der Hinweis auf das Etikett genügt. Ein Werbeplakat zeigt eine Giraffe vor Pyramiden, alles in einem merkwürdig vertrauten Gelbton. Darunter steht »Urlaubsvertretung!« Jeder spürt, was da vertreten wird – ein Kamel, das sich anscheinend von seinem Job als »CAMEL«-Etikett ausruht. Das Camel-Image ist präsent, obwohl sogar nur der Stellvertreter des Stellvertreters im Spiel ist. Gerade die Werbeindustrie braucht das ganze Potential an Kunststücken, die dramaturgische Etiketten beherrschen. Dazu gehört die Fähigkeit, dem eigentlichen Imageträger überhaupt erst zu seinem Image zu verhelfen. Zum Beispiel ist bequemen Schuhen der Marke Hush-Puppies das Faule, Entspannte nur schwer anzusehen. Wie soll man das fotografieren, welche Werbegeschichten soll man erzählen? Dem Etikett der Schuhe, jenem phlegmatischen Hund mit den überlangen Ohren nimmt man das Lazy-Afternoon-Image sofort ab. Einmal sitzt er in einem Werbespot stoisch und ungerührt auf einem U-Bahn-Schacht, während heiße Luft dem Tier die berühmten Ohren flattern lässt. Die »gefolgerten Meinungen« sorgen schließlich dafür, dass die Image-Eigenschaften des Etiketts auf das Produkt übergehen. Was alles kann zum Etikett werden, fragen mich manchmal meine Studenten. Die Antwort ist simpel: Alles, was aus dem Rahmen fällt und trotzdem mit dem Produkt zu tun hat. Die Schokolade enthält Milch, die kommt von der Kuh. Irgendeine Kuh wäre kein ordentliches Etikett, die lila Kuh von Milka ist es sehr wohl.

Der dritte Kardinalfehler hat mit einer fatalen Eigenart gefolgerter Meinungen zu tun. Sie erzeugen Klischees, sie sind oft zu –

simpel:

Was kann man tun? Wie schon häufig lernt das Marketing vom Film oder von populären Fernsehserien. Filmfiguren werden durch widersprüchliche Eigenschaften schillernd und interessant gemacht. Schon Don Camillo, der von Fernandel so großartig gespielte Priester, sprach nicht nur häufig mit seinem Herrgott, sondern gewann auch so manchen Boxkampf. Diese *Lust am Widersprüchlichen* findet man auch bei Inspektor Columbo, von dem schon erzählt wurde, dass er Zweikämpfe in der Art von »David gegen Goliath« besteht. Er hat wieder einmal die Nacht durchgearbeitet. Wir sehen ihn gähnend, mit zerzausten Haaren und schäbigem Trenchcoat, ziemlich heruntergekommen sieht er aus. Die Inferential Beliefs ergänzen den Imagefächer, denn mit »heruntergekommen« verbinden wir mittellos, hungrig, krank, wir sehen einen »Underdog« vor uns. Prompt will ihm eine Nonne in einem Obdachlosenheim – »dieser Mantel, dieser Mantel« – neu einkleiden und – »keine falsche Scham unter Freunden« – eine warme Suppe hinstellen. Doch Columbo hat auch ein anderes Gesicht. In meiner Heimatstadt Wien nennt man so jemanden einen »Wifzack«: er ist gewitzt, hartnäckig, von messerscharfer Logik, ein brillanter Detektiv. Der Zuschauer registriert diese beiden Bilder nicht getrennt, er registriert die Einheit des »David«, denn der Widerspruch macht Sinn, ergibt ein Gesamtimage. Ein David ist jemand, der auf den ersten Blick unterprivilegiert erscheint, aber tatsächlich seine Stärken hat. Der Nutzen dieser Konstruktion liegt auf der Hand. Der Zuschauer kann sich durch das Klischee mit der Figur vertraut fühlen, während andererseits die Widersprüchlichkeit das Image plastisch und einzigartig macht. Kaum ein anderer Fernseh-Detektiv ist deshalb auf der ganzen Welt seit Jahrzehnten so beliebt, wie Inspector Columbo.

Einzigartigkeit ist im Zeitalter, in dem alle Produkte einander so ähnlich sind wie zwei Waschmittel, durch Dramaturgie erreichbar oder gar nicht.

Und so finden wir das Phänomen natürlich auch im Marketing und zwar vor allem bei der Dramatisierung von Immobilien jeder Art. Die Lust am Widersprüchlichen wird etwa durch Kontraste von Alt und Neu inszeniert. Läden in alten Gemäuern werden durch moderne Elemente chic, wie der berühmte Möbel-Lifestyle-Shop Vinçon in Barcelona, wo neonblaue Wände und moderne Designmöbel das alterwürdige Treppengeländer, die gedrechselten hölzernen Säulen und den riesigen offenen Kamin aus vergangener Zeit kontrastieren. Museen, Hotels, Büroimmobilien profitieren vom gezielten Image-Kontrast. Selbst das Konferenzzentrum in der Wiener Hofburg, einst Heimstadt des Kaisers, hat sich damit entstaubt. Im Redoutensaal, der 800 Personen fasst, stehe ich zu Beginn meines Vortrag nicht auf der Bühne, sondern auf einem Podest an der Wand und zeige dem verblüfften Publikum den ungeheuren Image-Kontrast von 75 modernen Gemälden in schreiendem Rot, die Josef Mikl an Wand und Decke malte, um den klassizistischen Raum, nach einem Brand geschädigt, aufzufrischen, zu erneuern.

Wer bist du, woher kommst du?

Dem Klischee selbst entflieht man in keinem Fall. Man kann nur mehrere Klischees miteinander kombinieren und beten, dass dabei die Wahrheit herauskommt. So ist das Leben, so funktioniert die Wahrnehmung. Sie funktioniert so, weil sie uns etwas erzählen will über den, der uns da gerade entgegenkommt. Ein langes Messer baumelt am Gürtel, der Typ ist 1,90m lang, er trägt Stiefel und eine Military-Hose, der Haarschnitt ist verdammt kurz. Ich wechsle einfach die Straßenseite, Klischee hin oder her. Inferential Beliefs, sie wollen uns warnen mit ihren Klischees, signalisieren Gefahr, soziale Herkunft, den Beruf, den Charakter, die Nationalität, das Alter, das Temperament. Sie erzählen uns, wie unser Gegenüber ist. Aber: *Seid wachsam vor dem Klischee!* Was erzählen die *Inferential Beliefs*?

Waldbreitbach, eines der Seminarhotels des ZDF. In der perversen Kellerbar mit der Glaswand zum Pool wird eifrig gedreht. In extremen Großaufnahmen wird eine Person charakterisiert. Eine Bardame soll es werden, rote Fingernägel sind zu sehen, sie greifen nach einem Whiskyglas, langsame Bewegungen (die junge Schauspielerin aus dem Hotel möchte alles richtig machen), sie macht einen Schluck, Lippenstift am

Glas. Was sagt die Gruppe, die raten muss. »Eine lahmarschige Schlampe.« Die junge Redakteurin, engagierte Feministin, frisch von der Uni, sie ist entsetzt. Wie konnte es ihr passieren, eine Frau so darzustellen? Der Mechanismus der gefolgerten Meinungen ist von der Evolution so konstruiert worden, dass er uns wichtige Informationen für das soziale Zusammenleben zukommen lässt. Dafür nimmt er in Kauf, viele Signale einfach zu wichtig zu nehmen. Niemand stößt sich heute noch an roten Fingernägeln oder Lippenstift am Glas. Aber der Mechanismus verstärkt das ganz Normale, lässt Halbseidenes vermuten. So entsteht der Eindruck des *Charakters*, des Temperaments und des *Berufs*, der kein bürgerlicher sein kann. Die Spezies Mensch ist einfach ein Neugierwesen. Wie ist das, wenn wir auf Reisen jemanden kennen lernen? »Where do you come from?« – wir interessieren uns für die *Herkunft*. »Was machen Sie so?« Man möchte etwas über den Beruf der Reisebekanntschaft erfahren. Amerikaner fragen, wie viel Dollar man in seinem Job so pro Jahr macht, und erkunden damit die *soziale Lage*. Europäer schauen sich zu diesem Zweck das Auto des Gegenübers an. Check it out! Wer bist du? Was tust du? Woher kommst du? Immerfort sind wir damit beschäftigt, das herauszufinden, und wer das nicht zugibt, der lügt.

Die gefolgerten Meinungen beantworten diese Fragen, wenn wir dazu gezwungen sind, uns selbst ein Bild zu machen. Das Ergebnis ist das, was wir Image nennen. Die »Götter in Weiß« signalisieren ein Berufsimage, aber – Lust am Widerspruch – mein Zahnarzt trägt dazu Dreitagebart und Tennisschuhe. Kühle, schöne Männer und »Tough Women«, wie das selbstbewusste Cowgirl von Wrangler, sind Charaktertypen der Werbung. Am coolsten war in den neunziger Jahren jedoch der Alpenfex von Milka, Image, das mit der nationalen Herkunft spielt (in der Schweiz gibt es Schokolade). Der doppelte Imagefächer entsteht durch die verblüffende Zuordnung zur Jugendkultur: »'s *ischt cool, man*«. Es ist die Sprache, die neben der nationalen die soziale Herkunft signalisiert. Ich liebe die Szene im alternativen Frankfurter-Schule-Buchladen aus dem Roman »Beim nächsten Mann wird alles anders«, verfasst von der Werbeexpertin Eva Heller: Ein Mann mit Kleinkind im Tragetuch steht vor dem Regal über alternative Ernährung. Das Kind feuert das Buch »Nichtraucher in 30 Tagen« auf den Boden. »Du, pass bitte auf, was dein Kind macht«, sagt die herbeigeeilte Buchhändlerin zum Vater.

Der Vater sagt: »Du, da musst du mit der Julia selbst drüber sprechen. Die Julia blickt schwer durch. Rauchen ist Scheiße.« Und dann fragte er sie: »Tust du auch rauchen?« Diese Szene erinnert mich daran, wie der heute längst kalt gestellte Oskar Lafontaine in seiner erfolgreichsten Zeit als Politiker die berühmt gewordene Behauptung aufstellte, er wäre »fit wie ein Turnschuh«. Jugendkulturslang als PR-Sager, den man zitieren kann.

Gefilmte und gebaute Visitenkarten

Hauptsache ist doch, dass die Imagemaßnahme ein Teil der Corporate Identity ist, also das Image des aufgewerteten Produkts überhaupt trifft. Eine Werbeagentur bekam den Auftrag, Image-Trailer für die »*heute*«-Sendung des ZDF herzustellen. Was dabei rauskam? Mit rasantem Schnitt, drei pro Sekunde, wurde allen Ernstes die Allgegenwart der Reporterteams in aller Welt behauptet, schnell überall sein, alles live. Habe ich seit Jahren die falsche Sendung gesehen? Ist »heute«, wie alle News-Shows der öffentlich-rechtlichen Sender, die in Konkurrenz mit dem Privatfernsehen stehen, nicht eher eine Sendung, deren Stärke gerade die Hintergrundberichterstattung ist? Welcher Charakter soll denn da nahegelegt werden? Thema verfehlt! *Image-Trailer* gehören zu den Tools, mit denen man das Image nach außen bringt. Logos und Flyer, Merchandising und PR-Events, alles kommt infrage, solange die Corporate Identity getroffen wird. In diesem Kapitel sollen aber einige außergewöhnliche Image-Tools vorgestellt werden.

Immer mehr Unternehmen bedienen sich etwa einer imagefördernden Architektur ihres Firmensitzes, einer *gebauten Visitenkarte*. Disney weiß noch, wer es ist. Die Fassade seines Hauptquartiers in Burbank wird von sieben Säulen in Form von Zwergen geziert, ein jeder sechs Meter hoch und mit der für ihn typischen Mimik aus Walt Disneys berühmtem Zeichentrickfilm »Snow White and the Seven Dwarfs«, eine Architektur, die spontan entspannte Heiterkeit ausstrahlt. Ursprünglich stammt die Idee mit der »gebauten Visitenkarte« aus dem Bereich der »Temporare Architecture«, die nach einigen Monaten wieder abgerissen wird. Pavillons für Weltausstellungen verraten etwas vom Image des beworbenen Landes. Auf der Expo 2000 in Hannover war zum Beispiel in die Fassade des norwegischen Pavillons ein fünfzehn Meter hoher

Wasserfall, wie aus einem norwegischen Fjord, eingebaut. *Lighting Design* ist Architektur ohne Materie. Der brutale Betonstahlklotz des Lloyd's Building in London wurde von David Hersey, dem weltberühmten Lichtdesigner aufwendiger Musicals, zu einem wahren Kristallpalast hochstilisiert. Die Fassade leuchtet in einem überirdischen Blau, das hoch oben in das gleißende Weiß eines Glastonnengewölbes mündet. Das tiefe Blau erzeugt den Eindruck von Magie, die im gleißenden Licht des Gewölbes zu einer beinahe religiösen Apotheose gesteigert wird. Die enorme Höhe des Gebäudes wird durch vertikale Lichtketten betont, an deren Spitzen rote und grüne Lichtpunkte glühen.

Der verräterische Schreibtisch – ein Imagespiel

So bleibt noch zu entdecken, welche Signale als *Imageauslöser* dienen. Was bringt einen dazu, sich ein Bild des Gegenübers zu machen? Jeder kennt doch das Phänomen, dass man im Hotel, wenn sauber gemacht wird, ganz gerne einen voyeuristischen Blick in die offenstehenden Zimmer riskiert. Da liegen die Sachen fremder Leute herum, und manchmal kann man auf Grund dieser Gegenstände und ihrer Anordnung Schlüsse über den anderen Gast ziehen. Daraus wurde ein Seminarspiel. Die Teilnehmer erhalten in drei, vier Gruppen vor ausgewählte Gegenstände, aus denen sie sieben bis zehn aussuchen und arrangieren. Vorher wird in der Gruppe das Image der zu charakterisierenden Person festgelegt. Die anderen Gruppen raten schließlich, wer da seine Sachen auf dem Schreibtisch, Hoteltisch, Küchentisch zurückgelassen hat. Innerhalb von 45 Minuten entstehen live so ziemlich alle Imagesignale, die auch im Marketing von Bedeutung sind. Dabei treten immer wieder ähnliche Effekte auf.

Sobald Kugelschreiber, Füllfederhalter, Lineal akkurat in einer Linie am Schreibtisch aufgereiht werden oder andere Indizien für *Ordentlichkeit* vorliegen, schließen viele Seminarteilnehmer auf einen pingeligen Pedanten, zum Beispiel einen Beamten, Lehrer, jemanden, der eher älter als jünger ist. Aus einem Durcheinander der Dinge wird auf einen schlampigen jüngeren Chaoten geschlossen. Wenn aber das Durcheinander mit etwas *Buntem* kombiniert ist, etwa Gekritzel und Stifte, wird aus dem Chaoten leicht ein Kreativer, ein Werbemensch, Graphiker. Eine Gruppe charakterisierte eine Architektin. Ihre Zeichenutensilien waren sorgfältig aufgereiht, dazu Lippenstift. Da das Make-up von der billigen Sorte war, schlossen die Teilnehmer auf eine ältere, etwa fünfzigjährige, erfolglose Architektin. Ordentlichkeit kombiniert mit mangelnder *Qualität* ergab Erfolglosigkeit. Lange, rote Abendhandschuhe zusammen mit einer leeren Sektflasche wurden als Sexsignale interpretiert, kombiniert mit Stoffhäschen mit einer jüngeren Frau in Verbindung gebracht, mit schwarzem Nagellack als sadomasochistisch eingeschätzt, mit einer Kleinbildkamera als mysteriös, mit einem angebissenen Maiskolben als geistig gestört. Und so reisen wir weiter mit roten Handschuhen, Häschen und Maiskolben um die Welt und fürchten die »gefolgerten Meinungen« bei der irgendwann einmal drohenden Zollkontrolle.

Bis dorthin können wir uns ja mit den Marketing-Konsequenzen dieses »Spiels der Imageauslöser« beschäftigen. Da sind die Signale aus dem Bereich der primären *Triebe*, wie Sex, Aggression, Hunger, Religion (ja, denken Sie an Sekten und Gurus); dann die *sozialen Signale* wie Ordnung und Reinlichkeit – »sitz gerade, wasch dir die Hände« –und schließlich die *ästhetischen Signale*, vom dunkelgrauen Nadelstreif bis zur bunten Brille der Werbegraphiker. Immer ist die Kombination das eigentlich Interessante. Wenn etwas kaputt ist, so ist das ein soziales Signal, genauso wie Sauberkeit. Kaputt, aber dabei doch sauber, erzeugt einen pittoresken Eindruck, der das Kaputte erträglich, ja sogar »selling« macht. Das ist der Trick vieler Läden der amerikanischen Kette »Urban Outfitters«, in denen zersplittertes Glas, eingebrochene Treppen, Wellblech und abgeschlagene Wände den Loftchic des urbanen Lebens zelebrieren. »Wie kann so etwas funktionieren?« fragen Seminarteilnehmer. Ein Bekleidungsgeschäft muss natürlich reinlich sein, und so lautet die Antwort: Die Kombination macht es aus: kaputt, aber dabei sauber.

Manchmal ist es unumgänglich, eine Kombination von Signalen mit allen Mitteln zu verhindern. In den Disney-Vergnügungs-Parks, auch im Disneyland Paris, verweisen ganze Signalnetze auf »das Kind im Mann«, die »reine« Kinderseele, die in uns allen angesprochen wird. In ein solches Imageumfeld passt weder Schmutz noch Gewalt noch Sex. Und so untersagt Disney seinen »Cast Members« Make-up, denn jegliches Sexsignal, und das ist Make-up im weitesten Sinn immer noch, würde die Corporate Identity attackieren. Wütend fielen die französischen Gewerkschaften und die Presse über diese Order her, die für das europäische Selbstverständnis von Menschenwürde vielleicht auch schwer verständlich sein mag, deren dramaturgische Notwendigkeit von Disney aber auch zu wenig deutlich nach außen verdeutlicht wurde.

Die Signalnetze des *Visual Design* haben ihre Entsprechung im *Sound-Design*. Hollywood weiß das schon lange und hat Spezialfirmen wie Steven H. Flicks »Weddington Production« hervorgebracht. Für den Film »RoboCop« musste ein »guter« von einem »bösen« Roboter unterschieden werden. »Kachunk« oder »chuncka« steht lautmalerisch in der Sound-Mischtabelle, entstanden durch Geräusche von Videorecordermotoren, dem Einlegen einer Betakassette, mit dem Synthesizer gemixt. Sound kann neben moralischen Werten – gut/böse – auch Gewicht beschreiben: Schwere/Leichtigkeit, im tatsächlichen wie im übertragenen Sinn. Deshalb beschäftigen viele Automobilkonzerne die renommierte österreichische Firma AVL List in Graz. Bei AVL wird Motorensound getestet, werden Auspuffgeräusche gestylt, erhalten Autotüren jenen satten Klang, der Männerherzen angeblich höher schlagen lässt.

Character Sheets

So komplex können Images also sein. Das Character Sheet hilft, die Übersicht zu bewahren. Für die Kommunikation im Team, für Briefing und Rebriefing ist es ein Aufzeichnungsmedium, das alle wesentlichen visuellen und inhaltlichen Faktoren eines Projekts auf einem großen Blatt Papier vereint und nach den Kriterien der Inferential Beliefs befragt. Es enthält Imagefächer, Fotos und Zeichnungen, an denen sich imageauslösende Signale erkennen lassen, Aufstellungen nach Herkunft, Funktion/Beruf des Imageträgers usw. Dadurch ergeben sich dann wie von selbst die wesentlichen Fragen an das Projekt.

Image-Fächer:
Für eine Unterwäschemarke sagt die Marktanalyse etwa, dass die Wahrnehmung der hochwertigen Rohstoffe im Zentrum der CI steht. Daraus ergeben sich zwei einander ergänzende Fächer. Einer interpretiert den Rohstoff als *Öko-Wäsche*: natürlich – ehrlich – rücksichtsvoll;

der andere als *Sinnlichkeits-Wäsche*: unkompliziert – heiter – körperbewusst. Gemeinsam entsteht so eine Marke für »rücksichtsvolle
Selbstverwirklicher«.

Image-Treffer:

Um dieses Image zu modellieren werden durch Werbespots, Point-of-
sale-Maßnahmen und Events zahlreiche Situationen geschaffen, die
dem Konsumenten Gelegenheit geben, einmal in diesem und einmal in
jenem Fächer Treffer zu erzielen, mal diese, mal jene Eigenschaft zu
registrieren: Freundinnen spielen Modenschau und können dabei die
unkomplizierte Heiterkeit auskosten, oder man kann ganz natürlich in
der Umkleidekabine mit jemandem in der Unterwäsche reden, den man
kennt.

Image-Auslöser:

Das Character Sheet zeigt vor allem, welche Signale ausgeblendet
werden müssen: ein erotischer Augenaufschlag eines Models, die
Nationalfahne, die mal ins Bild kommt, um die Herkunft anzudeuten,
die jedoch für das Image eher entstellend wirkt. Das Etikett, ein grelles
Gelb, wird schließlich dem Imagefächer angepasst und erscheint jetzt
eher als sonnendurchflutet. So zeigen Character Sheets in verdichteter
Weise das, was wir eigentlich alle wahrnehmen, wenn wir uns ein Bild
machen:

Den Augenschein, der Oberflächen in der Tiefe zum Leuchten bringt.

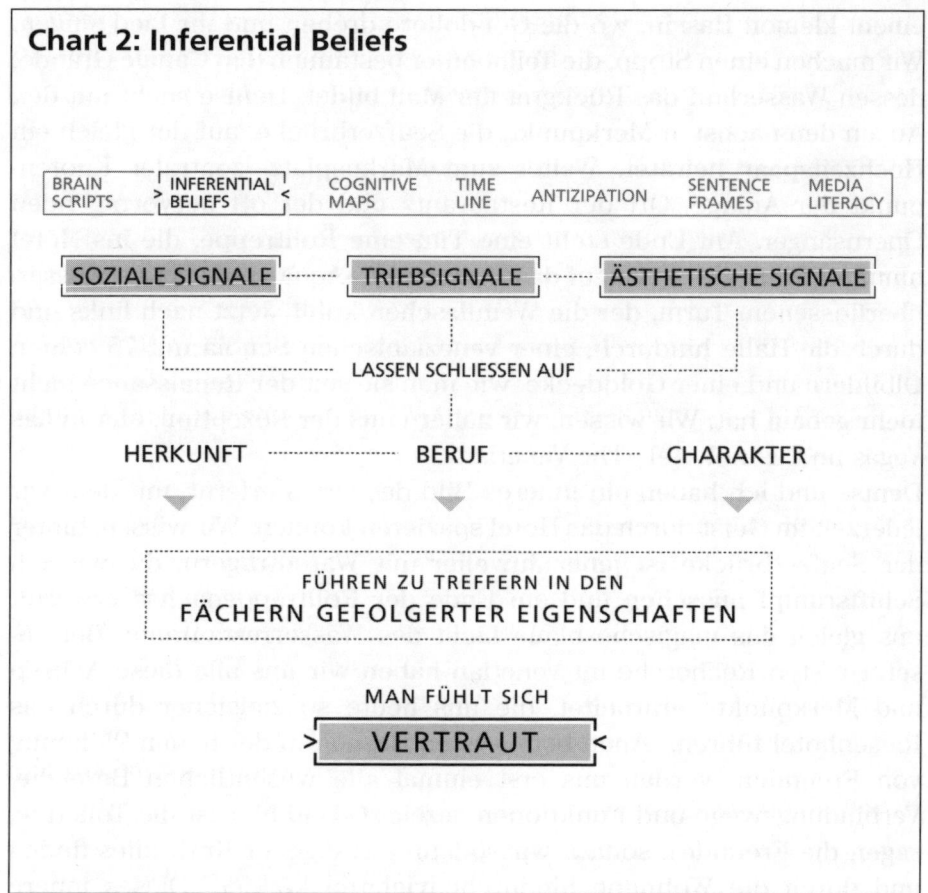

Chart 2: Inferential Beliefs

| BRAIN SCRIPTS | > INFERENTIAL BELIEFS < | COGNITIVE MAPS | TIME LINE | ANTIZIPATION | SENTENCE FRAMES | MEDIA LITERACY |

SOZIALE SIGNALE ···· TRIEBSIGNALE ···· ÄSTHETISCHE SIGNALE

LASSEN SCHLIESSEN AUF

HERKUNFT ········ BERUF ········ CHARAKTER

FÜHREN ZU TREFFERN IN DEN
FÄCHERN GEFOLGERTER EIGENSCHAFTEN

MAN FÜHLT SICH
> VERTRAUT <

Cognitive Maps
Die kognitiven Landkarten

Langsam gleiten wir über die Rialto-Brücke. Manager und Kreative von überall her folgen mir bei dieser Lernexpedition. Ich folge Denise, die mich unauffällig steuert. Dabei achtet meine Frau auf die vertrauten Signale, die ihr sagen, wo es langgeht. Das Rollband über die Rialto-Brücke führt uns direkt in die »Grand Canal Shoppes«. Denise hält nach dem Schauspieler Ausschau, der zur venetianischen Statue erstarrt den Beginn der Shopping Mall markiert. Bei ihm müssen wir links vorbei zu einem kleinen Bassin, wo die Gondoliere drehen und ihr Lied singen. Wir machen einen Stopp, die Teilnehmer bestaunen den Canale Grande, dessen Wasserlauf das Rückgrat der Mall bildet. Denise sucht mit den Augen den nächsten Merkpunkt, die Seufzerbrücke, auf der gleich ein Hochzeitspaar heiratet. Weiter zum Markusplatz, zentraler Knotenpunkt der Anlage, Ort der Restaurants und der oft hervorragenden Opernsänger. Am Ende steht eine Tür, eine Rolltreppe, die ins Hotel hinunter führt, direkt zu auf das Restaurant »Aqua« mit seinem wasserüberflossenem Turm, der die Weinflaschen kühlt. Jetzt nach links und durch die Halle hindurch, einer venezianischen Scuola mit 75 echten Ölbildern und einer Golddecke, wie man sie seit der Renaissance nicht mehr gebaut hat. Wir wissen, wir nähern uns der Rezeption, hier in Las Vegas im Casinohotel »The Venetian«.

Denise und ich haben ein inneres Bild des Ortes erlernt, mit dem wir jederzeit im Geist durch das Hotel spazieren können. Wir wissen, hinter der Seufzerbrücke ist jener Juwelier mit Warenträgern, die wie ein Schiffsrumpf aussehen und am Ende der Rolltreppenachse erwartet uns gleich das magische blaue Licht des Wasserrestaurants. Bei unserer ersten Recherche im Venetian haben wir uns alle diese Achsen und Merkpunkte erarbeitet, die uns heute so zielsicher durch das Riesenhotel führen. Auch beim ersten Besuch in der neuen Wohnung von Freunden werden uns erst einmal alle wesentlichen Bereiche, Verbindungswege und Funktionen gezeigt (»Und hier ist die Toilette«, sagen die Freunde), sodass wir sodann aus eigener Kraft alles finden und durch die Wohnung hindurchnavigieren können. Dieses innere Bild eines Ortes wurde vom Psychologen E. C. Tolman als »Kognitive Landkarte« bezeichnet.

Von Knoten, Achsen, Districts und Landmarks

Mit »Cognitive Maps« kann man in einer vertrauten Stadt völlig neue Wege einschlagen und trotzdem erahnen, wohin sie führen. In der eigenen Wohnung genügen nachts im Dunkeln wenige Hinweise, wie das Licht einer Digitaluhr, um sich schlafwandlerisch sicher durch die Wohnung zu bewegen.

Im Venetian-Hotel und überall in der Wirtschaft hat die kognitive Landkarte die Funktion, den Gast, der Konsumbedürfnisse hat, mit Leichtigkeit dorthin zu bringen, wo er diese Bedürfnisse befriedigen kann.

Alle kognitiven Landkarten enthalten ganz bestimmte Bezugspunkte, mit deren Hilfe man navigiert. Paris bietet dem Auge alles, was ein optimaler »Stadtplan im Kopf« braucht. Große *Achsen* sind meist die Ausgangspunkte. Die Champs-Élysées verbindet den Louvre mit dem Wolkenkratzerviertel La Défense. Mit freiem Auge ist die ganze Achse kaum jemals zu sehen, doch markante Bauwerke, wie der kleine Triumphbogen, der Obelisk, der Arc de Triomphe und der riesige innen hohle Würfel in La Défense ziehen den Blick über die Teilstücke der Achse hinweg und lassen sie so zur Einheit verschmelzen. Was Achsen können? Sie *stellen Beziehungen zwischen Orten her*. In Paris wurde mithilfe der »gedachten Linie« das hypermoderne La Défense an die glorreiche Vergangenheit des historischen Zentrums angebunden. Der Schnittpunkt mehrerer Achsen ergibt einen Knoten, so wie der Pariser Étoile die sternförmige Kreuzung von zwölf großen Straßen ist. Das Knotenhafte stellt psychologisch den Eindruck eines Zentrums her, *macht einen solchen Ort enorm bedeutsam*. Aus diesem Grund postiert man in Knoten auffällige Denkmäler: den Triumphbogen in Paris, die Nelson-Säule am Trafalgar Square in London. *In Knoten werden Helden verehrt.*

Am Stil der Häuser, der Art der Geschäfte und Menschen, dem Licht, dem Geruch erkennt man, in welchem Stadtviertel man sich befindet, ob in Montparnasse oder in Montmartre. *Districts* sind durch ihr unverwechselbares Flair sichere Bezugspunkte, und sie sagen: *Hier ist das zu Hause und dort kannst du jenes erwarten:* das Bankenviertel, das Rotlichtviertel usw.

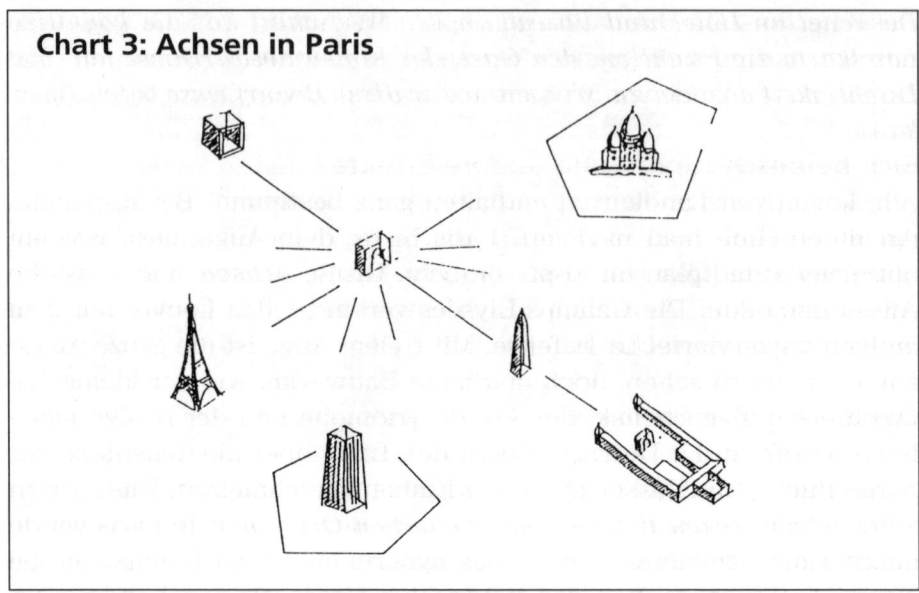

Chart 3: Achsen in Paris

Oft werden »Districts« durch ein weithin sichtbares *Landmark* zusätzlich markiert. Wenn ich in Paris vom Flughafen komme und von weitem die weiße Kirche Sacré-Cœur sehe, weiß ich, dass dort Montmartre ist, dort vorne quer die Seine verläuft und ich bald nach links abbiegen muss, um nach Saint Germain zu gelangen. Merkpunkte sind *vertraute Wegweiser*, die besondere Hilfestellung leisten, um uns trotz Abkürzung oder Umweg zum Ziel zu führen.

Was fängt man mit einem solchen Instrumentarium an, mit *Achsen*, die Beziehungen herstellen, *Knoten*, die sich wichtig machen, *Districts*, die einem sagen, was man in einem Viertel zu erwarten hat, oder *Landmarks*, die uns den Weg weisen und ans Ziel bringen?

Orte gewinnen an Attraktivität, wenn man sie kognitiv herstellen kann. Und so werden all jene Orte, aus denen man aus wirtschaftlichen Gründen das Maximum herausholen muss, nach dem Prinzip der kognitiven Landkarte gestaltet.

Da sind amerikanische Leisure Parks, die meist am Meer liegen und eine dorfähnliche Ansammlung von Restaurants und Shops bieten, da sind die großen Museen, die in der heutigen Zeit mindestens 800 000

Besucher im Jahr dramaturgisch optimiert durch ihre Säle schleusen müssen, da sind die Feriendörfer und Zoos, die großen Restaurants und Hotels, das Gelände von Weltausstellungen und von Olympiaden.

Sich heimisch fühlen und andere Effekte

Architektur nach dem Prinzip der kognitiven Landkarte scheint allgegenwärtig. Das mag daran liegen, dass »Cognitive Maps« wahre Alleskönner sind. Zusätzlich zur Orientierung gibt es noch eine Reihe anderer psychologischer Effekte.

Das Glück des Ankommens:
Kevin Lynch ist der Vater der kognitiven Landkarte. In seinem wunderbaren Buch »Das Bild der Stadt« wünscht er – wir schreiben das Jahr 1960 – dem rastlosen, ewig umziehenden Bürger eine sich gut einprägende Umwelt, damit er sich überall schnell *heimisch* fühlen möge. Tatsächlich, sobald man seine kognitive Landkarte anwenden kann, fühlt man sich gleich zu Hause. Die Nomaden der heutigen Zeit sind die umherziehenden Touristen. Deshalb gestalten Ferienclubs mit Inklusivangebot, die von vielen Touristen während des Urlaubs gar nicht mehr verlassen werden, ihr Gelände psychologisch. Da gibt es das »District« mit den Bungalows, den Sportbereich, die Pool- und Barlandschaft, den Ort, wo man einsam klassische Musik hören kann, das Theater für die Animationsshow am Abend. Ich bin zwar im Urlaub, aber ich fühle mich dort sofort heimisch. Es ist das Glück des Ankommens, das man natürlich genauso erlebt, wenn man wieder in sein vertrautes griechisches Dorf fährt.

Alles auf einen Blick:
Lynch hat auch festgestellt, dass viele Menschen ein großes, aber psychologisch gut strukturiertes Gebiet als eher klein empfinden. Verblüffenderweise trifft das etwa auf Manhattan zu, das mit seiner auffälligen Schrägachse, dem Broadway, dem zentralen Knoten des Central Parks und Vierteln mit unterschiedlichem Charakter – Chinatown, Upper East Side – sehr gut strukturiert ist. *Kognitive Landkarten machen Orte überschaubar.* Mit einem gläsernen Aufzug fahren wir hinauf in den vierten Stock der Mall of America in Minneapolis, des größten

Einkaufszentrums der USA. Dort ziehen wir einen Stadtplan von New York heraus – und siehe da, er passt. Wie Manhattan sich um den Central Park schmiegt, ringelt sich die Mall of America um Camp Snoopy, einen Vergnügungspark inklusive Achterbahn und 400 großen Bäumen. Mit einem Blick wird klar: Die Mall ist die prototypische Stadt, Camp Snoopy der Orientierungsknoten, in dem sich immer wieder die Blicke kreuzen, wenn man von einer der vier Himmelsrichtungen zum anderen Ende der Mall blickt. Zusätzlich wurden in der Mall of America deutlich erkennbare »Districts« angelegt. Jedes hat sein eigenes Flair. West Market ist eine britisch angehauchte Markthalle, South Avenue hat den Touch von Art déco der zwanziger Jahre. Sechs Kilometer Verkaufsfassade, riesengroß und doch überschaubar, das ist die Mall of America.

Den direkten Weg einschlagen:
Ausgeprägte Achsen saugen uns regelrecht über das Gelände, sie erhöhen die *Geschwindigkeit*, mit der wir von A nach B gelangen. Das ist ein Effekt kognitiver Karten, der auf Flughäfen dafür entscheidend sein kann, ob man die Maschine im letzten Augenblick erreicht. Den Frankfurter Rhein-Main-Flughafen halte ich trotz seiner Größe für gut strukturiert. Vor einigen Jahren hatte der Betreiber, die FAG (heute FRAport), auf der Hauptachse zwischen der Schalterhalle und dem großen Abflugbereich B eine Videowand installiert, auf der ein PR-Clip des Airports lief. Niemand blieb stehen. Es war ausgerechnet der Punkt, an dem die abfliegenden Gäste ihre höchste Laufgeschwindigkeit auf dem Weg zum richtigen Gate erreicht hatten. Die FAG konnte – ganz offensichtlich – die psychologische Wirkung ihres eigenen Gebäudes nicht richtig einschätzen.

Das Phänomen des Parks:
Einige Orte in der Welt bringen uns dazu, das Gelände Meter für Meter zu erforschen. Das ist dann der Fall, wenn auf einer begrenzten Fläche alle Elemente kognitiver Landkarten zur Geltung gebracht werden. Dazu ist auch ein bisher verschwiegenes Gestaltungsmittel nötig, die *Begrenzung*. Das kann ein Fluss sein, eine Mauer, ein Waldgürtel. Wenn innerhalb der Begrenzung dann Achsen, Knoten, Viertel und Merkpunkte angelegt sind, wird aus einem Flecken Natur ein *Landschaftspark*, aus Bürogebäuden mit ein wenig Natur ein *Business-Park*, aus Enter-

tainment-Attraktionen zu einem bestimmten Thema, zum Beispiel über Film oder die Abenteuer der Comic-Figur Asterix, ein *Theme-Park*. Dazu gehört auch Disneyland und, wie ich meine, der katholische Wallfahrtsort Lourdes. Die beiden Parks sind einander in verblüffender Weise ähnlich.

Disneyland ist von einem *Waldgürtel* umgeben. Schon von weitem wird man vom Hauptlandmark, dem Schloss Cinderellas, angelockt. Am Anfang des Parks steht ein Tor, danach folgt die große Hauptachse, die *Main Street America*. Sie zieht uns zu einem sternförmigen Platz, dem Knoten des Parks, der vom *Schloss Cinderellas* betont wird und von dem alle Wege in die unterschiedlichen Viertel wie Adventureland, Fantasyland ausgehen. Jedes Themenland hat auch seinen eigenen unverwechselbaren Merkpunkt: das *Frontierland* hat den großen *Mississippidampfer*, der unablässig im Kreis fahrt, das *Tomorrowland* hat den *Spaceship Mountain* usw.

Ich schreibe dieses Buch auf einem Computer. Also kopiere ich den letzten Absatz einfach nach unten und ersetze Disney gegen Lourdes. Das liest sich dann so:

Das Gebiet um die Marienerscheinung in *Lourdes* ist von einem Fluss umgeben. Schon von weitem wird man vom Hauptlandmark, der *Basilika der unbefleckten Empfängnis*, angelockt. Am Anfang des Parks steht ein Tor, danach folgt die große Hauptachse, die *Esplanade der Heiligtümer*. Sie zieht uns zu einem sternförmigen Platz, dem Knoten des Parks, der von der *Basilika der unbefleckten Empfängnis* betont wird und von dem alle Wege in die unterschiedlichen Viertel ausgehen, wie den Kreuzweg oder etwa den Missionsbereich. Jedes »Themenland« hat auch seinen eigenen unverwechselbaren Merkpunkt: das *Bäderviertel* hat die *Grotte der Erscheinung* mit der wundertätigen Quelle hinter dem Altar, das *Viertel der Pilger* das *Filmtheater St. Bernardette* usw. Das alles meine ich gar nicht mal zynisch. Alle Ebenen des Lebens sind schließlich von Dramaturgie durchdrungen!

Chart 4: Disneyland

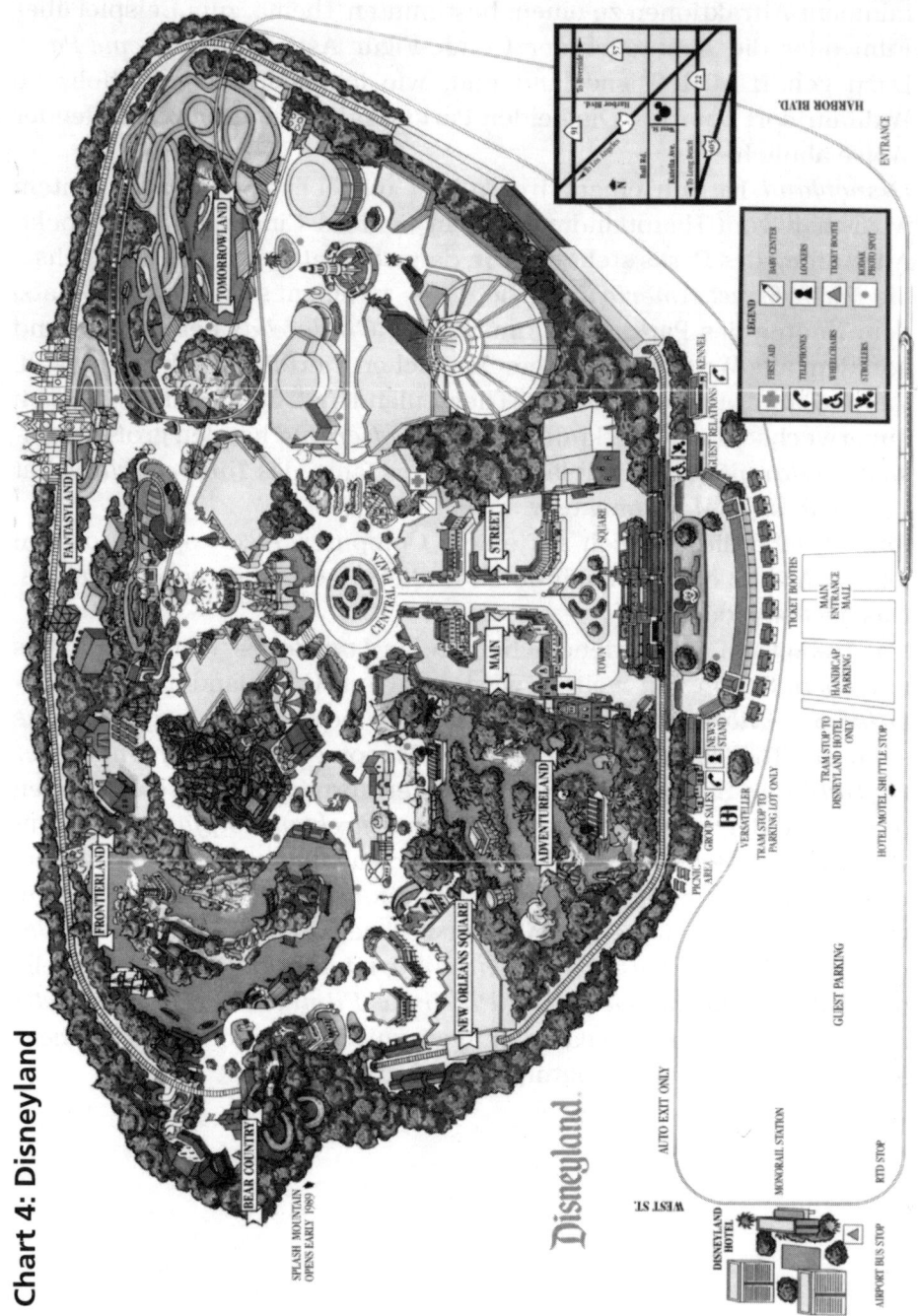

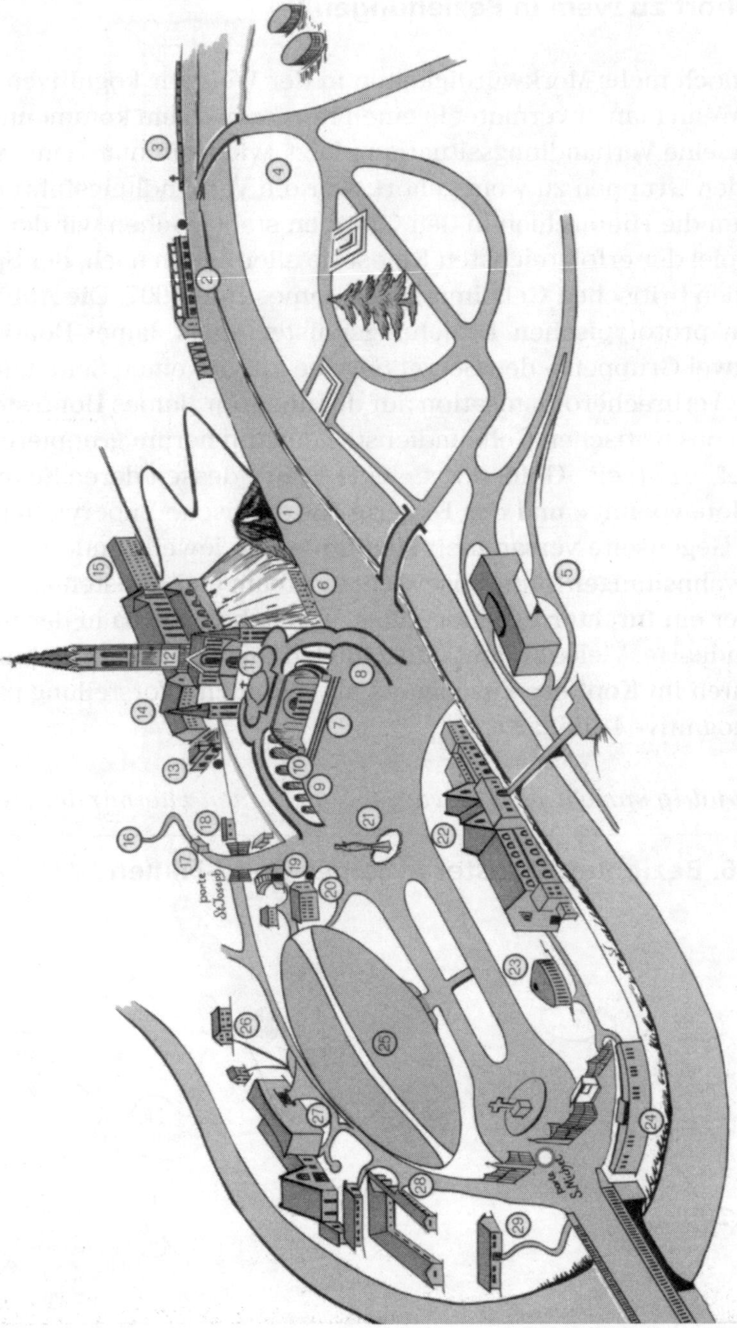

Chart 5: Die Heiligtümer von Lourdes

Wer gehört zu wem in Beziehungen?

Es gibt noch mehr Merkwürdigkeiten in der Welt der kognitiven Landkarten. Wenn man unvermutet in einen Konferenzraum kommt und dort mitten in eine Verhandlungssituation platzt, wie weiß man dann, wer in den beiden Gruppen zu wem gehört, wer die Verhandlungsführer sind, wie es um die Hierarchien in den Gruppen steht? Gehen wir der Frage am Beispiel der erfolgreichsten Kinoserie aller Zeiten nach, der Spielfilme um den britischen Geheimagenten James Bond 007. Die Abbildung zeigt: Im prototypischen Beziehungsmuster jedes James-Bond-Films gibt es zwei Gruppen – den Secret Service auf der einen Seite und eine geheime Verbrecherorganisation auf der anderen. James Bond steht im Zentrum des britischen Geheimdienstes, um ihn herum gruppieren sich sein Chef »M« (seit »Golden Eye« eine Frau), dessen/deren Sekretärin »Miss Moneypenny« und der Experte für exotische Superwaffen »Q«. Auf der Gegenseite versammelt sich um einen jeweils anderen immer jedoch wahnsinnigen Superbösewicht ein Team von Assistenten, darunter immer ein furchterregender Killer. Was haben wir da in der Skizze? Eine Landkarte. Vieles spricht tatsächlich dafür, dass die Beziehung der Filmfiguren im Kopf des Zuschauers als räumliche Vorstellung präsent ist, als kognitive Landkarte.

Nicht zufällig spricht man davon, wie Personen zueinander stehen.

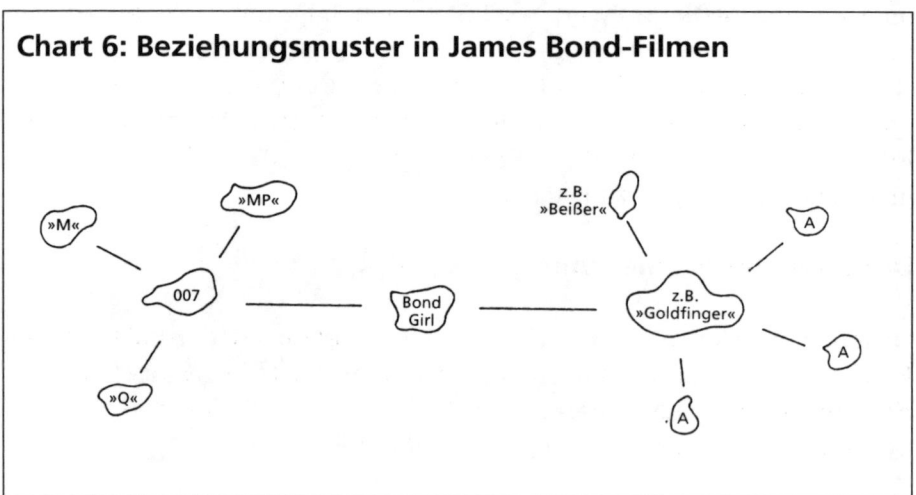

Chart 6: Beziehungsmuster in James Bond-Filmen

Inzwischen wurde diese von mir eher intuitiv aufgestellte Behauptung von einigen meiner Studenten im empirisch-psychologischen Experiment bewiesen, zum Beispiel von Claudia Redtenbacher. Denn was anderes ist etwa eine *Freundschaft oder Feindschaft* als eine *Achse* zwischen zwei Menschen? Die große Achse in den Bond-Filmen ist die Gegnerschaft zwischen 007 und dem Bösewicht, die rituell damit endet, dass das Imperium des »Goldfingers vom Dienst« in Feuer und Flammen aufgeht. Viele kleine Achsen signalisieren Beziehungen innerhalb der Gruppen, so zwischen Bond und Miss Moneypenny, die 007 in jedem Film neuerlich verehrt und sich von ihm dafür aufziehen lassen muss, um dieses eine Achsenelement kognitiv aufzurufen. Bond und sein Gegenspieler erscheinen nicht zuletzt deshalb als *Hauptfiguren*, weil sich innerhalb ihrer jeweiligen Gruppe *alles um sie dreht*. Im Sinne von »Cognitive Maps« sind sie »Knoten«, Schnittpunkte von Beziehungen. Gruppen werden von uns kognitiv als »Districts« gelesen. So wie Stadtviertel ihr eigenständiges Flair haben, werden auch Gruppen *durch charakteristische Eigenheiten zusammengehalten*; durch eine bestimmte Aufgabe, durch eine individuelle Sprache oder durch gemeinsame Kleidung, wie etwa beim Militär oder bei einem Reinigungstrupp. Und auch Gruppen haben, wie jedes Stadtviertel, ihre besonderen »Landmarks«. Es sind Figuren, die zu diesem Zweck entsprechend *einzigartig* sein müssen. In Bond-Filmen weiß man: Wo immer Killer wie der hünenhafte »Beißer« mit seinem Edelstahlgebiss oder der fernöstliche Zwerg »Schnick-Schnack« mit Melone und weißen Handschuhen auftauchen, dort ist auch die jeweilige gegnerische Geheimorganisation im Spiel. So wie man seine Position in einer Stadt oder in Lourdes bestimmt, navigiert man in den Beziehungen der Bond-Filme, registriert etwa das »Knotenhafte« an 007 und fühlt sich so innerhalb der Gruppe zu Hause.

Der Boss, der Partner und das Team

Gruppen werden also durch kognitive Landkarten einschätzbar, im Film wie in Marketing und Management. Wer ist der Knoten, welche Achsenverläufe signalisieren Beziehungen, wie definieren Gruppen ihren Zusammenhalt? Beginnen wir mit der Frage:

Wer hält die Fäden in der Hand?

In der Wirtschaft sind diejenigen die Hauptpersonen, die alle wesentlichen Informationen anziehen und von denen die wesentlichen Impulse ausgehen. Sie sind wie Captain Kirk vom Raumschiff Enterprise, der auf der Brücke des Raumschiffs im Drehstuhl des Commanders sitzt und von allen Seiten Navigationsdaten, Funksprüche und andere Informationen erhält. »Knoten« sein bedeutet, eine natürliche Autorität besitzen, alle Fäden in der Hand halten, ohne dabei den Chef herauszukehren. Auch im Industriefilm und anderen PR-Medien muss die Hauptperson als Schnittpunkt der Beziehungen erscheinen. Als äußeres Zeichen der Vormachtstellung bekommt der *Leader* die meisten Großaufnahmen. Er wendet sich der Kamera zu, setzt die Aktionen, bekommt das beste Licht. Dramaturgisch gesehen heißt das: In ihm treffen sich, wie in einem Knoten, alle Blicke, mit denen sich ihm die Kamera – und damit das Publikum – zuwendet. In ihm treffen sich die Strahlen des Lichts, und jede Bewegung im Bild hat irgendwie mit ihm zu tun. Auch Beziehungsachsen gilt es zu registrieren. Es geht um die

Kooperation im Team

Während der Dreharbeiten in Fabriken oder auf Baustellen haben Chefs oft die Sorge, dass ihre Mitarbeiter im Bild nicht gerade dem Image des Unternehmens entsprechen. Zumeist unterschätzen sie die Faszination, die von deutlich gesetzten Signalen für Teamwork und Kooperation ausgehen. Voraussetzung ist dafür, dass die kleinen »Beziehungsachsen« innerhalb einer Gruppe durch geeignete Mittel in Szene gesetzt werden. Ein Schulterklopfen, ein Blickwechsel oder die Darstellung mit der so genannten *Schuss-Gegenschuss-Technik* symbolisieren Kooperationsachsen nach außen. Bei Schuss-Gegenschuss sieht man in der einen Einstellung eine Aktion – jemand im Team zeigt zum Beispiel in eine bestimmte Richtung –, dann kommt der Gegenschuss, in dem ein Kollege, etwa mit einer zustimmenden Geste, antwortet. Das alles auf einer Baustelle, auf Musik gearbeitet, vermittelt oft mehr von Kooperation und Kompetenz als angeberische Worte oder vollmundige Erklärungen.

Kognitive Karten sind auch im Spiel, wenn Gruppen sich voneinander abgrenzen oder sich nach innen stark machen. Es geht ums –

Teamgeist zeigen

Wenn es etwas gibt, was eine Gruppe zusammenhält, entsteht schnell eine äußere Gemeinsamkeit als dessen psychologisch lesbarer Ausdruck. Es wird ein »District« daraus. Viele Frauen, die in der New Yorker Börsenhochburg Wall Street arbeiten, tragen zum Beispiel Lauf- oder Tennisschuhe zum grauen Tweedkostüm – ein gemeinsames Erkennungszeichen für diesen Typ der amerikanischen Karrierefrau, die so demonstriert, genauso schnell und »tough« zu sein wie ihre männlichen Kollegen. Eine häufige Klammer für den Gruppenzusammenhalt ist eine gemeinsame Sprache, sind gemeinsame Rituale. In seinem Buch »Wall Street Poker« enthüllt Michael Lewis, wie beim Broker-Unternehmen »Salomon Bros.« die Anleihenhändler des berüchtigten 41. Stockwerks sich von allen anderen Gruppen der Firma unterschieden, vor allem von den verachteten Aktienhändlern des 40. Stocks. Lewis beschreibt die wenig sympathische Corporate Identity einer Bande von Gesetzlosen. Trainees suchen sich im 41. Stock einen Rabbi, wie sie ihren Mentor nennen, der sie erst demütigt, bis sie per Telefon soviel Geld verdienen, um als Starverkäufer mit dem Titel »Big Swinging Dick«, »riesiger herumschlenkender hungriger Penis«, geehrt zu werden. Solche Initiationsrituale spielen zur District-Abgrenzung innerhalb kognitiver Karten eine große Rolle. Die Gesetzlosen spielen auch das berüchtigte »Wall Street Poker«, eine Art Charaktertest, bei dem um die Seriennummern von Dollarnoten gepokert wird: Mutproben wie in Jugendbanden – ein weiteres Verhalten zur Abgrenzung gegenüber anderen. Und die vom 41. Stock sprechen den Börsenslang mit seinen verschlüsselten Begriffen mit besonderer Faszination: »Fannie Mae« oder »Freddie Mac« für Dinge wie die »Federal National Mortgage Association«: Abgrenzung durch Sprache.

Die deutsche Schauspielerfamilie Bennent hat sich vor einigen Jahren in einem Pressefoto mit einem gemeinsamen Indiz dargestellt. Alle vier Familienmitglieder sitzen auf großen Reisekoffern. Heinz Bennent, der berühmte Filmschauspieler von Bergman und Truffaut, seine Frau, ebenfalls Schauspielerin, ihre Tochter, die burgtheatererprobte Anne Bennent, und der Sohn David Bennent, der schon als Zwölfjähriger im mit einem Oscar preisgekrönten Film »Die Blechtrommel« Furore machte. Eine Familie mit einem gemeinsamen Los.

Der imaginäre Ort

Wie bereits zuvor erwähnt, schreibe ich dieses Buch auf einem Computer. Zwischendurch schaue ich dabei immer wieder mal in ein Videospiel hinein. In diesem Spiel habe ich schon eine ganze Reihe von Räumen durchwandert, per Mausklick, versteht sich. Mit der Zeit habe ich ein Gefühl für diesen mysteriösen Ort entwickelt. Ich weiß, wie ich von hier nach dort komme. Bloß: Diese Welt, in der ich mich auskenne, existiert gar nicht! Trotzdem habe ich von ihr eine kognitive Karte erlernt, wie von einer realen Gegend. Dazu muss man sich vor Augen halten: Cognitive Maps sind Vorstellungsbilder in unserem Gehirn und deshalb eine von den Orten, die sie beschreiben, unabhängige Wirklichkeit. Also kann die innere Landkarte auch von Orten entstehen, die uns durch Signale nahe gelegt werden, die es aber nicht gibt. In Wien, wo ich lebe, kann man im normalen Kabelfernsehen an die 40 Fernsehsender empfangen. Wenn ich von 1 bis 40 alle Sender durchgehe, komme ich beim 41. Drücken des Knopfs wieder auf 1. Dabei habe ich das Gefühl, einen großen räumlichen Kreis durchwandert zu haben. Ich kann diesen Kreis in die eine und in die andere Richtung gehen. *Channelhopping* ist für mich ein räumlicher Vorgang.

In naher Zukunft werden wir uns mit einem Virtual Reality Equipment in eine Bibliothek begeben, die es real gar nicht gibt. Sie wird nur im Computer bestehen, als riesige Datenbank. Und doch werden wir in unserer Datenbrille, die wir aufgesetzt haben, barocke Hallen sehen, die wir durchwandern können. Wir werden in dieser Welt auf andere Menschen treffen, die wir um Rat fragen können, wir werden Schubladen öffnen und Dokumente lesen. In Michael Crichtons Roman »Disclosure«, verfilmt mit Michael Douglas und Demi Moore, ist diese »Telepräsenz« bereits Wirklichkeit. Wir werden auch in diesen Welten kognitive Karten benötigen, um uns im Labyrinth von Korridoren, Kreuzungen und unterschiedlichen Hallen zurechtzufinden. Merkwürdige Effekte werden eintreten, die im realen Leben unmöglich sind. Unendlich tiefe Gänge können uns dort erschrecken, aber wir können auch in große Höhen fliegen, um einen Überblick über einen Ort zu erhalten und so auf dem Boden, mit geschärfter kognitiver Landkarte, weiterzukommen. Bereits heute kann man mit einer solchen Ausrüstung durch die französischen Höhlen von Lascaux hindurchfliegen, ohne die gefährdeten Wandmalereien aus der Urzeit zu gefährden. Worin aber liegen die Vorbilder für diese Zukunft, die zum Teil schon Gegenwart ist?

Gute Romane haben es immer schon geschafft, den Leser in einen imaginären Schauplatz hineinzuversetzen. Umberto Eco bedient sich in seinem Mega-Bestseller »Der Name der Rose« einiger Kunstgriffe, um den Leser ganz in seinem Schauplatz, einer mittelalterlichen Abtei in den italienischen Abruzzen, versinken zu lassen. Er sagt etwa über die »Achsen« des Ortes: »Wenn zwei meiner Personen miteinander redeten, während sie vom Refektorium zum Kapitelsaal gingen, schrieb ich mit dem Plan der Abtei vor Augen, und wenn sie angelangt waren, hörten sie auf zu reden.« Mit »Landmarks« ist das Buch regelrecht gespickt. So erwähnt Eco wie nebenher einen dicken Strohteppich, der die Schritte fast unhörbar macht. Drei Seiten weiter ruft er den Merkpunkt auf. »Wer geht da hinauf – fragt der blinde Jörge misstrauisch –, als Malachias, die Schritte gedämpft durch den Strohteppich, gerade am anderen Ende des Saals bei der Treppe zur Bibliothek angelangt war.« Indirekte Anspielungen auf den imaginären Ort formen die kognitive Landkarte. Und auch für unsere unmittelbare technologische Zukunft gilt es, diejenigen Signale zu finden, die den *Cyberspace*, den vorgestellten Ort, für uns erschließen und zu einem menschlichen Platz machen.

Optimierung 1:
Da war ich noch nicht, da will ich noch hin

Wer eine kognitive Landkarte erworben hat, ob von einem realen Gelände, einem imaginären Ort oder einer Gruppenbeziehung, geht mit einer Art Röntgenblick durch die Welt. Man registriert intuitiv Knoten, Achsen, Districts und Landmarks, um mit ihnen zu navigieren. Unser Röntgenblick braucht dazu aber die Unterstützung weiterer Signale, welche die Knoten, Achsen usw. überhaupt erst wirklich wahrnehmbar machen. Diese Signale bringen Knoten so richtig zur Geltung, machen aus Achsen deutlich spürbare Achsen. Sie dienen der Optimierung der kognitiven Landkarte, indem sie laut »Hier!« rufen, wenn ein relevantes Element berücksichtigt werden soll.

Überblick geben
Alle Menschen reagieren zum Beispiel auf hohe *Türme* mit dem unbe-

zwingbaren Verlangen hinaufzusteigen, um dann das Gelände von oben zu mustern. Auf Weltausstellungen gibt es daher häufig dieselbe Art von Aussichtsturm, wie man sie auch in Themenparks erleben kann, etwa in den Seaworld Meeresvergnügungsparks von San Diego und Orlando. Die Aussichtsterrasse des Turms steht erst auf dem Boden und schraubt sich dann mit langsamen Drehbewegungen in die Höhe, um schließlich wieder abzusinken. Der Blick von oben weckt im Besucher das Bedürfnis, nach und nach alle zuvor gesehenen Districts abzugrasen. Er sagt sich: »Da war ich noch nicht, da will ich noch hin.«

Dieselbe Funktion haben *Entrance Maps*. Am Tor jedes Vergnügungsparks bekommt man sie in die Hand gedrückt. Sie bezeichnen die Standorte der Attraktionen und, ganz wichtig, der »Landmarks«, der auffälligen Gebäude, mit deren Hilfe man seinen Weg über das Gelände findet. Gebäude erscheinen auf solchen Plänen meist dreidimensional, damit das Wiedererkennen umso leichter fällt. Selbst die altehrwürdige Regent Street in London wirbt mit einer solchen Karte um Käufer. An Stelle der Attraktionen, wie in Disneyland, sind die Fassaden der Shops abgebildet, als »Landmarks« versehen der Amor am Piccadilly Circus und andere Denkmäler ihre Marketing-Pflicht.

Tiefenperspektiven

Auch sie treten das Bedürfnis los, möglichst alles zu sehen. Die Tiefe einer »Achse« erzeugt Spannung über das, was einen wohl am Ende der Achse erwartet. Kevin Lynchs Versuchspersonen machten sich Gedanken über die Herkunft und das Ziel tiefer Alleen und Bahngeleise. Woher – wohin? Dieser Frage geht der Besucher nach, im wahrsten Sinn des Wortes. Achsen müssen deshalb »von Ende zu Ende« konstruiert werden, mit optischen Akzenten am Anfang und am Schluss. In Paris steht am Ende jedes Boulevards ein prominentes Gebäude mitten auf der Straße: die Oper, der Louvre, die Madeleine. Für jedes Provinzhotel ist die Beachtung dieses Prinzips von großer Bedeutung. Endlos lange Korridore werden mit unseren Blicken durchmessen und brauchen deshalb am Ende einen Punkt, in dem der Blick ankommen kann: eine Blumenvase, ein Bild, ein Fenster. Das gilt auch für die Tiefenachse jedes Einkaufszentrums. Und aus demselben Grund steht auch am Anfang jedes Vergnügungsparks, wie etwa von Lourdes und Disneyland, ein Tor und am Ende eine Art Schloss.

Optimierung 2:
Benennen, Betreten, Bezeichnen

Die »Achse« zwischen Tor und Schloss hat einen Namen: »Esplanade der Heiligtümer«, heißt sie in Lourdes, »Main Street America« in den Disneyparks. Namen unterstreichen die Bedeutung einer Gegend. Das muss nicht der offizielle Name sein. Der Volksmund (oder die PR-Agentur) erfinden manchmal einen »Spitznamen«, der prägnanter für das steht, was uns eine Gegend zu sagen hat. Als in Chicago die fashionablen Shops vom alten Zentrum, dem heruntergekommenen Loop, auf die North Michigan Avenue wanderten, bekam dieser Abschnitt des Boulevards bald den Namen »The Magnificent Mile«. *Namen sind Hilfssignale*, die kognitive Landkarten dadurch präsent machen, indem sie einem Abschnitt einen tieferen Sinn geben. Londons Luxuskaufhaus »Harrod's« hat seinen »ägyptischen Saal« und seine »Food Hall«. Daher gilt:

Orte müssen benannt werden

Ähnliche Wirkung hat die Strategie, ein Gebiet mit Leben zu erfüllen. Jeder kennt das Phänomen, dass bei einem Schaufenster, vor dem schon jemand steht, bald weitere Interessenten folgen. Ein Restaurant, das ganz leer ist, betritt man ungern. In Disneys Theme-Parks verlässt man sich in diesem Punkt nicht allein auf die Besucherfrequenz. Auf der Hauptachse, der Main Street America, sind ununterbrochen pittoreske Fahrzeuge jeder Art unterwegs. Die hundert Meter zum Cinderellaschloss kann man in einem Gefängniswagen zurücklegen, auf einem Feuerwehrauto hocken oder mit einem Doppeldeckerbus fahren. Immer mehr Fremdenverkehrsorte lassen kleine Bahnen ihren Boulevard hinauf- und hinunterfahren. Casinohotels in Las Vegas manipulieren mit vollautomatischen Einschienenbahnen und »Moving Walkways« – Förderbändern für Menschen – den optisch wahrnehmbaren Verlauf von Verbindungsachsen. Obwohl ein anderes Casino ganz nah ist und alle Wege darauf verweisen, schreit die mechanische Achse, die ständig in Bewegung ist, nach einem Casinohotel, das zum selben Konzern gehört.

Orte müssen betreten werden

Das kann auch stellvertretend geschehen. In Barcelonas Plaza d'España, auf der sich täglich tausende Touristen einfinden, um das Spektakel einer inszenierten Achse zu genießen, fließt abends zwischen dem Doppelcampanile und dem Lichterkranz über dem Museum am Ende der Achse Wasser in hunderten Kaskaden, Springbrunnen, Fontänen, Wasserläufen den Berg hinunter. Untertags »fließt« ein System von dutzenden Rolltreppen, die vom Sonnenlicht in Lichtbänder verwandelt werden, den Berg hinauf. Eine relativ billige Methode zur Betonung von Achsen sind Bepflasterungen. Unwillkürlich folgt man einem solchen steinernen Bodenmuster, das Einkaufsstraßen ziert. Manchmal unterstreichen zusätzlich im Boden eingelassene Metallzeichen und alte Steine die ehrwürdige Gewachsenheit einer Einkaufsmeile.

Der *öffentlich begehbare Knoten* ist ein Hit unter den Strategien zur Betonung eines Ortes. In James Stirlings Neuer Staatsgalerie in Stuttgart und einer ganzen Reihe anderer Museumsbauten und Shopping Malls, können Passanten das Museumszentrum durchqueren, ohne die eigentlichen Ausstellungsräume zu betreten. Sie befinden sich auf einem öffentlichen Weg, der gerade mal zufällig quer durch den Museumsknoten verläuft. Zu welchem Zweck? In einem Knoten hat man das Gefühl des Ankommens. Den »Hier-bin-ich«-Effekt nennt das Kevin Lynch. Fürsten vergangener Jahrhunderte haben aus diesem Empfinden heraus ganzen Städten die Form eines gigantischen Knotens gegeben. Karlsruhe ist das bekannteste Beispiel in Deutschland, Palmanova im Veneto ist sogar eine einzige riesige Kreuzung.

Orte müssen schließlich auch bezeichnet werden

Das »Landmark« ist die wehende Fahne, die jeder besondere Ort braucht. Wie ein Wimpel auf der Zinne einer Burg sitzt die riesige Astérix-Figur auf der Spitze des Berges im französischen »Parc Asterix«. Er ist eine ideale Navigationshilfe in diesem Vergnügungspark über die Comics-Figuren Asterix und Obelix. Je nachdem, ob man die Figur von vorne, von hinten, von links oder rechts sieht, weiß man intuitiv, wo im Park man sich befindet. Was aber macht einen Punkt zum Merkpunkt? Hier sind vier wesentliche Arten, ein Landmark zu gestalten:

① *Mach es groß*

Ein Metallrad an sich bedeutet wenig, ein Metallrad, so groß wie ein Haus, das sich um die eigene Achse dreht und mit dem man mitfahren kann, wird zum Wahrzeichen einer Stadt: das Riesenrad im Wiener Prater.

② *Mach es sichtbar*

Wann immer ein Objekt von weitem gesehen werden kann, wird es zum Merkpunkt – ein Turm, eine Kirche am Berg etc.

③ *Mach es pittoresk*

Merkpunkte dürfen nicht »normal« aussehen, sie müssen auffallen. Irgendein Fresko an der Wand fällt nicht auf, aber ein Fresko in Wien aus vergangenen Jahrhunderten, das eine Kuh zeigt, die Backgammon spielt, wird zum Merkpunkt für Touristen und gehört gefälligst restauriert.

④ *Mach es bedeutsam*

»Semantische Tiefe«, wie die Wissenschaftler sagen, fällt auf. Was damit gemeint ist: ein Denkmal, zum Beispiel, das einen Menschen aus der Vergangenheit porträtiert, löst viele Assoziationen aus und wird dadurch bemerkt.

Optimierung 3:
Unsichtbare Fäden

Werbefotografen, Stylisten, Art-Direktoren, Regisseure, sie alle wissen, wie man die unsichtbaren Fäden spinnt, durch die wir die Beziehungslandkarte einer Gruppe intuitiv lesen. In meinen Seminaren an der Hochschule für Fernsehen und Film in München klebe ich zum Beispiel einige Plakate einer Werbekampagne an die Wand und frage die zukünftigen Steven Spielbergs, wer ihrer Ansicht nach zu wem gehört und warum.

»Die beiden gehören zusammen!« Warum? »Die schauen sich so intensiv an.« Richtig: *Blickkontakt* ruft die Achse einer Paarbeziehung auf. »Und diese beiden haben auch irgendetwas miteinander zu tun!« Und warum? »Die Sakkos der beiden Männer haben eine ganz ähnliche Farbe.« Richtig: *Ähnlichkeit* in Farbe oder Stil verbindet. Zum Beispiel sitzen da zwei, Frau und Mann, in einer Art Reitstall und tragen beide festliche Abendkleidung. Sie gehören zusammen. Aber die junge Frau, in flammend roter Robe, legt einem anderen Mann in Reitkleidung die Hand aufs Knie. Also hat sie auch mit ihm etwas im Sinn. *Berührungen* rufen eine Achsenbeziehung auf, so wie jede Art von Nähe. Tatsächlich sind die Personenbeziehungen in dieser Kampagne der Mineralwassermarke Römerquelle mehrdeutig. »Römerquelle belebt die Sinne«, lautet schließlich der etwas anzügliche Slogan. Immer steht eine Flasche Römerquelle auf dem Tisch, und drei Leute sitzen um sie herum.

Wer gehört zu wem? »Die beiden hier sitzen ganz nah beieinander, aber die junge Frau gegenüber blickt der männlichen Hälfte des Paares tief in die Augen.« »Hat Sie Chancen?« frage ich. »No chance«, sagen die Regiestudenten, denn eine Birke verläuft als vertikale Trennungslinie zwischen dem Paar und der interessierten Dritten. Sie haben recht. *Trennungslinien oder Zwischenräume* zerschneiden die unsichtbaren Fäden.

Am Werbeplakat, im TV-Spot, im Imagefilm, überall verlaufen die unsichtbaren Fäden, und sie werden von Blicken und Nähe, Ähnlichkeit und Berührung, trennenden und verbindenden Linien gesponnen. Zusammen steuern sie das wunderbare Navigationsinstrument der kognitiven Landkarte, das wir alle in uns tragen.

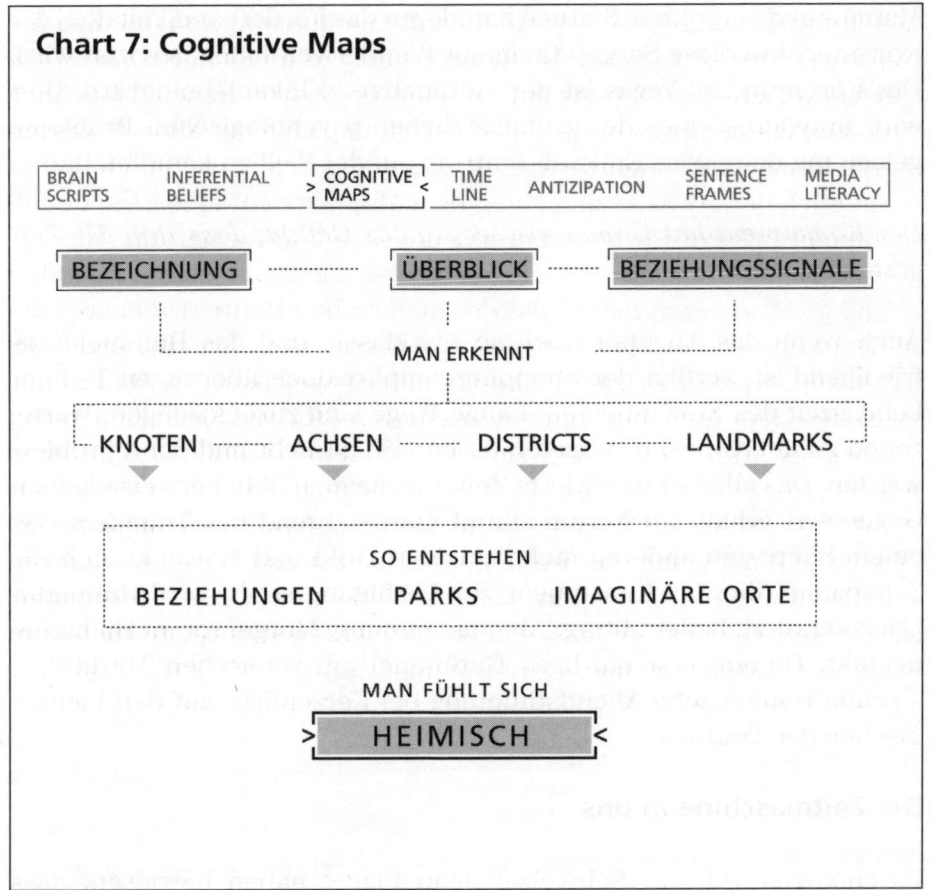

Chart 7: Cognitive Maps

| BRAIN SCRIPTS | INFERENTIAL BELIEFS | > COGNITIVE MAPS < | TIME LINE | ANTIZIPATION | SENTENCE FRAMES | MEDIA LITERACY |

BEZEICHNUNG · · · · · · · · ÜBERBLICK · · · · · · · · BEZIEHUNGSSIGNALE

MAN ERKENNT

KNOTEN · · · · · · ACHSEN · · · · · · DISTRICTS · · · · · · LANDMARKS

SO ENTSTEHEN

BEZIEHUNGEN   PARKS   IMAGINÄRE ORTE

MAN FÜHLT SICH

> HEIMISCH <

Time-Line
Die Eigen-Zeit

Ich bin in Las Vegas und möchte mir ein Paar Socken kaufen. Bei strahlend blauem Himmel betrete ich einen Shop. Nach zehn Minuten verlasse ich das Geschäft wieder und komme gerade zu einem romantischen Sonnenuntergang zurecht. Eben erst Mittag und Minuten später Abend? Das gibt es nur in den Forum-Shops des Caesars-Palace-Hotels in Las Vegas. Innerhalb von 30 Minuten wechselt die Lichtstimmung des hyperrealistisch gemalten Himmels in dieser antik römischen Einkaufsstraße von hellem Tag zu rosa Dämmerung. Brennende Fackeln, weißer

Marmor und vergoldete Statuen flankieren das Förderband, mit dem der Konsument in diese Shop-o-tainment-Wunderwelt hineingesogen wird. Das Forum in Las Vegas ist der »ultimative« Einkaufsboulevard. Hier wird bravourös eines der grundsätzlichen psychologischen Probleme gelöst, mit dem jedes Einkaufszentrum auf der Welt zu kämpfen hat:

Der Konsument hat immer ein wenig das Gefühl, dass ihm die Zeit gestohlen wird.

Auch wenn das Angebot noch so erstklassig und das Bummeln befriedigend ist, verfügt der Shoppingkomplex doch über einen Teil der Lebenszeit des Konsumenten. Lange Wege sind zurückzulegen, Wartezeiten zu überbrücken, Waren müssen erst gesucht und dann probiert werden. Das alles ist investierte Zeit, für die man üblicherweise keinen Gegenwert erhält. Im Forum staunt man während des Transfers von einem Shop zum anderen nicht nur über Gold und Marmor, auch die Zeitspanne, die der Konsument zur Verfügung stellt, wird dramaturgisch verkürzt: heller Mittag, Abendstimmung, Morgenrot im Halbstundentakt. Gerade erst quirliges Getümmel am römischen Marktplatz – schon romantische Abendstimmung bei Kerzenlicht auf den kleinen Tischen der Trattoria.

Die Zeitmaschine in uns

Psychologen wie der Schweizer Jean Piaget haben bewiesen, dass unser Zeitempfinden das Ergebnis einer Konstruktionsarbeit ist.

Die erlebte Zeit erscheint uns dann kurzweilig, wenn sie durch viele Ereignisse in kleine Einheiten zerfällt.

Wer dann im Nachhinein an eine solche Zeit zurückdenkt, empfindet sie umgekehrt aus demselben Grund, der Fülle der Ereignisse, als besonders ausgedehnt. Zum Beispiel habe ich während meiner Seminarreisen, auf denen ich oft in kurzer Zeit viel erlebe, das Gefühl, dass die Zeit wie im Flug vergeht. Wenn ich dann nach fünf Tagen nach Hause komme, ist es, als wäre ich zwei Wochen unterwegs gewesen. Mein Zeiterleben wurde durch die Reise modelliert. In den Forum Shops von Las Vegas wird diese Modellierung strategisch eingesetzt, zum psychischen Wohl des Kunden und im Interesse des Marketings:

Einschnitte im Zeitablauf machen den Aufenthalt während des Einkaufsbummels kurzweilig und lassen ihn danach als lange, befriedigend verlaufene Zeit erscheinen.

Redewendungen enthüllen, was da eigentlich modelliert wird. »Mein Zeitplan ist ausgefüllt«, sagt man und hat dabei so etwas wie einen »umschlossenen, bildhaften Raum vor Augen, der geteilt und unterteilt werden kann« (Marshall McLuhan). Dieser Raum wird ausgefüllt oder freigehalten, und er verläuft linear. Die meisten Menschen stellen ihr Zeitempfinden tatsächlich auf einer Linie dar, wenn man sie danach fragt, einer *Time Line*, wie sie der amerikanische Psychiater Herbert Rappaport nennt. Die Time Line beginnt bei der Geburt, enthält die Ereignisse der Vergangenheit, hat irgendwo ihren Nullpunkt in der Gegenwart und blickt schließlich in die Zukunft, wo jene Ereignisse eingetragen sind, die man bis zu seinem Hinscheiden erwartet. Die Linie ist wie ein Baumstamm, in den besondere Ereignisse als Kerben eingeritzt werden. Ein Besuch in den Forum Shops enthält nur einen sehr kleinen Ausschnitt der inneren Time Line. Aber auch dieser Ausschnitt enthält »Kerben«, etwa durch den rhythmischen Lichtwechsel. Zwischen zwei aufeinander folgenden Kerben/Ereignissen entsteht ein *Zeit-Intervall*, ein Lebensabschnitt oder einfach dieser Teil des Window-Shoppings im Vergleich zu jenem vor 10 Minuten. Wozu das Ganze gut ist? Wenn man in die Lage versetzt wird, ein solches *Intervall zu überblicken*, fühlt man sich als Herr über die eigene Zeit, die Eigen-Zeit, wie sie Helga Nowotny nennt. Redner sagen: »In den nächsten zwanzig Minuten werde ich über dies und das sprechen.« In einer Nachrichtensendung im Hörfunk des ORF heißt es nach 30 Minuten: »Halbzeit im Mittagsjournal. In der zweiten Journalhälfte erwarten wir noch Beiträge zu folgenden Themen...«

Überblickt man Zeitintervalle, fühlt man sich selbstbestimmt.

Und genau das ist einfach leichter zu erreichen, wenn die Intervalle eher klein, die Kerben häufiger auftreten, als wenn nur ab und zu eine Kerbe fällig ist und die Intervalle groß und unüberschaubar werden.

Der hier beschriebene Lichtwechsel ist dafür jedoch nicht die einzige Methode. Die Dramaturgie hat eine Vielzahl von *Chrono-Techniken* herausgebildet, um Kerben häufig, Intervalle überschaubar und die Eigen-Zeit selbstbestimmt und kurzweilig zu machen. *Die Zeit vergeht wie im Flug*, es ist die –

Beschleunigte Zeit

Nirgendwo in der Welt kann man mehr über Chrono-Techniken lernen wie in den Disney-Vergnügungsparks in Anaheim, Orlando, Paris oder Tokio. Disneyland ist das Weltzentrum des Anstellens und Wartens in langen Schlangen. Zehntausend, zwanzigtausend, dreißigtausend Besucher pro Tag in jedem einzelnen der Parks. Da muss alles nur Erdenkliche zum Einsatz kommen, um das Warten erträglich zu machen. Disney hat es so weit perfektioniert, dass sogar das Anstellen als unterhaltsam empfunden wird. Es ist Teil der Show!

Befristen
ist eine der raffinierten Chrono-Techniken, um Wartezeit zu beschleunigen. Ich stehe in der Schlange vor einer meiner Lieblingsattraktionen, der »Star Tours«, einem atemberaubenden Flug durch das Weltall. In Orlando kann es bis zu 90 Minuten dauern, bis es endlich losgeht. Langsam rücke ich mit den anderen vor. Die Stimmung ist freudig erregt, aufgekratzt, keine Spur von Frust oder Aggression. Nach einigen Minuten kommen wir zu einer Tafel. Auf ihr steht: »Nur mehr 50 Minuten bis zur Star Tours«. Zehn Minuten später die nächste Tafel: »Noch 40 Minuten und Sie erleben das Abenteuer ihres Lebens«. Befristen erzeugt ein Gefühl für das Zeitintervall, das man noch durchstehen muss. Jetzt hat man keine schier endlos lange, unangenehme Zeit vor sich, sondern eine überschaubare, auf die man sich einstellen kann.
Disney hat dieses Zeitversprechen mir gegenüber noch niemals gebrochen. London Transport ist da schon weniger zuverlässig. Doch immerhin, auch bei der Londoner »Underground« wird Wartezeit »befristet«. »Nächster Zug nach Wimbledon in 10 Minuten«, ist auf der Leuchttafel zu lesen.

Angesichts der allgemeinen Unzufriedenheit mit den Leistungen der öffentlichen Verkehrsmittel und anderer Servicedienste für den Bürger werden dramaturgische Maßnahmen im öffentlichen Raum künftig zu den wichtigsten Aufgaben der strategischen Dramaturgie gehören.

Zäsuren setzen

Ich stehe immer noch in der Schlange im Disneyland, da kommt ohne ersichtlichen Grund eine verteufelt gut swingende Bläsertruppe vorbei und gibt 10 Minuten etwas zum Besten, eine willkommene Abwechslung. Diese 10 Minuten des Anstellens habe ich überhaupt nicht »gespürt«. Zäsuren zerteilen lange Zeitintervalle in kleinere Einheiten, einfach dadurch, dass etwas Unvorhersehbares geschieht. Jede Überraschung wirkt als willkommene Unterbrechung des zähen Zeitflusses. Im CircusCircus-Casinohotel von Las Vegas wird das Spiel an den einarmigen Banditen alle 15 Minuten durch halsbrecherische Zirkusakte direkt über den Köpfen der Gambler unterbrochen – eine »Zäsur«, die Kraft gibt, weiter auszuharren. In der Design-Bar »Torres de Avila« in Barcelona dreht sich ohne Vorwarnung eine ganze Ebene des Lokals um die eigene Achse, um hinter einem künstlichen Sternenhimmel zu verschwinden.

Jede Zäsur erfreut die Seele und gibt einem das Gefühl, am Leben teilzunehmen.

Im Zeitalter der Rastlosigkeit ist sie ein wichtiges Hilfsmittel des Marketings, um den Konsumenten daran zu hindern, woanders nach der nächsten Abwechslung zu suchen.

Am Laufen halten

Die Schlange bewegt sich weiter. Disney hat eine geniale Lösung gegen den ständigen Zweifel des Wartenden gefunden, ob denn sein Geduldeinsatz jemals von Erfolg gekrönt sein wird. Das Disney-Personal hält die Schlange ununterbrochen in Bewegung, die zudem in unmittelbarer Nähe des Ziels, des herbeigesehnten Eingangstors, hin- und hergeführt wird. Warteschlangen vor Konzertsälen oder europäischen Museen, etwa vor dem Louvre zu Feiertagen, beginnen vor dem Eingang und erstrecken sich endlos in gerader Linie, um manchmal hinter dem nächsten Häuserblock zu verschwinden. Wer eine solche Warteschlange sieht, den verlässt sofort der Mut. Die ständige Bewegung bei Disney, das Ziel vor Augen, ist das sukzessive Einlösen des Versprechens, bald anzukommen. Jede Veränderung – wieder eine Kurve und wieder einen Meter näher gekommen – verkürzt auch das Zeitintervall, das man noch vor sich hat.

Die Methode der Disney-Parks sollte ein Vorbild für jeden Veranstalter sein. Die Warteschlange »am Laufen zu halten« ist nicht nur Verkaufskalkül, es ist ein *psychologischer Dienst* am Kunden.

In Aussicht stellen

Das Ende meiner Wartezeit kündigt sich an. Woran ich das merke? In der letzten Warteschleife vor dem Eingang zur »Star Tours« taucht eine Reihe von Monitoren auf, die schon etwas von der Show verraten, die dann gleich losgehen wird. Kurz danach windet sich die Warteschlange in das Gebäude hinein. Roboter aus dem Film »Der Krieg der Sterne« reparieren einander wortreich, Förderbänder neben, unter und über uns transportieren Ersatzteile, es zischt und blitzt, und Werbespots auf einer riesigen Videowand verkünden die Höhepunkte der bevorstehenden Reise zum Planeten Endor. Jede Disney-Attraktion hat ihre eigene Pre-Show, mit der das unmittelbar bevorstehende Ende der Wartezeit »in Aussicht gestellt« wird. Die Piraten hört man bereits singen, wenn man die Wartezeit vor den »Piraten der Karibik« überstanden hat, und man taucht immer tiefer in die Silbermine ein, durch die uns der Rollercoaster hindurchkatapultieren wird. *Videos*, *Pre-Shows*, *der vorveröffentlichte Sound* des Ereignisses oder das tiefe *Eindringen in die Kulisse* sind Strategien, die das Ende des Zeitintervalls markieren. In einem Freizeitpark warten wir auf den Eintritt in ein »Revolving Theatre«, in dem sich der Zuschauerraum auf einer Drehscheibe befindet. Jede Minute wird einfach das *Licht* in dem zunächst noch dunklen Wartebereich ein wenig heller, bis schließlich in strahlendem Weiß die Tore aufschwingen.

Meilensteine setzen

Das »MOMI«, Museum of the Moving Image in London, ist eines der interessantesten Museumsinnovationen der letzten Jahre. Ich komme ursprünglich vom Film und liebe daher diese Attraktion. Zu klein geworden ist sie derzeit geschlossen um 2005, so hört man, an einem nahegelegenen Ort neu aufzusperren. Erfolgreich war das MOMI auch auf Grund seiner psychotechnischen Maßnahmen zur Herstellung von Kurzweiligkeit. Das MOMI-Konzept sieht ein Labyrinth vor. Der Besucher wird, ohne ausbrechen zu können, einen langen Weg hindurchgeschleust. Damit er sich seine Kräfte einteilen kann, signalisieren »Meilensteine«, wie viel von der Gesamtzeit bereits vergangen ist und wie viel an Mühe man noch vor sich hat. Die »Meilensteine« im MOMI sind typische Produkte des britischen Humors. An der Wand hängen alle 20 Meter neben dem Museumsgrundriss Fotos nackter Füße, die mit zunehmender Wegstrecke immer »maroder« aussehen. Erst ist der Fuß ein wenig gerötet, dann verstärkt sich die Rötung, Blasen kommen hinzu, bis der Fuß schließlich richtig dampft. »Meilensteine« sind Anhaltspunkte dafür, wo im Ablauf eines Zeitintervalls man sich gerade befindet. Sie kommen zum Einsatz, wenn der Konsument irgendeiner Art von Ablaufzwang ausgeliefert ist.

Deshalb werden auch in Fernsehsendungen »Meilensteine« versteckt. In der Talk-Show »Johannes B. Kerner« des ZDF ist die Anzahl der Gäste neben dem Moderator ein Indikator dafür, wie weit die Sendung fortgeschritten ist. In Magazinen spürt der Zuschauer: Wenn die Gewinner gezogen werden, ist die Sendung am Ende des ersten Drittels, der Tipp des Tages markiert die Mitte der Sendung, kommt der Überraschungsgast, neigt sich die Sendung ihrem Ende zu. Sobald in einer Folge der Reihe »Tatort« das große »Shoot Out« in einer leeren Halle beginnt, die halb unter Wasser steht, merkt jeder: Die letzten sieben Minuten der Folge sind angebrochen.

Gedehnte Zeit

An einem kalten Novembernachmittag hatte ich gerade noch eine Stunde Zeit, bevor ich beim neuen Generaldirektor des Deutschen Museums in München meinen Antrittsbesuch machen wollte. Vom berühmten Bergwerk im Keller des Museums hatte ich schon gehört. Es enthält faszinierende Schächte, echte Bergwerksmaschinen und lebensgroße Figuren, mit denen die Arbeit im Berg lebendig dargestellt werden soll. Auf drei Stockwerken wandert und klettert man durch ein Gelände, von dem es im Katalog lakonisch heißt, dass es »sehr kompliziert aufgebaut ist, sodass im Plan der Führungsweg nicht angegeben werden kann«. Nach einer guten halben Stunde zügigen Fußmarsches beschleunigte ich unwillkürlich mein Tempo. Noch etwas später – ich hatte inzwischen ernsthafte Bedenken, jemals wieder hier herauszukommen – begann ich zu laufen.

Die Zeit im Bergwerk war mir unendlich lang vorgekommen. Wenn unsere Eigen-Zeit unstrukturiert bleibt, beginnt sie sich zu dehnen. Man fühlt sich nicht selbstbestimmt, sondern *fremdbestimmt*. Alle dramaturgischen Alarmglocken bei den Verantwortlichen einer solchen Misere sollten zu läuten beginnen.

Eine wissenschaftliche Untersuchung ging einmal der Frage nach, wie sich Museumsbesucher verhalten, deren Eigen-Zeit gedehnt wurde. Jeder Besucher bringt in das Museum ein gewisses *Zeit-Budget* mit, das er bereit ist zu investieren. Sobald er das Gefühl hat, dass ihm in einem bestimmten Bereich zu viel Zeit gestohlen wurde, beschleunigt er im darauf folgenden Saal seine Schritte, auch wenn ihn die Objekte oder Themen dort mehr interessieren. Museen produzieren so unzufriedene Besucher.

Ist es jedoch der Handel, der es sich erlaubt, das Zeitgefühl seiner Kunden mit Füßen zu treten, können die Folgen existenzbedrohend sein. So geschehen Anfang der neunziger Jahre in Wien. Ein skandinavisches Möbelhaus hatte hier die Verkaufsräume komplett umbauen lassen. Früher wanderte man im ersten Stock, wo der Rundgang begann, durch einen Wandelgang von szenisch inszenierten Wohnlandschaften, der als »Korridor ohne Ausweg« den Käufer von A nach Z schleuste. Danach stieg man ins Erdgeschoss hinunter, wo man sich frei bewegen und Kleinmöbel, Geschirr und ähnliches zusammensuchen konnte. Nach dem Umbau wurde der »Korridor ohne Ausweg« auch auf die untere Verkaufsebene ausgedehnt, die jetzt ebenso szenisch inszeniert war. Die doppelte Wegeslänge durchzustehen war dem Konsumenten offensichtlich zuviel. Wer sich eine Stunde hinstellte, sah an einem bestimmten Punkt auffällig viele Kinder weinen, Ehepaare streiten, und manche Käufer drehten sogar um und gingen lieber zum Eingang zurück, als sich weiter auf den ungewissen Marsch zu den Kassen zu begeben. Der Umbau produzierte somit unzufriedene und genervte Kunden. Da das bekannte Möbelhaus mit dem Elch letztendlich hochprofessionell agiert, wurden schließlich Gegenmaßnahmen ergriffen. Man kann jetzt Abkürzungen wählen, ohne durch das Küchenlabyrinth durch zu müssen und *Entrance Maps* mit dem berühmten roten Punkt – »You are here!« – wurden aufgehängt.

Der Psychologe Peter Collett von der Universität Oxford glaubt, dass die *Eigen-Zeit-Toleranz* kulturabhängig ist und es in dieser Beziehung sogar innerhalb Europas erhebliche Unterschiede gibt. Deutschland bezeichnet er als *zeitbewusst*, Frankreich und die Mittelmeerländer sind für ihn *zeitvergessene* Gesellschaften. In zeitbewussten Ländern ist die Eigen-Zeit-Toleranz und somit die Fähigkeit, längere Wege in Kauf zu nehmen oder sich anzustellen, stärker ausgeprägt als in zeitvergessenen. Ausgerechnet in einem wenig toleranten Land, was Eigen-Zeit betrifft, wurde das europäische Disneyland etabliert; 40 Kilometer von Paris entfernt. Wen wunderts, dass hier der einzige Disneypark ist, in dem ich jemals zornige Gesichter beim Anstellen gesehen habe. Vielleicht hätte Disneys Europaabenteuer im Ruhrgebiet einen leichteren Start gehabt.

Natürlich spielt auch der Grad der Motivation eine Rolle, mit der wir bereit sind, auf jemanden oder etwas zu warten. Die Zeit beim Zahnarzt erscheint endlos, während eine schöne Zeit mit Freunden – »verweile doch, du bist so schön« – wie im Flug vergeht. Jedes Einzelhandelsunternehmen, alle Museen und Fernsehanstalten, Festredner und die Veranstalter von Pressekonferenzen, sie alle sollten daran gemessen werden, inwieweit sie sich auch um das innere Zeitgefühl ihrer Kunden kümmern, vor allem inwieweit sie bereit sind, jene Zeiten zu gestalten, die nur auf den ersten Blick nicht gewinnbringend sind: das Anstellen, die Wartezeiten, der oft mühevolle Weg von Ort zu Ort.

Eigen-Zeit-Gestaltung ist eine ethische und soziale Verpflichtung all jener, die über die Zeit anderer verfügen.

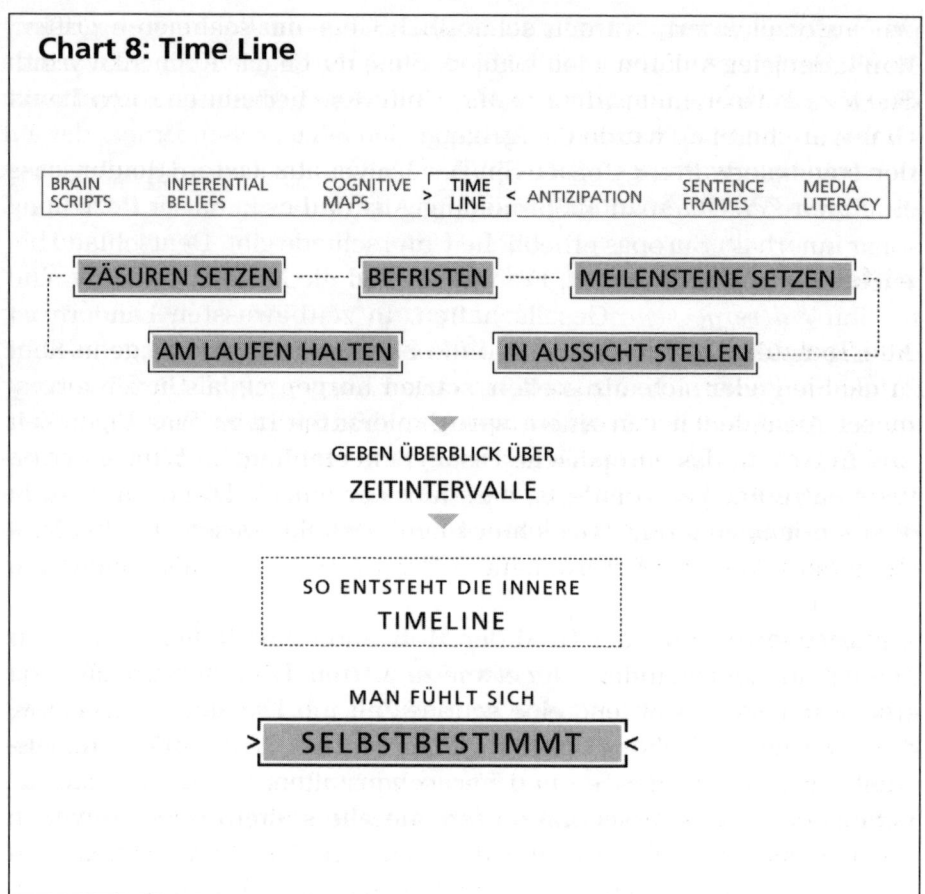

Chart 8: Time Line

| BRAIN SCRIPTS | INFERENTIAL BELIEFS | COGNITIVE MAPS | > TIME LINE < | ANTIZIPATION | SENTENCE FRAMES | MEDIA LITERACY |

ZÄSUREN SETZEN ···· BEFRISTEN ···· MEILENSTEINE SETZEN

AM LAUFEN HALTEN ···· IN AUSSICHT STELLEN

GEBEN ÜBERBLICK ÜBER
ZEITINTERVALLE

SO ENTSTEHT DIE INNERE
TIMELINE

MAN FÜHLT SICH
> **SELBSTBESTIMMT** <

Antizipation
Anspannung lösen – Erwartung wecken

Knisternde Spannung liegt in der Luft. Ein Casino in LA$ VEGA$ ist nicht gerade ein Ort der Heiterkeit. Zuviel Geld ist im Spiel. Die Pensionäre beim Bingo, die Touristen an den Slot Machines, die Profis an den Blackjack- und Bakkarattischen, sie alle haben ernste Gesichter, stehen sichtlich unter Anspannung. Nirgendwo auf der Welt steht auch das Personal so unter Druck. Überall wird beobachtet und bewacht, Security-Mitarbeiter in dunklen Anzügen, Spezialkameras, deren Optiken sich mit Turbogeschwindigkeit auf jeden Tisch herabstürzen können, um aufzuzeichnen und auszudrucken. Schon im allerersten Casino-hotel, dem legendären Flamingo, gab es als Druckventil aufwändige Shows mit Größen aus dem nahen Hollywood. Musik und Rhythmus, Glamour und Spaß hatten die Aufgabe, den allzu großen Druck, der auf den ständig erwartungsfrohen Spielern lastet, abzulassen. Heute gibt es eine breite Palette spannungslösender Attraktionen.

Abfeiern und Ablachen

Alle Techniken zur Reduktion von Spannung arbeiten mit demselben Trick: Sie lockern die Muskeln, erzeugen Körpergefühl. Die Ursprünge dieser Techniken liegen dementsprechend im Sport, im Tanz, bei Festen und Feiern, im Essen und Trinken, im Scherzen und Lachen. Amerikanische Drehbuchautoren sprechen deshalb vom »Abfeiern« und »Ablachen« der Spannung. Dazu kommt noch das Spannung »Wegkaufen«, das jeder kennt, der sich einmal aus Frust eine Kleinigkeit gekauft hat.

Der simulierte Absturz

Das ist wirklich auffällig. An keinem Ort der Welt finden sich mehr Hotels mit spannungslösenden Attraktionen, als im spannungsgeladenen Las Vegas. Auf der Fassade des New York New York rattert die Achterbahn von Coney Island genauso, wie auf der Fassade des Sahara, neben dem CircusCircus und auf der Spitze des Stratosphere Tower als höchstgelegener Roller Coaster der Welt, wo sich auch der teuflische »Freefall« befindet, der einem glauben macht, hoch über Las Vegas nach unten gekippt zu werden. Im Luxor, im Caesar's Palace und im Excalibur warten Flugsimulatoren auf den Gast. Im Luxor stürzt man in einem hydraulischen Gefährt in die Tiefe einer unterirdischen Pyramide, schleudert um Obelisken herum, zittert mit den Akteuren, die in halsbrecherischer Höhe um irgendetwas Geheimnisvolles kämpfen. Eine ältere Frau im Simulator löst den Gurt. Für sie war das einfach zu viel an Körpergefühl. O nein, der hochauflösende Film startet erneut, und »Ahhh...«, wir stürzen uns schon wieder hinunter. Da spürt man sich danach wie nach einer Runde Volleyball, ist gelöst und entspannt, fühlt sich lebendig wie schon lange nicht mehr.

Nicht ganz zufällig finden sich spannungslösende Attraktionen auch in den beiden größten Shopping-Malls der Welt: in der kanadischen West

Edmonton Mall und in der Mall of America in Minneapolis: Achterbahnen und der Sturz über einen künstlichen Wasserfall.

Kein Warensortiment kann so perfekt sein, als dass nicht Bedürfnisse unerfüllt blieben. Und kaum etwas eignet sich so gut, um Restspannungen abzufeiern, wie die Aktivierung unseres Körpergefühls.

Also stürzen wir uns hier in Minneapolis einen Wasserfall hinunter. Eigentlich ist er nur der Endpunkt einer Attraktion, des »Log Chute«. In einem hohlen Baumstamm rast man auf den Spuren uramerikanischer Flößer durch einen Berg voller Überraschungen und stürzt dabei mehrmals ein wenig, und einmal ziemlich tief, die Wasserstraße hinab. Dabei wird man peinlicherweise im Augenblick des Sturzes vollautomatisch fotografiert. Auf Angsthasen wie mich wartet ein Flugsimulator, in dem man durch eine unterirdische Stadt der Zukunft fliegt.

Das befreiende Lachen
Nicht nur das Körpergefühl beim simulierten Absturz löst Restspannungen. Auch Komik und »Sentiment« werden in Einkaufszentren strategisch zu diesem Zweck provoziert. Überall in der Welt drücken übergroße Plüschtiere, in denen Menschen stecken, kleine Mädchen an die Brust, »als gäbe es kein Morgen«. »Body Shop« in Wien lässt einen entzückenden riesigen Elefanten, der tanzen kann und mit seinem Rüssel winkt, herumlaufen. Man schmunzelt und kauft sich halt ein Haarshampoo.
Kaum ein amerikanischer Manager, der seinen Vortrag nicht mit einem kleinen »Joke« beginnt. Und in Vegas, der Stadt mit den ernsten Gamblern? Da laufen ahnungslosen Passanten Piraten hinterher und imitieren sie zum Gaudium der anderen. Da kommen vor dem Beginn der Show Kobolde in den Zuschauerraum und – schwups – fliegt die Tüte Popcorn durch die Luft.

Wegkaufen, essen und trinken, Abklatschen
Damit kein Missverständnis aufkommt. Nicht ernsthafte Nahrungsaufnahme ist gemeint, nicht Einkauf der Dinge, die man zum Leben braucht. Wer den Simulator im Luxor-Hotel verlässt, wird, wie nach jeder Attraktion, unweigerlich durch den Merchandising Shop ge-

schleust. Dort kauft man dieses T-Shirt, jenes schillernde Lesezeichen mit Hologramm, Kleinigkeiten, die dem Spannungsabbau gut tun. Aus diesem Grund enden alle modernen Museen in solchen Shops. Nach dem langen Marsch durch die Ausstellungssäle landet der moderne Tourist im Merchandising Shop, um sich hier ein wenig Spannung wegzukaufen: im Louvre in Paris, im Deutschen Museum in München, überall. Wie man hört, machen manche Museen mit ihrem Shop mehr Umsatz als mit dem Eintrittsgeld. In Las Vegas wird einem zusätzlich ständig Essen geschenkt. Für die kostenlosen »Honey Roasted Chicken Wings« des Caesars-Palace-Hotels würde ich mich wieder ins Flugzeug setzen. Überall in Vegas ist das Essen enorm billig und reichlich, aber wichtig.

Es ist Essen, das Spaß macht.

Und wie endet der Abend? Mit der großen Show und dem Körpergefühl, das jeden durchströmt, der mit »Standing Ovations« in den allgemeinen Applausrhythmus miteinstimmt und so jene mikroelektrischen Potentiale in den Muskeln auslöst, die den Applaus zum »Abklatschen« von Restspannung machen. Sammy Davis jr. hat »Mr. Bojangles« gesungen (ich habe ihn noch live erlebt), das Ensemble des Cirque du Soleil wirbelte in einer seiner drei Shows in Las Vegas durch die Luft. Wir feiern den Tag ab, keine Restspannungen sind geblieben.

Spannende Geschichten, spannende Orte

Nicht immer wird Anspannung als negativ empfunden. Wenn der Konsument spürt, dass die Entspannung absehbar ist und die Spannung dem eigenen Vergnügen dient, genießt man den Zustand durchaus. Schließlich sehen wir uns auch spannende Kriminalfilme an. Im Kino ist die Spannung unter »Stimuluskontrolle«, wie die Psychologen sagen. Spannung und Entspannung müssen dafür in einem gewissen Abstand aufeinander folgen.

Die British Telecom zeigt in einem Werbespot, wie es geht. Ein kleiner Junge mit Brille wird von seinen Eltern dazu gezwungen, die Großmutter anzurufen und ihr ein Geburtstagsständchen zu bringen. Er ist darüber sichtlich unglücklich und singt widerwillig sein »Happy Birth-

day«. Als das Lied an die Stelle kommt, an der der Adressat der Glück-
wünsche genannt werden muss – »Happy Birthday Dear...« –, stockt er.
Jeder von uns weiß, wie es weitergehen muss, die Eltern sprechen ihm
stumm das »Grandma« vor, das Orchester spielt die entscheidenden
Takte an. Allein, er verweigert uns das Wort. An diesem Punkt ist die
Spannung für den Zuschauer kaum mehr auszuhalten. Doch er weiß,
die Spannungslösung muss unmittelbar bevorstehen. Also genießt er
den Zustand – und tatsächlich, der Junge singt endlich mit zitternder
Stimme sein »Dear Grandma«, und alle seufzen erleichtert auf. Da nach
einer solchen Tortur immer ein wenig physiologische Restspannung
übrig bleibt, folgen unmittelbar noch spannungslösende, komische Ak-
zente. Der Großvater sagt mit tonloser Stimme: »Your Grandma is very
happy«, während diese gerührt ins Telefon schluchzt. Und schließlich
– ein sicherer Lacher – bekommt der Junge, auf einen musikalischen
Akzent hin, von seinen Eltern einen Lolly in den Mund gesteckt: das
Bestechungsgeschenk.

Spannung entsteht immer dann, wenn ein *Brain Script*, ein Drehbuch
im Kopf, aufgerufen, dessen Anwendung aber *verzögert* wird. Jeder
weiß: zum Script »ein Geburtstagsständchen bringen« gehört die Nen-
nung des Namens. Man erahnt, antizipiert diesen Namen. Die *kognitive
Dissonanz* zwischen dieser Ahnung und der Realität, die uns deren
Erfüllung erst einmal vorenthält, erzeugt das Spannungsgefühl.

*Der Zuschauer ist motiviert, dem weiteren Fortgang der Handlung
erwartungsvoll entgegenzusehen.*

Verblüffenderweise stellt sich diese Erwartung auch ein, wenn man
einen Ort antizipiert. Es wird dabei nicht ein Brain Script verzögert,
sondern eine *kognitive Landkarte*. So entstehen neben spannenden
Geschichten spannende Orte. Niemand hat das besser verstanden als
die italienische Stararchitektin Gae Aulenti. In Paris hat sie durch
raffinierte Antizipationssignale aus einem ehemaligen Bahnhof aus der
Jahrhundertwende eines der meistbesuchten Museen der Welt gemacht:
Das *Musée d'Orsay*. Tausende Touristen stellen sich täglich nicht nur
wegen der wunderbaren impressionistischen Gemälde an, sondern
auch, um einen unterhaltsamen Ort zu erleben. Unmittelbar nach den
Kassen beginnt die 138 Meter lange Bahnhofshalle, die in einen breiten,

von Skulpturen bevölkerten Boulevard verwandelt wurde. Fassungslos stehen die Museumsbesucher am Beginn der tiefen Achse. Ihre Augen ertasten den Strom der Figuren von Rodin und anderen Künstlern, der sich vor ihnen ergießt. Der Blick wird entlang der Achse perspektivisch in die Tiefe gezogen, wo er an zwei riesigen, frei stehenden Türmen ankommt. Man lässt sich in den Boulevard hinunter und entdeckt bald, dass viele der Skulpturen mit dem Finger nach oben und an das Ende der Achse zeigen. Unser Blick folgt dem Hinweis, und da sieht man tatsächlich Menschen stehen auf den Türmen. Sie sind offensichtlich Aussichtstürme, die einen spektakulären Blick auf die Zentralachse versprechen, denn die Menschen dort oben zeigen mit dem Finger nach unten, gestikulieren, besprechen die faszinierende Aussicht. Aber wie kommt man dort hinauf? In der ersten Hälfte des Rundgangs ist der Museumsbesucher damit beschäftigt, diese Frage zu klären. In dieser Zeit »arbeitet es in ihm«, die Antizipation greift, er muss einen Weg finden, diese Spannung aufzulösen. Da er zu diesem Zweck aber das Gelände erst einmal erkunden und überwinden muss, vergeht Zeit. Damit ist jener Verzögerungsfaktor in das architektonische Spannungsspiel eingebaut, der die Spannung aufrechterhält.

Endlich steht man selbst auf einem der Türme. Rolltreppen, die sich hinter ihnen versteckten, haben uns hinaufgebracht. Der Blick von hier oben geht über die Achse hinweg, nun in der anderen Richtung zurück zum Ausgang. Und jetzt sehen wir auch, worauf die gestikulierenden Menschen zeigen. Am anderen Ende der Achse hängt eine riesige, vergoldete Uhr im typisch schwülstigen Stil der Belle Époque. Hinter der Uhr erstreckt sich über fünf Stockwerke eine überdimensionale Wand aus Milchglas. Fünf horizontale, dunkle Linien lassen schemenhaft den Verlauf der Stockwerke erkennen. Und ebenso schemenhaft zeichnen sich hinter dem Glas die Umrisse von Menschen ab. In allen fünf Stockwerken bewegen sie sich quer über die ganze Breite der Glaswand. Ein neues Spannungselement wird genau in jenem Augenblick eingeführt, in dem die alte Spannung gelöst wurde. Denn jetzt entsteht erneut die Frage: Wie komme ich dort hin, wo all die anderen Museumsbesucher entlanggehen? Wo ist der Weg, der hinter die Glaswand führt, und wie wird es dort sein? Die Spannung begleitet uns durch eine Vielzahl kleiner Räume, vorbei an wunderbaren Gemälden von Vincent van Gogh und Paul Cézanne. Auf seinem Weg kommt der Besucher sogar an zwei ganz ähnlichen Großuhren vorbei, von denen eine wie ein Glasfenster den Blick auf die Seine nach außen freigibt. Doch es ist nicht diese Uhr, die man sucht. Unerwartet stehen wir dann plötzlich selbst hinter der Glaswand. Die Erkenntnis, dass man nun selber ein Schatten ist, der von anderen Menschen auf einem Turm gegenüber angeschaut wird, löst ein merkwürdiges Gefühl aus. Wir sind ein Teil dieses Spiels. Aus nächster Nähe, durch kleine Fenster in der Milchglaswand hindurch, können wir jetzt die goldene Riesenuhr bestaunen. Wir steigen hinunter ins Erdgeschoss, wo jeder Besucher noch unweigerlich durch den Museumsshop geschleust wird. Dort kaufen wir eine schön bedruckte Papiertasche mit der Uhr des Musée d'Orsay.

Die Kunst, etwas spannend zu machen

Spannung durch kalkuliert eingesetzte Verzögerungstaktik, da geht es einem wie dem sprichwörtlichen Hund, der auf Trab gebracht wird, indem man ihm die Wurst vor die Nase hält. Eine Zeit lang ist das ein angenehmes Spiel, man genießt die Spannung. Doch es darf nicht zu lange hinausgezögert werden, sonst verliert der Hund das Interesse. Und wenn man die Wurst am Ende gar nicht bekommt, möchte man nur noch wütend zubeißen, daher:

Erwartungen müssen eingelöst werden!

Die Uhr im Musée d'Orsay muss zugänglich sein, der Junge im Werbespot muss sein »Dear Grandma« letztendlich herausquetschen. Spannung und Entspannung gehören zusammen, wenn sie zu einem emotionalen Erlebnis führen sollen. Auch wer sich im Leben Ziele setzt, möchte schließlich immer wieder mal ankommen, im Beruf und auch privat. Das Leben hat auch die Kunstgriffe hervorgebracht, die uns in Spannung versetzen.

Teaser
Was machte der Zirkus früher, wenn er in die Stadt kam? Er zog mit einigen Wagen, Artisten und Tieren durch die Straßen und gab einen *Vorgeschmack* von dem, was den zahlenden Gast abends erwartete. Der erstand im Idealfall eine Eintrittskarte, um die aufgebaute Erwartung

einzulösen. Der Zeitraum zwischen Teaser und Vorstellung ist der Verzögerungsfaktor, der die knisternde Spannung im Zuschauer hervorrief. Heute gibt es im Fernsehen kaum eine Sendung, für die nicht einige Minuten vor Beginn ein Teaser die Themen der Talk-Show anpreisen würde. Das Brain Script der Sendung bekommt einen kurzen Stoß, wird im Zuschauer präsent. Und so schaltet man sich dann halt wieder zu, um zu erleben, wie Thomas Gottschalk mit Berühmtheiten ganz entspannt scherzt.

Auch auf Orte können Teaser neugierig machen. Auf einer der letzten Weltausstellungen konnte man auf den schon von außen geheimnisvollen französischen Pavillon einen raffiniert inszenierten Vorgeschmack bekommen. Während vorne die lange Besucherschlange wartete, fuhr man auf einem »Moving Walkway« von der Seite in den Pavillon ein, durch den mythisch blau leuchtenden Hauptraum mit seinen High-Tech-Videowänden hindurch und nach drei Minuten Einblick auf der anderen Seite wieder hinaus. Wir haben uns darauf sofort vorne angestellt. Das wollten wir sehen. Ähnlich lockt der Louvre in Paris die Besucher in den Richelieu-Flügel. Fünf Meter hohe, schlanke Glasfenster geben nämlich schon von außen einen Einblick in die spektakuläre Treppen- und Skulpturenlandschaft, die den Besucher erwartet.

Muss man nun für jeden Teaser gleich den Architekten holen? Aber nein.

Dramaturgisch vorgehen heißt, das strategische Prinzip erkennen und dann die kostengünstigste Ausführung wählen.

Und so wurden in der »Mall of America« in Minneapolis ganze Besucherströme von einem kleinen, improvisierten Spielzeug angelockt, das da einfach vor dem Geschäftsportal des Shops für Natur und Esoterik lag. Der buschige Schwanz eines Fuchses, zappelnd in einem Sack, eine realistische Täuschung, die Lust machte, mehr von diesem Shop zu sehen.

Clues

Der Elektronikriese »SONY« betreibt in den USA aufwändige Shops, in denen die neuesten Produkte des Konzerns ausgestellt werden und auch gekauft werden können. Quer durch eine solche Sony-Gallery in

Manhattan läuft eine im Boden versenkte blaue Neonlinie. Gespannt folgt man dieser Fährte, geht Treppen hinunter, hört Musik, geht weiter auf der Linie, stoppt. Dort, wo die Linie aufhört, steht ein enorm großes Fernsehgerät, das Flaggschiff aller »SONY«-Produkte. Die Linie bringt einen hierher. Wie ein Waldläufer war man *der Fährte gefolgt*. Sie erschließt spannungsvoll die kognitive Landkarte des Shops, bringt einen zum zentralen Punkt. Anderer Clues bedienen sich etwa Museen. In der Neuen Staatsgalerie in Stuttgart, im Hans-Hollein-Museum für Moderne Kunst in Frankfurt, überall erschließt sich das Gebäude mit demselben Kunstgriff: Am Ende von Durchblicken und Tiefenachsen stehen einzelne Kunstwerke, isoliert, besonders ausgeleuchtet. Wenn ich mich so umsehe, schaut auch meine Wohnung (im Prinzip) nicht viel anders aus. Da geht der Blick auf eine freistehende Kommode, die mit einem Objekt betont wird, da werden Tiefen durch Licht herausgearbeitet und Wege durch kleine schmale Teppiche unterstützt, die im Fachjargon der Teppichhändler nicht umsonst »Brücken« genannt werden. In jeder funktionierenden Wohndramaturgie gibt es viele Spannungslinien, die durch Clues verbunden werden.

Tension

Es ist eine Kunst, den Bogen der Handlung durch dosiertes *Verlangsamen* zu spannen. Im Prinzip muss der Konsument ja immer warten, bis die Geschichte zu Ende erzählt ist. Diese Wartezeit spannt den Bogen. Wenn der Gestalter will, kann er diese Verzögerung mithilfe bestimmter Techniken noch weiter betonen. Zum Beispiel kann man eine Geschichte erzählen und dabei dem Zuschauer über lange Zeit jegliches Script zum Verständnis der Handlung vorenthalten. Auch im Alltag müssen wir oft warten, bis wir herausfinden, was gespielt wird. Wenn dann an einem bestimmten Punkt plötzlich schlagartig alles Vorangegangene Bedeutung erhält, ist das wie bei dem Gartenschlauch, auf dem jemand mit dem Fuß stand und der sich unter Druck entlädt, sobald man loslässt.

In einem Werbespot für die britische Tageszeitung *The Independent* sieht man eine Schafherde den Hügel hinuntertrotten. Ein Kinderlied ist zu hören. Nur ein Schaf bleibt auf dem Hügel zurück. Warum, fragt sich der Zuschauer gespannt? Da geht die Ladeklappe des Lasters zu. »Butchers« steht drauf, Metzger. Das eine Schaf, es war nicht mit der

Herde mitgelaufen, es war eben »independent«. Auch Zeitlupe während eines Zweikampfes, ruckartig eingefrorene Bilder in einer Actionszene, können denselben spannungssteigernden Effekt haben, in der Werbung genauso wie im Industriefilm.

Suspense

Sie alle kennen diesen Effekt. Man möchte den Figuren auf der Leinwand zurufen: »Nicht reingehen, da wartet der wahnsinnige Mörder mit der Kettensäge im Dunkeln.« Wir, das Publikum, haben das *Vorwissen* gegenüber der Figur, das uns in höchster Spannung mitzittern lässt. Doch wie schon Großmeister Alfred Hitchcock sagte, muss »Suspense« nicht unbedingt mit Angst verbunden sein.

Im beim Werbefilmfestival von Cannes prämierten Spot »Burro« für Visa tauscht ein amerikanisches Touristenpaar während einer Italienreise ihren Fotoapparat gegen einen Esel ein. Die ganze Sache ist ein Missverständnis. Für die Touristen lautet das Script »ein Erinnerungsfoto schießen« – sich den Esel ausborgen, die Kamera übergeben, die Jungen machen das Foto, geben die Kamera zurück, nehmen den Esel. Für die italienischen Kinder lautet es »einen Tauschhandel abwickeln« – den Esel den Touristen geben und die wunderbare Kamera behalten. So sehen wir die Touristen mit dem Esel, aber ohne Kamera auf dem Marktplatz stehen. Während der ganzen Prozedur ist der Zuschauer durch eingeblendete Untertitel über das, was die Kinder sagen, und somit über das sich anbahnende Missverständnis informiert und leidet lustvoll mit, weil er nicht eingreifen kann. »Suspense« läuft ab.

Cliffhanger

Das ist die Kunst der *Unterbrechung*. Sie wurde schon in der Stummfilmzeit gepflegt, und zwar in den »Serials«, den frühen Fortsetzungsfilmen, die im Kino vor dem Hauptfilm liefen und just dann, wenn es am spannendsten war, abgebrochen wurden. Das zahlende Publikum musste dann auch nächste Woche wieder ins Kino, um die Fortsetzung zu sehen und sein Bedürfnis nach Spannungslösung zu befriedigen. »The Perrils of Pauline« war damals die bekannteste Fortsetzungsserie. Pauline war ein junges Mädchen, dem böse Männer in jeder Folge irgendetwas rauben wollten, zumeist auch die Unschuld. Pauline hing mit letzter Kraft zum Beispiel an einer Klippe (deshalb »Cliffhanger«)

da nähert sich der Bösewicht – Fortsetzung folgt. In unserer Zeit des hektischen Kanalwechselns am Fernsehgerät, des »Zappings«, werden »Cliffhanger« strategisch gegen das Umschalten eingesetzt. »Und was die beiden kürzlich miteinander erlebt haben, erzählen sie Ihnen nach der Pause«, sagt Thomas Gottschalk und produziert damit jenen kleinen Spannungsanstieg, der den Zuschauer veranlasst, trotz Werbung dranzubleiben, um ja nicht die ersten Sekunden des Einstiegs zu versäumen. Der Zuschauer hängt wieder einmal am Gummiband.

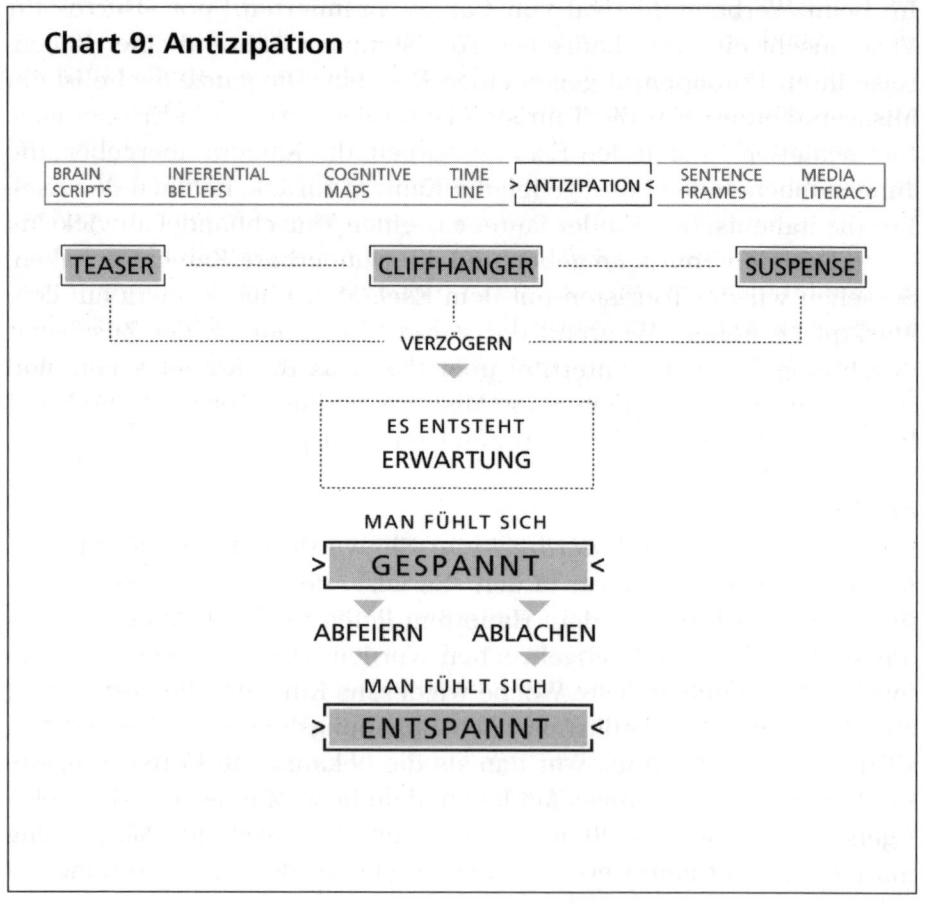

Chart 9: Antizipation

BRAIN SCRIPTS — INFERENTIAL BELIEFS — COGNITIVE MAPS — TIME LINE — > ANTIZIPATION < — SENTENCE FRAMES — MEDIA LITERACY

TEASER ········· CLIFFHANGER ········· SUSPENSE

VERZÖGERN

ES ENTSTEHT
ERWARTUNG

MAN FÜHLT SICH

> GESPANNT <

ABFEIERN   ABLACHEN

MAN FÜHLT SICH

> ENTSPANNT <

Sentence Frames
Wie man ein Leitsystem aufbaut

Im kürzlich eröffneten Atrium der »Fashion Show Mall« in Las Vegas wird das Licht eingezogen, während große Videobildschirme von der Decke schweben. Der neueste Luxuswagen eines amerikanischen Automobilherstellers wird durch einen effekvollen Clip präsentiert, bei dem der Wagen von Bildschirm zu Bildschirm rast, während diese sich, wie bei einem Ballett, immer anders in der Luft gruppieren. Dann, unter Blitzen und Soundeffekten, fährt ein Teil des Fußbodens nach oben und ein Glaskasten in gleißendem Licht wächst empor, ist wie der gläserne Sarg von Schneewittchen, in dem das eben im Video gesehene Auto leibhaftig aus dem Untergrund auftaucht – blank poliert, sich drehend, sich zeigend.

Ohne dem vorangegangenen Ballett der Bildschirme hätte das Erscheinen des Autos etwas Zufälliges, Beiläufiges. Mit der vorangestellten Videoshow bekommt der Wagen erst seinen Auftritt. »Ladies and Gentlemen« – hieß es früher in Las Vegas – »Please welcome Mr. Elvis Presley«. Stars müssen angekündigt werden, um einen wirklich großen *Auftritt* zu erhalten. Immer schon ging dem Erscheinen eines Königs ein Fanfarenstoß voran. Auf dem Theater war es jahrhundertelang üblich, den Beginn der Vorstellung mit drei deutlichen Klopfzeichen einzuleiten. In Nachrichtensendungen des Fernsehens kann man häufig sehen, wie Moderatoren so tun, als ob sie noch schnell etwas zu notieren hätten, bevor die Kamera sich ihnen zuwendet, oder sie blicken auf, bevor sie zu sprechen beginnen. Wenn dann eine solche Ankündigung eingelöst wird, Hamlet die Bühne betritt, Elvis in die Saiten greift und Ulrich Wickert die nächste Meldung verkündet, ist der Auftritt für den König des Abends vollzogen.

Auftritte sind für uns der Beginn eines neuen Strukturabschnitts. Sie sagen uns: Da ist jetzt eine Person ins Geschehen eingetreten. Andere Struktursignale vermitteln den Eindruck, dass jemand die Bühne verlässt und damit ein Strukturabschnitt beendet ist. Ein solcher *Abgang* wird vom Publikum instinktiv gespürt. Wenn zum Beispiel in einer Fernsehsendung ein Zug im Bild ist, dann aus dem Bild herausfährt, aber die Kamera noch einige Zeit den leeren Bahndamm zeigt, werden die meisten Zuschauer den Eindruck haben, dass der Film zu Ende ist und zur Fernbedienung greifen.

Eine dritte Gruppe *strukturierender Signale* stellt verführerische *Verbindungen* her. In einem Film wird ein Apfel hochgeworfen und fliegt aus dem Bild, in dem nach dem Umschnitt an anderem Ort eine Orange landet. Die scheinbare Fortsetzung der Bewegung kann dabei so unwiderstehlich sein, dass die beiden Szenen beinahe unmerklich zusammengefügt werden.

Auftritt, Abgang und Verbindung formen in ihrem Zusammenspiel ein *Leitsystem*, das das menschliche Bedürfnis erfüllt zu spüren, wo etwas beginnt und wo etwas endet, was zusammengehört und was getrennt ist.

Wir wollen die Strukturen erkennen, die uns umgeben.

Und nicht nur Personen, auch Schauplätze und Handlungsabschnitte werden durch dieses Signalsystem eingeführt, geschlossen und verbunden. Die Folge von Frage und Antwort ist etwa ein bewährtes Mittel, um Handlungsabschnitte zusammenzufügen. In Agatha Christies Roman »Die Morde des Herrn ABC« endet ein Kapitel des Buches mit einem Satz der wie immer ratlosen Polizei:

»Ich frage mich, wo der Kerl gerade jetzt sein mag!«
Kapitel 30
Mr. Cust stand vor einem Grünzeugladen. Er sah unverwandt das Haus gegenüber an.

Andere Signale melden, wo ein Abschnitt eines Geländes beginnt oder endet. Sie sagen uns, du verlässt diese Zone und begibst dich in jene. In der »Cité des Sciences et de l'Industrie«, dem wunderbaren Wissenschaftsmuseum von Paris, stehen am Eingang der Abteilung für Kommunikation zwei Monitore als »Torwächter«. Auf den Bildschirmen tauchen Schauspieler auf und begrüßen den Besucher mit einem »Bonjour«: freundlich, ärgerlich, ängstlich, fragend, fordernd, in allen Sprachen, ohne Worte usw. Sie sind wie Lakaien, die den ehrenwerten Besucher am Tor in Empfang nehmen. In Las Vegas hat man erkannt, dass jene Orte der unbewussten Selbstinszenierung des Gastes als palastartige Schauplätze kenntlich gemacht werden müssen.

Ein Palast ist ein Gebäude, das selbst ein Star ist und dementsprechend einen großen Auftritt braucht. Jedes Hotelcasino verfügt deshalb über einen architektonischen Fanfarenstoß: einen ankündigenden Torwächter vor der Hotelfassade.

Das Tor zum »MGM-Hotel« ist ein überdimensionaler Löwe, das bekannte Maskottchen des Filmstudios. Der Eingang des Luxor wird von einer riesigen Sphinx überragt. Löwe und Sphinx wirken auf den Gast wie ein Versprechen des Kommenden. Im »Luxor« sagt uns die Sphinx: »Das alte Ägypten erwartet dich!«, und schon sehen wir im Atrium des Hotels die riesigen Statuen wie in Assuan, den Obelisken, der den geheimnisvollen blauen Laserstrahl von seiner Spitze ausschickt, die sprechenden Kamele vor dem Shop. Der Fanfarenstoß auf der Hotelfassade wird durch die Inszenierungen in der Lobby eingelöst, das Hotel hat einen Auftritt mit Pauken und Trompeten, der Palast hat sich vor seinem Herrn geöffnet.

Eine Art natürliche Grammatik

Dieses Leitsystem aus Auftritt, Verbindung und Abgang wird von uns allen spontan verstanden. Das mag überraschen, denn nicht jeder ist doch selbst Architekt, Drehbuchautor oder Filmregisseur. Verblüffenderweise sind wir dazu in der Lage, weil wir auch gesprochene Sätze verstehen, ohne selbst Grammatikprofessoren zu sein. Dahinter steht unsere Fähigkeit zur natürlichen Grammatik. Was damit gemeint ist, illustriert der folgende Satz aus einem Gedicht von Lewis Carroll, der mit seinem Roman »Alice im Wunderland« berühmt geworden ist:

»Ganz blauch waren die Rabgräuber und die Mume iret ausgrabs.«

Obwohl der Satz aus unsinnigen Wörtern besteht, erscheint er grammatikalisch irgendwie richtig. Der Eindruck bleibt sogar erhalten, wenn man alles bis auf Funktionswörter und Wortendungen weglässt:

»Ganz ----ch waren die --------er und die --e ----- ------s.«

Dieser Satzrahmen – *Sentence Frame* – lässt immer noch spüren, dass es sich um zwei Satzteile handelt, mit je einem Artikel und nachfolgendem Hauptwort als Subjekt, wobei die Satzteile durch das Wort »und« verbunden werden. »Sentence Frames« helfen dem Rezipienten, Sätze spontan richtig hervorzubringen oder zu verstehen. »Grüne Ideen schlafen wütend« erscheint uns richtig. »Grüne wütend Ideen schlafen«, das geht nicht. Michael Crichton beschreibt in seinem Wissenschaftsthriller »Expedition Kongo« eine verkürzende Sprache, die für Satelliten-Datenübertragung und kleine, dschungeltaugliche Monitore entwickelt wurde, eine Sprache, die sich auf die Satzrahmen konzentriert und dennoch verständlich ist: »*Ueberpruefn Ortszt: Bite bestaetgn.*«

Vergleichbare »Leitsysteme« mit Ähnlichkeiten zu Satzrahmen haben der Film, die Werbung, die Literatur und Architektur hervorgebracht. So wie das Satzsubjekt durch einen Artikel angekündigt wird, geht dem Auftritt ein ankündigender Fanfarenstoß voran. Und verbindende Signale im Leitsystem sind wie die Bindeworte »und«, »aber« usw. Unser Gehirn hat von der Sprache so viel gelernt, dass diese Fähigkeit auch auf andere Lebensbereiche übergesprungen ist.

Für Werbespots und Industriefilme ist diese natürliche Grammatik in uns eine absolute Notwendigkeit. Denn verschiedene Handlungsstränge, häufiger Wechsel der Schauplätze und viele handelnde Personen bringen die Gefahr mit sich, dass der Zuschauer irgendwann die Orientierung verliert. Die natürliche Grammatik sagt ihm deshalb, wann die Szenen beginnen und wann sie enden, wo er sie als getrennt und wo als verbunden empfinden soll, markiert Auftritte und Abgänge, führt neue Schauplätze ein und schließt Sequenzen.

Auf diese Weise konstruiert der Zuschauer so etwas wie ein kognitives Gerüst des Films, er spürt den Rhythmus, spürt, wie der Film atmet.

In meiner Praxis als Drehbuchautor habe ich die Erfahrung gemacht, dass man die natürliche Grammatik sehr gut dazu verwenden kann, um Auftraggebern die Struktur eines noch nicht fertigen Films zu präsentieren. Wir haben das den »Begehbaren Film« genannt. Dafür braucht man einen Plotter, der die Schlüsselszenen aus dem Filmmaterial ausdruckt und ein sehr großes Büro, in dem man einige hundert dieser Ausdrucke auflegt. Dann nimmt man seine Auftraggeber an der Hand und geht durch Straßen hindurch, die man zwischen den Fotos freigelassen hat. Man kann so erläutern, wie man gedenkt, in ein Thema einzusteigen, wie man dieses und jenes miteinander verbinden wird und wie man wieder aussteigt. Der »Begehbare Film« ist außerdem eine Möglichkeit, um vor Beginn des Schnitts mit dem ganzen Team über den endgültigen Aufbau des Films zu sprechen.

Da wären zuerst jene Kunstgriffe, mit denen man einem Thema oder einem neuen Schauplatz seinen Auftritt gibt.

Clean Entrance – der große Auftritt

Alle Kunstgriffe dieser Art haben eine gemeinsame Formel:

Ankündigung + Einlösen = Auftritt.

Bevor man die Tür zu einem fremden Raum öffnet, in dem man nicht erwartet wird, klopft man ja auch an, um mit seiner plötzlichen Gegenwart nicht zu irritieren und sich außerdem ein gutes Entree zu verschaffen. Amerikanische Drehbuchautoren nennen einen solchen Auftritt »Clean Entrance«, den »sauberen«, weil eben vorangemeldeten, Auftritt. Die ankündigenden Signale, das »Anklopfen«, bezeichnen sie als »Establishing Shots«, die einlösende Aktion, also das Eintreten durch die Tür ist für sie der »Cut In«: *Establishing Shot + Cut in = Clean Entrance.* Welche ankündigenden »Establishing Shots« können also in unserem »Begehbaren Film« identifiziert werden?

Shock Cuts

»Da drüben«, sage ich und zeige auf ein reichlich unscharfes Foto eines rasenden Autos, »da drüben sehen Sie, wie wir immer wieder von einem Schauplatz auf der riesigen Baustelle zum nächsten kommen, ohne dabei viel Zeit zu verlieren.« Ich erkläre, warum der Wischer eines schnell vorbeifahrenden Autos im Zuschauer eine reflexartige Orientierung auslöst, so wie es einem auch im Straßenverkehr ergeht, wenn man gerade noch vor einem zu dicht vorbeifahrenden Wagen zurückschreckt. Der Schock ist der ankündigende »Establisher«, der den Schauplatz einführt. Alles, was den Orientierungsreflex auslöst, eignet sich dazu:

das Telefon, das durch sein überraschendes Läuten eine Szene startet, das Blitzlicht des Fotografen, der die Leiche am Tatort fotografiert. Aber wir gehen weiter durch unseren Film und kommen zu einem –

Symbol

Es zeigt das spielzeugkleine Modell des typischen Produkts des Unternehmens, das auf dem Schreibtisch des Vorstandsvorsitzenden steht. Die Assoziation »Produkt – Unternehmer« wurde schon früher im Film hergestellt, und so können wir das kleine Modell jetzt als einführenden »Establisher« benützen. Zuerst ist nur das Modell zu sehen, dann kommt durch eine Kamerabewegung der Unternehmer ins Bild und spricht sein Statement. Durch den »Establisher« wird er dem Zuschauer schon mal angekündigt und springt ihm sozusagen nicht unerwartet ins Gesicht. Der Mercedesstern ist beinahe schon ein Klischee für diese Art, einen Interviewpartner einzuführen.

Auf sich aufmerksam machen

Für spätere Intervieweinstiege in unserem Film wählen wir weniger auffällige »Establisher«. Die meisten Redner setzen ohnehin ganz intuitiv ein Zeichen, bevor sie zu sprechen beginnen. Sie atmen tief ein, richten sich auf, wenden sich der Kamera zu, blicken von ihren Unterlagen hoch, um auf sich aufmerksam zu machen. Diese Zeichen lassen sich im Film als Ankündigung verwenden. Fahrzeuge können einfach ins leere Bild hineinfahren. Die Leere vor dem Auftauchen des Wagens hat dann die ankündigende Wirkung. Ein beliebtes Mittel ist auch ein »Pars pro toto«. Ein Bestandteil steht für ein Ganzes und kündigt es so an. Wer kennt nicht die Türklinke im Thriller, die in Großaufnahme runtergedrückt wird, die Hand dabei sichtbar wird. Aber, wer gehört zu dieser Hand?

Vorgezogener Ton

Der Weg durch den »Begehbaren Film« führt jetzt zu einigen Szenen, bei denen der Ton eine wichtige Rolle spielt. Denn durch den Ton können auch noch nach Beendigung der Dreharbeiten, im Schneideraum, ganz gezielt Aufmerksamkeitssignale gesetzt werden. Zu diesem Zweck zieht man den Ton der Person oder des Fahrzeugs vor. Noch sind wir im Büro des Unternehmers, da hören wir schon das satte Brummen der

Baumaschinen. Dann folgt der Schnitt auf die Baustelle, und jetzt sehen wir auch die schweren Maschinen. Der »vorgezogene Ton« war Signal für den Auftritt. Dieser Kunstgriff kommt ursprünglich vom Theater. Noch heute kündigen so populäre Volksschauspieler gerne ihren Starauftritt an. Bereits hinter den Kulissen hört man sie lautstark reden, so dass das Publikum auf Grund dieser Ankündigung sofort applaudieren kann, wenn sie dann tatsächlich auf der Bühne erscheinen. Kürzlich zwang mich ein Regisseur, meinen Auftritt auf einer Tagung durch den vorgezogenen Ton meiner Schritte anzukündigen. Während ich von hinten auf die Bühne kam, sollte ich das Funkmikrofon zu Boden halten, damit im Saal meine Schritte schon zu hören waren, bevor ich noch aus den Kulissen der inszenierten Bühne auftauchte.

Eine verkehrstechnische Umsetzung dieses Prinzips der vorgezogenen Präsenz gibt es am Frankfurter Flughafen. Die automatische Bahn, die zum Terminal 2 fährt, kündigt sich sozusagen durch vorgezogenes Licht an, das durch die Neonröhren am Bahnsteig hindurchläuft, sobald sich der Zug dem Bahnsteig nähert.

Girl Burger

Wer bei einer Präsentation oder Drehbuchbesprechung durch die Gassen eines »Begehbaren Films« wandert und dabei nicht an wenigstens drei oder vier »Girl Burgern« vorbeikommt, hat wahrscheinlich einen Drehbuchfehler gemacht. »Girl Burger«, ein Mädchen zwischen zwei Brötchenscheiben? Ja, in gewissem Sinn. Der ein wenig sexistisch anmutende Ausdruck stammt aus dem Variété, wo das Nummerngirl vor sich und auf dem Rücken die Zahl trug, die einem sagte, welche Attraktion im Programm folgt. Diese Funktion haben auch filmische »Girl Burger«. Das können graphische Inserts sein, die ankündigen, welcher Bauabschnitt auf dem Gelände jetzt zum Thema wird. Das ist in einem Fernsehmagazin vielleicht eine Signation, also ein kurzes Musikstück, das dem Zuschauer signalisiert: Jetzt kommt die Wettervorhersage oder der aktuelle Gesundheitstipp.

»Girl Burger« befriedigen das elementare menschliche Bedürfnis nach Vorhersagbarkeit.

Wenn einem das Signal sagt, was das Leben als nächstes bringt, ist es leichter, sich rechtzeitig darauf einzustellen. In der katholischen Messe hören die Gläubigen das charakteristische Klingeln, und schon beugen sie das Knie zur Wandlung. Das Heulen der Fabriksirene beendet die Schicht und startet die Freizeit. Die täglichen Abendnachrichten sagen uns vielleicht auch: Essenszeit; die Lieblingsserie zur täglich gleichen Zeit signalisiert zusätzlich, dass die Fitnessübungen angesagt sind.

Cut forward
Auf dem Fußboden liegt ein Foto mit dem Big Ben von London. Danach kommen Fotos, die Büros zeigen. »So sieht es also in Ihrer britischen Niederlassung aus«, sagt spontan einer unserer Besucher. Für ihn sind diese Büros ganz klar in London. Ein neuer Schauplatz wurde offensichtlich eingeführt. Das geschieht ebenso, wenn man ein Gebäude von außen sieht – sagen wir, die Schwarzwaldklinik – und dann Innenräume: Jeder Zuschauer wird schwören, dass sich diese Räume im Innern des zuvor von außen gesehenen Gebäudes befinden, auch wenn sie vielleicht in den Münchner Bavaria-Studios gedreht wurden.

Bevor ein Schauplatz eine Rolle im Geschehen spielt, muss er erst bespielbar gemacht werden.

Geschieht das nicht, sind die Zuschauer viel zu lange damit beschäftigt herauszufinden, wo sie sich nun eigentlich befinden. Dasselbe gilt für Personen. Wer in einer Gruppe gleich das Sagen haben wird, sollte zuerst einmal deutlich hergezeigt werden. In einer Musikband geht die Kamera während des musikalischen Vorspiels schon mal auf den Leadsänger, dann wieder in die Totale, und schließlich hebt der Sänger das Mikrofon und legt los. Sofort kann man sich auf ihn konzentrieren, muss nicht mehr schauen: Was trägt er denn für eine Krawatte, was soll diese Brille. In einem Seminar oder einer Präsentation muss es deshalb eine ausführliche Vorstellungsrunde geben, und der Redner, der gleich auf die Bühne kommt, gehört ausreichend anmoderiert.

Matching – unwiderstehliche Verbindungen

Wenn man so vor den Hunderten Fotos eines »Begehbaren Films« steht, sieht man tatsächlich auf einen Blick, ob der Film schnell oder träge ist, kurzatmig hechelnd oder vielleicht doch zu langatmig. Gibt es einen »Clean Entrance« nach dem anderen, atmet der Film sicherlich zu hektisch. Und nicht nur in Filmen, auch in Museen, bei Produktpräsentationen und Events, in allen Strukturen, die ein Leitsystem haben, spürt man, ob der Atem ruhig und gleichmäßig geht. Leitsysteme haben aber auch noch eine andere Funktion. Sie können unmerkliche Übergänge herstellen, indem sie Zeitebenen, Orte oder Themen nahtlos ineinander übergehen lassen.

Match Cut

In unserem »Begehbaren Film« wird das Filmmaterial über Bauarbeiten an einem nepalesischen Wasserkraftwerk dokumentiert. In so einem Film existiert die Notwendigkeit, öfters zwischen Erdoberfläche und Untergrund hin und her zu steigen. Auf den Fotos am Boden sieht man, wie wir das gemacht haben. Die Kamera fährt im Tunnel nach oben, bis ein dunkler Querbalken kurz die Sicht verstellt. Wenn der Querbalken die Sicht wieder freigibt, ist man plötzlich an der Erdoberfläche. Die scheinbare Bewegungsfortsetzung hat die beiden Orte verbunden. Der eigentliche »Match Cut«, der zusammenfügende Schnitt, war dabei unsichtbar.

In Sergio Leones Spielfilm »Es war einmal in Amerika« gibt es ebenso unauffällige Übergänge von einer Zeitebene in die andere. Robert de Niro als gealterter Gangster blickt durch ein Loch in der Wand, durch das er als Kind immer ein tanzendes Mädchen beobachtete. Der Umschnitt zeigt, was er sieht. Sein Blick kommt 40 Jahre früher an, wie ein Filmkritiker schrieb. Er sieht das Mädchen tanzen, und der Zuschauer registriert verblüfft, dass er in der Vergangenheit gelandet ist, wo der Film mit dem Gangster als Kind, das nun vor dem Loch in der Wand steht, weitergeht.

Thematische »Match Cuts« sind ein klassisches Werkzeug des aufklärerisch manipulativen, oft politisch motivierten Films. Mercedes-Benz war Anfang der achtziger Jahre einem verdammt gut gemachten Meisterstück des Journalismus auf den Leim gegangen. Ebbo Demand vom Südwestfunk in Baden-Baden hat sich in seiner Reportage »Teststrecke Boxberg« unter Zuhilfenahme raffinierter »Match Cuts« gegen ein geplantes Testgelände für Lkws stark gemacht. Da erklärt ein Mercedes-Mann mit Händen und Füßen die Vorteile der geplanten Maßnahme

für die Region. Schnitt. Eine Bäuerin auf dem Traktor sagt ganz ruhig.
»Das brauchen wir hier nicht.« Die Kamera zeigt zu emotionaler Musik
die Hügeligkeit der schönen Landschaft. Schnitt. Ein Vertreter des Konzerns sagt bedauernd: »Ja, leider ist das Gelände so hügelig, wir müssen
das alles abtragen. Ein großer Nachteil für uns.« Scheinbare Aktion
und Reaktion, Frage und Antwort, Ursache und Wirkung bewirken das
thematische »Matching«. Immer ist (oder scheint) irgendeine Art von
Kausalität im Spiel.

Force-to-Connect

Eine andere Form des »Matching« ist die dramaturgische Klammer. Dahinter steht derselbe Effekt, der auch das Synchronisieren fremdspra-
chiger Filme ermöglicht. Sobald die Lippenbewegungen nur annähernd
passen, hören wir John Wayne deutsch oder serbokroatisch sprechen.
Bei einer der größten PR-Veranstaltungen der Welt, der TV-Übertragung
der Oscar-Verleihung, wird jedes Jahr eine Filmcollage mit den lustigs-
ten, berührendsten, spannendsten Augenblicken der Filmgeschichte
gezeigt. Der »Force-to-Connect« ist die Ähnlichkeit der einzelnen
Filmschnipsel. Hintereinander folgen im Abstand von wenigen Sekunden ein Dutzend berühmte Schauspieler, die in verschiedenen Filmen
wütend die Tür zuschlagen, einander einen Kuss geben oder den Kopf
von rechts nach links wenden. Weniger aufwändig ist es, allen Einstellungen die gleiche Farbe zu geben, sie etwa in Sepiabraun einzufärben,
wie man das manchmal mit historischen Filmdokumenten macht, oder
alle Schnipsel mit einer gemeinsamen musikalischen Atmosphäre zu
unterlegen. Aber komplizierter ist es natürlich immer schöner.

Clean Exit – der starke Abgang

Das Leitsystem ist ein Skelett, das jedes Produkt »in Form gießt«, das
Filmen wie Hotels und Museen innere Stabilität gibt. Ohne deutliche
Markierung, wo sich Anfang und Ende befinden, hätten Filme keine
Szenen, Theaterstücke keine Akte, Präsentationen keine Einteilung in
verschiedene Aspekte der Vorführung, sondern sie wären nur amorphe
Gebilde. Den Konsumenten nimmt das Leitsystem an der Hand.

Es gibt ihm ein Gefühl der Sicherheit.

Das ist der dramaturgische Hauptnutzen der »Sentence Frames«. Zu diesem Zweck wollen wir auch wissen, wann etwas beendet ist. Filme und Reden sollten nicht einfach bloß aufhören, wenn alles gesagt ist. Jede deutliche *Informationsreduktion* lässt den Zuschauer auch spüren, dass da etwas beendet wird. Das beginnt bei einer schlichten Abblende, bei der das Bild langsam dunkel wird. Der »Clean Exit« ist der saubere, weil spürbare Schluss.

Der lange Blick

Fernsehansagen schließen mit dem langen, stummen Blick der Sprecherin. Und früher einmal, da ritten die Kino-Cowboys der untergehenden Sonne entgegen, während der Zuschauer langsam zurückblieb.

Wenn ich zum Beispiel einen Vortrag beendet habe und das Publikum (hoffentlich) applaudiert, bleibe ich noch einen Augenblick lang stehen und nehme den Applaus entgegen.

Diese Informationsreduktion, die von der Regungslosigkeit ausgeht, ist nichts anderes als das »An-die-Rampe-Treten« der Schauspieler am Theater. Dann folgt der Abgang – ich verschwinde langsam aus dem Blickfeld der Zuschauer. Charlie Chaplin watschelte am Filmende langsam von der Kamera weg Richtung Horizont. Mit der Irisblende, die ihn nur mehr in einem kleinen Kreis in der Bildmitte zeigte, betonte er dieses langsame Verschwinden noch zusätzlich. Der Schlussakkord, bei dem das ganze Orchester einen Ton anhält, ist die musikalische Variante des »langen Blicks zum Abschied«, das Bild, das einfriert oder in tausend Stücke zerspringt, ist die High-Tech-Version im Zeitalter der Videoclips.

Abmoderation

Und wie schließt man eine Rede? Alles, was die Informationsvielfalt reduziert, die man während des Vortrags ausgebreitet hat, schließt. Zusammenfassungen schließen, auch Wiederholungen der besten Sager in der TV-Talk-Show und Schlussstatements schließen. Dabei wird vieles, was gesagt wurde, in einem einzigen Satz konzentriert, von dem man spürt, dass danach nichts mehr gesagt werden kann. Ein Taucher auf den Malediven sprach lange über Haie, und dann sagte er: »Tiere haben

keine Hinterlist oder gar Mordgier, sie sind sehr viel ehrlicher als der
Mensch, der Hai eingeschlossen.« Punkt!

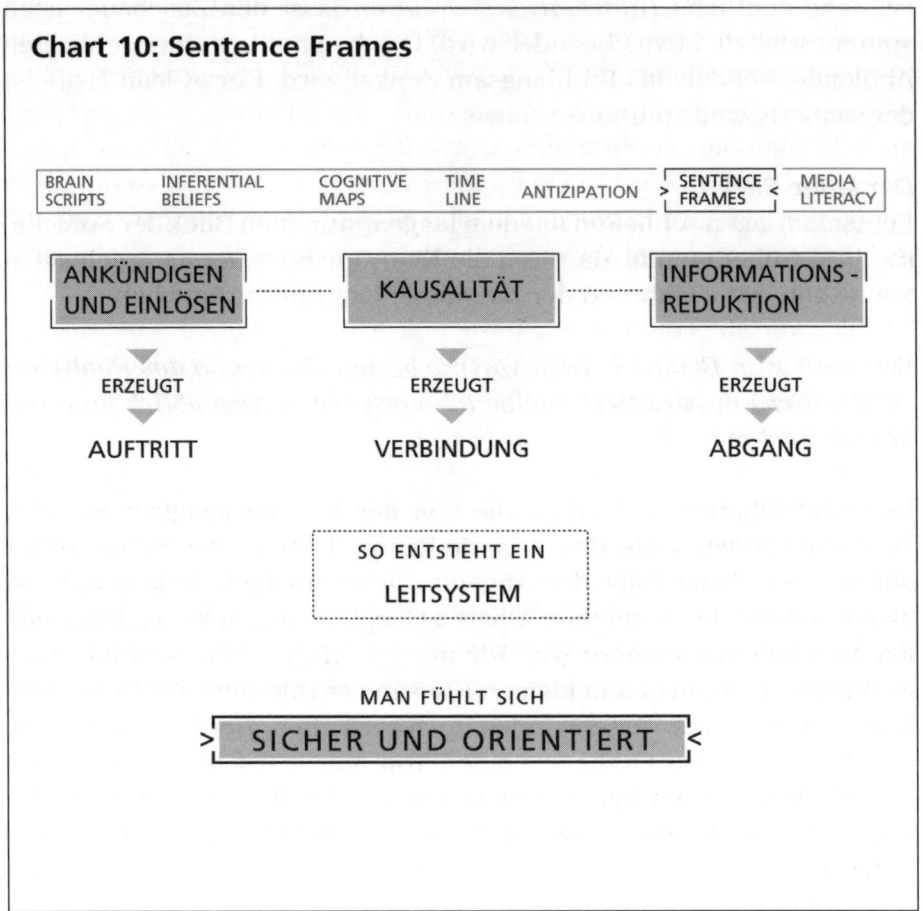

Chart 10: Sentence Frames

Media Literacy
Sich geschickt anstellen

Noch einmal kehren wir nach La$ Vega$ zurück, um dort den letzten,
noch nicht bekannten dramaturgischen Mechanismus zu erforschen.
Was wird uns erwarten? Ein typischer römischer Brunnen, Wasser
fließt, Marmorstatuen überragen die Fontänen, sie umringen den Gott

Bacchus, den Gott des Weines und wohl auch des Entertainments. Das alles steht in den Forum-Shops von Las Vegas. Da donnert und blitzt es, und Bacchus beginnt tatsächlich zu atmen, sein Zwerchfell hebt und senkt sich, er spricht, er lacht, er droht den anderen Göttern, trinkt vom köstlichen Wein, ist lebendig geworden, wie all die anderen um ihn herum. Laserstrahlen und Musik unterstreichen das Spektakel, die Wasserfontänen tanzen, und staunend stehen Japaner und Europäer Seite an Seite, können kaum glauben, wie der blanke Marmor zum Leben erwacht. Die Statuen sind computergesteuerte Roboter, *Animatronics* nennt man sie. Ihre Bewegungen sind anthropomorph, nicht steril und gleichmäßig, wie von Maschinen, sondern organisch, ungleichmäßig, wie durch den Willen eines Lebewesens gesteuert. Nach 10 Minuten ist alles vorbei. Träumen oder wachen wir? Eben noch lebendig wie Schauspieler, erstarren die Figuren wieder zu marmornen Statuen, verharren als simple Brunnenfiguren, unauffällig, als wären sie niemals beseelt gewesen.

Überall in Las Vegas, dem Ort des Tagtraums, werden unsere Sinne in ähnlicher Weise genarrt. In der Downtown wo immer schon die berühmten Neonreklamen, wie der rauchenden Cowboy, die Spieler anzog, findet sich heute eine neue Lichtattraktion: die »Freemont Street Experience« in der gleichnamigen Strasse. Über die Köpfe der verblüfften Zuschauer hinweg rasen Düsenjets und Raumschiffe, schlängeln sich Riesenschlangen und schwärmen Schmetterlinge. Jets wie Tiere sind dabei an die hundert Meter groß und das Produkt einer Technik, bei der Videobilder mittels Millionen von kleinen Lämpchen entstehen, die im Fall der »Freemont Street Experience« wie eine Passage über die Straße gehängt wurden. Mit offenem Mund bewundern wir, wie in Las Vegas die Kunst der Scheinmalerei mit modernen Mitteln neu erfunden wird.

Solche Spiele mit der Wahrnehmung gehen auf eine lange Tradition zurück. Bereits im 16. und 17. Jahrhundert narrten die Fresken der »Trompe-l'œil«-Malerei unsere Vorfahren. In einer der berühmten Villen am Brenta-Kanal zwischen Venedig und Padua lugt ein schwarzer Diener durch eine halbgeöffnete Tür, bloß sind Diener und Tür, wie auch die marmornen Säulen, die Gipsstatuen und der Stuck an der Decke nur mit dem Pinsel aufgetragen. »Der Maler hat Freude an dieser Täuschung, und der Betrachter will sich bewusst täuschen lassen und hat dabei das gleiche aufregende Gefühl, wie wenn ihm ein Zauberkünstler etwas vorgaukelt«, schreibt dazu der Kunstkritiker Bruno Ernst.

Dieses aufregende Gefühl, das alle Spiele mit unserer Wahrnehmung begleitet, ist dafür verantwortlich, dass Illusionen, Wortspiele und Denkkapriolen heute ein fester Bestandteil jeglicher Art von Marketing sind.

Sie finden sich in raffinierter Werbung, in verblüffender Shop-Architektur und im Design von High-Tech-Produkten. Der Spaß und das Spiel stehen im Vordergrund, das Gefühl, sich geschickt anzustellen.

Marketing-Spiele

Die Palette der Möglichkeiten ist groß. Da wäre etwa die amerikanische Supermarktkette »Best«. Sie ist für ihre selbstironische *Corporate Identity* berühmt, die sie publikumswirksam nach außen bringt. Alle Gebäude der Kette sehen aus, als ob sie gerade ein Erdbeben heimgesucht hätte. In Sacramento baute James Wines einen Supermarkt, der mit einem besonders spektakulären Wahrnehmungsspiel aufzuwarten hat. Früh am Morgen erscheint das Gebäude noch als absolut fenster- und türloser Ziegelquader. Punkt 9 Uhr bricht jedoch unerwartet, wie durch ein Erdbeben ausgelöst, eine 45 Tonnen schwere Ecke aus dem Gebäude heraus, fährt hydraulisch 12 Meter vor und gibt dadurch den Weg zum dahinter verborgenen Eingangsbereich frei:

Aufmerksamkeit durch Spiel mit der Architektur

Das klassische Medium für lustvolle Finten dieser Art ist natürlich die *Werbung*, vor allem seit die Cannes-Rolle an Bedeutung gewonnen hat. Und so sucht man bei »Best« vielleicht ausgerechnet jenes typisch britische »Jelly«, das durch ein raffiniertes Wortspiel dem Kunden ins Bewusstsein gedrungen ist. Das giftig grüne oder künstlich rote Wackelgelee ist in diesem Spot zum Beispiel einmal in Form eines feisten Blasengels zu sehen, wie sie der Renaissancemaler Botticelli so gerne abbildete. Die Kamera geht an den wackelnden Po heran, das Insert im Spot sagt »Botti*Jelly*«, und meine Studenten im knallvollen Hörsaal lachen, denn sie haben die Anspielung verstanden. Eine Katze ist zu sehen, vor dem Kater eine Wackelgeleemaus. »Tom und *Jelly*« sagt das Insert statt »Tom und Jerry«:

Aufmerksamkeit durch Wortspiele

Nicht nur Corporate Identity und Werbung, auch Public Relations und Verkauf, alle Aspekte des Marketing sind von der Lust am Spiel durchdrungen. Bei der Eröffnungszeremonie der Olympischen Winterspiele in Albertville, einer der größten *Public-Relations*-Veranstaltungen der letzten Jahrzehnte, zeigte uns Jean-Paul Goude, wie ein solches Ereignis effektvoll in Szene gesetzt werden kann, ohne pathetisch zu wirken. Er hat die Sängerin Grace Jones zu dem gemacht, was sie heute ist, und mit derselben Freude am Spiel mit Bedeutungen inszeniert der Chanel-Regisseur auch öffentliche Ereignisse. Da trommelt ein Orchester sich die Seele aus dem Leib, aber zum ironischen Mittelpunkt werden die Musiker durch ihre Inszenierung. Das Ensemble schwebt nämlich hoch oben in der Luft, aufgehängt wie ein Mobile, das sich an einem System von Seilen langsam in luftiger Höhe dreht. Und die unterschiedlichen Wintersportarten, die in den Tagen nach der Eröffnung im Vordergrund stehen, sie werden nicht einfach ganz banal 1:1 dargestellt. Skispringer landen in Zeitlupe im Telemarkstil, Abfahrtsläufer federn in Zeitlupe in der Hocke ab. Sie alle sind Tänzer und die Zeitlupe nur choreographiert. Die Sportarten werden sozusagen zusammen mit einer zweiten Bezugsebene dargestellt: in der Sprache des Fernsehens, das uns den Sport eben auch in Zeitlupe oder als eingefrorenes Standbild zeigt. Mit zwei Bezugsebenen zurechtkommen bedeutet für den Zuschauer, sich geschickt anstellen, kognitiv aktiv sein, einen Zusatzkick bekommen:

Aufmerksamkeit durch Inszenierungsspiele

Schließlich ist da noch die spielerische Komponente im *Verkauf*. Eigentlich ist jeder Besuch in einem ganz normalen Laden mit einer gedanklichen Geschicklichkeitsleistung verbunden. Denn wer etwa eine Knoblauchpresse sucht, muss erst einmal überlegen, in welcher Art von Laden er fündig werden könnte – einem Geschäft für Küchengeräte, einer Eisenwarenhandlung, einem Design-Shop. Das Zeitalter der Unwiderstehlichkeit verlangt aber nach exotischen, weniger üblichen Zuordnungsspielen zwischen Ware und Sortiment. »Air Traffic« in den USA ist nicht etwa ein Shop für Piloten, sondern ein Laden, in dem alles verkauft wird, was sich irgendwie durch die Luft bewegt. Man findet Flugdrachen, Jo-Jos, Mobiles, und der Verkäufer jongliert den ganzen Tag mit Keulen, die durch die Luft wirbeln. Jedes Kaufspiel muss im Leben außerhalb des Shops verankert sein. »Alles, was Flügel hat, fliegt«, war das beliebte Partyspiel auf den verhassten Kindergeburtstagsfesten. »Das Mobile fliegt, der Drachen fliegt, die Miezekatze fliegt (?)« Man verlor, wenn man die Arme automatisch auch bei einem Objekt hob, das eben nicht fliegt. Beim verwandten Kaufspiel gewinnt man den Spaß an der eigenen gedanklichen Geschicklichkeit, wenn man erkennt: »Ja, auch dieses Jo-Jo passt in das Sortiment, es fliegt.«

Aufmerksamkeit durch ein Kaufspiel.

Die Kunst der Vereinbarung

Hinter jeder Geschicklichkeitsleistung steht die Freude an der Beherrschung einer Regel. In der Welt der Werbespots bedeutet Regelverständnis, die ungeschriebenen Regeln der Filmsprache intuitiv verstehen. Niemand erschrickt heute mehr, wenn im Kino eine Ameise riesengroß auf der Leinwand erscheint. Schon Kinder wissen um diese spezielle Vereinbarung, die wir Großaufnahme nennen. Dasselbe gilt für Rückblenden oder Zeitsprünge. *Media Literacy* nennen die Psychologen diese Fähigkeit, die Kunstgriffe der Werbung und anderer Medien einzuschätzen, zu wissen, wie sie gemeint sind.

Vieles, was uns ganz selbstverständlich erscheint, ist dabei doch das Produkt einer ungeschriebenen Vereinbarung.

Zum Beispiel die Parallelmontage: Jemand versucht, mit seinem Wagen zu einem bestimmten Haus zu gelangen. Jemand anderer wartet in diesem Haus und sieht dabei immer wieder ungeduldig auf die Uhr. Wenn die Kamera zwei Aktionen abwechselnd zeigt und diese beiden Szenen offensichtlich aufeinander bezogen sind, entsteht der Eindruck der

Gleichzeitigkeit. Hinter der »Media Literacy« stehen Wenn-dann-Regeln. Das *»Wenn«* sind *formale* Voraussetzungen, das *»Dann«* sind *inhaltliche* Konsequenzen. »Wenn« zwei aufeinander bezogene Aktionen abwechselnd zu sehen sind *(Form)*, »dann« entsteht Gleichzeitigkeit *(Inhalt)*.

Simple Vereinbarungen wie bei der Parallelmontage sind dem gewitzten Medienpublikum des ausgehenden 20. Jahrhunderts jedoch zu wenig kompliziert. Es verlangt nach aberwitzigen Wahrnehmungsspielen, um sich durch deren Bewältigung geschickt zu fühlen. Ein typisches Beispiel für den Level heutiger Ansprüche ist ein berühmter Werbespot der britischen Tageszeitung *The Guardian*. Sie wirbt um neue Leser mit dem Argument, »den Überblick« über die Dinge des Lebens zu haben. Aus drei unterschiedlichen Blickwinkeln sehen wir, wie ein gefährlich wirkender junger Mann die Straße hinunterläuft. Die beiden ersten Kamerapositionen legen falsche Sichtweisen der Szene nahe. Erst die dritte Version, aus der Vogelperspektive, lässt erkennen, was sich wirklich abspielt. Im Konsumenten geht dabei Folgendes vor sich:

Version 1:
Man denkt an eine Flucht des jungen Mannes, denn er läuft in demselben Augenblick los, als hinter ihm ein Wagen (die Polizei?) hält. Das Bild friert ein.

Version 2:
Man revidiert diese Ansicht und meint, einen Raub zu beobachten, denn aus anderer Perspektive wird jetzt ersichtlich, wie der junge Mann mit dem Aussehen eines Skinhead frontal auf einen älteren Mann zuläuft, der sofort schützend seinen Aktenkoffer hochreißt. Das Bild friert ein.

Version 3:
Man revidiert erneut seine Meinung und erkennt in der Vogelperspektive, was der Skinhead tatsächlich macht. Er rettet den älteren Mann vor herabfallenden Ziegelsteinen, indem er ihn zur Seite schleudert. Der *Guardian* hat eben den Überblick, das ist die Werbebotschaft.

Flucht, Raub und Lebensrettung; nach jeder Drehung erhält die Szene im Licht des gerade gültigen »Brain Scripts« eine andere Bedeutung. Die ständige Umkonstruktion scheint den Zuschauer jedoch nicht zu verwirren. Im Gegenteil. Die Drehung wird nicht als Entgleisung gesehen, sondern als dramaturgischer Kunstgriff erkannt, der dem Konsumenten eine gewisse Lust am Verwirrspiel bereitet. Er hat die Wenn-dann-Regel identifiziert: »*Wenn*« eine Aktion aus unterschiedlichen Perspektiven gezeigt wird *(Form)*, »*dann*« kann das zu einer ganz unterschiedlichen inhaltlichen Bewertung der Lage führen *(Inhalt)*.

Wie jeder funktionierende Kunstgriff der »Media Literacy« ist auch dieser durch unsere Lebenserfahrung vorbereitet worden. Wir kennen die Situation zum Beispiel von Sportübertragungen im Fernsehen. Alle Versionen des Werbespots zeigen das Laufen des Skinhead nämlich in Zeitlupe. Und Wiederholungen in Zeitlupe, die aus jeder Perspektive etwas anderes zeigen – etwa ein Foul beim Fußball, das von der anderen Seite nicht zu sehen war –, führen eben unweigerlich zur »Drehung« des Inhalts.

Der dramaturgische Nutzen des ganzen Aufwands:

Der Konsument empfindet sich als geschickt, das Produkt, ob Werbespot oder Public-Relations-Aktion, erhält so zusätzlichen Esprit, erscheint smart und raffiniert.

Alle Kunstgriffe dieser Art, sosehr sie auch wie das Ergebnis des Yuppie- und Medienzeitalters erscheinen, sind alt und erprobt, angefangen mit den Zauberkunststücken der altägyptischen Priester. Denn das 21. Jahrhundert hat nur perfektioniert, was die geheimnisvollen Rätsel, die Spiegeleffekte und die doppelten Böden vergangener Jahrhunderte in unsere Welt brachten.

Rätsel

Was ist das? Es geht des Morgens auf vieren, des Mittags auf zweien und des Abends auf dreien? So fragt die Sphinx, und die Antwort lautet: der Mensch.

Was ist das? Man sieht edle Schneidewerkzeuge auf violetter Seide liegen. So fragt die Werbeindustrie, und die Antwort lautet: »Silk Cut«, beantwortet in einem Land, in dem offensichtliche Zigarettenwerbung verboten ist.

*Rätsel sind Denkspiele, bei denen der Schlüssel zu einer Lösung
gefunden werden muss.*

Wenn man als Kind in ein gewisses Alter kommt, ist man zum Beispiel
ganz verrückt danach herauszufinden, wie etwas funktioniert. Kinder
zerlegen den Küchenwecker und bekommen den ersten Chemie- oder
Elektrobaukasten. Später lernt man, wie man einen Fahrkartenautoma-
ten bedient oder den Videorecorder programmiert. Aus dieser Fähigkeit
zur Gerätegeschicklichkeit entwickelte sich ein spielerischer Umgang
mit Produktdesign und Funktion: das Gerät als Rätsel, die –

Gimmicks

Dieses amerikanische Slangwort heißt soviel wie »Trick« oder »Dreh«.
In den siebziger Jahren waren die James-Bond-Filme die Hauptliefe-
ranten für trickreiche Geräte. Als in »Moonraker« James Bond vom
Chefwissenschaftler des Secret Service eine Armbanduhr erhält, mit
der man durch Nervenimpulse des Handgelenks Betäubungs- und Zyan-
kalipfeile abschießt, sagt Bond: »Ganz neuartig, Q. Sie sollten sich wirklich anstrengen, das bis Weihnachten auf den Markt zu bringen.« Genau
das geschah in den achtziger Jahren. Immer wenn mein lieber Freund
Herbert Krill aus Los Angeles zu Besuch kam, musste er einen Katalog
von Hammacher Schlemmer oder »The Best of Everything« mitbringen. Da bestaunten wir dann Fotos von sprechenden Armbanduhren,
schwimmenden Telefonen und Fotokopiergeräten für die Hosentasche.
Herberts spektakuläre Mitbringsel waren winzig kleine Saurier, die im
warmen Wasser auf ein Vielfaches ihrer Größe wuchsen, und Kugelschreiber, die in magischer Weise auf ihrer Spitze schwebten.

Verweistechnik

Ein anderer Freund, er ist Bildhauer, besaß in den achtziger Jahren
einen großen, struppigen, sympathischen Hund. Der Hund hieß »Da
komm her«. Wenn mein Freund mit dem Riesenvieh spazieren ging und
ihn zu sich rief, sagte er also: »Da komm her!« Der Name des Tieres
verwies auf das, was der Hund idealerweise tun sollte. Diese natürliche
Lust am Querverweis, die sich in alltäglichen Sprachspielen zeigt, hat
sich auch das Marketing zu Nutze gemacht. Zum Beispiel Pepsi-Cola.
Im Spielfilm »Zurück in die Zukunft« wird Michael J. Fox durch eine

Zeitmaschine aus der Gegenwart in die fünfziger Jahre katapultiert. Dort betritt er ein Lokal und bestellt eine Cola Light. »Was soll das sein, eine »leichte« Cola?« fragt verständnislos der Barkeeper. So wird der Zuschauer dazu gebracht, sich geschickt anzustellen, achtziger mit fünfziger Jahren zu vergleichen und zu registrieren, dass es das, was heute üblich ist, damals noch gar nicht gab. In einer anderen Szene wird der Held des Films ohnmächtig ins Bett gelegt und ausgezogen. Am nächsten Tag wird er zu seiner Verblüffung »Calvin« genannt. »Du heißt doch Calvin. Dein Name steht doch auf deiner Unterhose. Calvin Klein.« Der Esprit der Verweistechnik dient dabei dem Product Placement, von dem später in diesem Buch noch ausführlich die Rede sein soll.

Spiegel

Wir alle wissen eigentlich nicht so richtig, wie wir aussehen. Denn der Spiegel, in den wir täglich sehen, zeigt uns ein spiegelverkehrtes Bild unserer selbst. Was ist echt, was ist falsch, und ist nicht die ganze Welt, wie wir sie um uns herum wahrnehmen, ein Trugbild, eine Konstruktion, verfälscht durch den Blickwinkel unserer Interessen? Alle Zauberkünstler arbeiten mit Spiegeln, um unsere Sinne zu täuschen. Und ganze Geheimbücher wurden in Spiegelschrift geschrieben, damals, als der Besitz eines Spiegels noch ein Privileg war.

Die Spiegeltricks im Marketing spielen mit der Täuschung unserer Wahrnehmung, und dafür gibt es vier unterschiedliche Methoden.

Replikate

Wir spazieren also über die Ramblas in Barcelona, und da steht die Bronzestatue eines römischen Kriegers, den Wurfspeer in der Hand. Ich zücke den Fotoapparat, und – hoppla – da hebt der Krieger drohend den Speer und zeigt auf die Schale mit Münzen. Überall in Europa, wo Touristen das Straßenbild beherrschen, lassen wir uns gerne vom Trugbild eines zur Statue erstarrten Kleindarstellers narren. Echt oder nicht echt, das ist die Frage, die unsere Wahrnehmungsgeschicklichkeit herausfordert.

In Stuttgart und in Mannheim balancieren in halsbrecherischer Weise

offenbar lebensmüde Männer hoch oben auf Hausdächern, auf schrägen Balken, die über die Hauskante hinausreichen. Es sind nur Metall-
figuren, doch die Fernwirkung ist beeindruckend. Diese Eigenschaft
macht Replikate zu *dem* Mittel der Wahl, um im öffentlichen Raum alle
Blicke auf sich zu ziehen. In den USA haben das die »Billboards«, die
dreidimensionalen Werbeplakate, perfektioniert. Eines, es wirbt für
Jeans, tut so, als ob riesige Bluejeans lässig über die obere Kante des
Plakats geworfen wurden. Ein anderes ist scheinbar halb abgebrannt,
sodass der Slogan der Versicherung kaum noch lesbar ist: »Luckily, this
poster was covered by Eagle Star.«

Das Schaufenster des Zürcher Juweliers »Carat« zeigt eines Tages sehr
schönen Goldschmuck. Er wird von barbusigen Damen getragen, die
aus einem italienischen Renaissancegemälde stammen, das jetzt als
Druck im Schaufenster hängt. Die Damen sind zweidimensional, die
Kette um den Hals, der Schmuck am Ohrläppchen, der Ring, den eine
der Damen mit zwei Fingern hält, der ganze Goldschmuck, der in das
Gemälde hineingeschmuggelt wurde, ist echt und dreidimensional. Das
Replikat-Spiel ist so perfekt, dass immer wieder Passanten einige Meter
zurückgehen, um nachzusehen, was sie da aus dem Augenwinkel zu
sehen glaubten. Replikate sind ideale Stopper im öffentlichen Raum.

Damit das Spiel von »echt oder nicht echt« auch funktioniert, brauchen
alle Replikate eindeutige Hinweissignale, sowohl auf ihre Echtheit als
auch auf ihre Künstlichkeit. Zum Beispiel wird man während einer Computeranimation, bei der man durch den Motor eines BMW fliegt, durch
den metallischen Glanz und die technische Präzision der Darstellung
auf die offensichtliche Echtheit der Szene hingewiesen, während der
aberwitzige, gänzlich unmögliche Flug durch die Maschine hindurch
und um die Kolben herum eindeutig an die Gemachtheit des Films
erinnert. Wenn diese Signale in beide Richtungen fehlen, kommt auch
das Wahrnehmungsspiel um »echt oder falsch« nicht zu Stande.

Fiat in Spanien hat die Missachtung dieser Regel viel Ärger eingebracht.
Eine Werbeagentur hatte die Idee, jungen Frauen einen anonymen und
handschriftlichen Liebesbrief zuzustellen. Der potentielle Liebhaber
gab dabei an, die Angebetete angeblich schon längere Zeit zu beobachten usw. Der Liebhaber — das war Fiats »Cinquecento«. Leider gab es
so gut wie keine Hinweise, dass der Brief als Replikatspiel gedacht war,
und viele Frauen gingen daher erschreckt zur Polizei.

Geborgte Sprache

Während das Replikat die Frage stellt »Echt oder inszeniert?«, stellt die »Geborgte Sprache« Fragen wie zum Beispiel – »Soll das etwa eine Nachrichtensendung sein oder ist das doch Werbung?«, oder – »Bin ich eigentlich im Theater oder im Kino?« Jeder kennt die Werbespots, in denen die Werbemenschen so tun, als ob sie seriöse Nachrichtensprecher wären und die Werbebotschaften im Stil einer journalistischen Meldung verkünden. Ein Medium bedient sich frech der sprachlichen Konvention eines anderen Mediums.

Viele kommerziell erfolgreiche Musicalproduktionen integrieren heute immer auch Elemente des Films und anderer populärer Medien, um mit solchen gedanklichen Spiegelkunststücken den kommerziellen Impact zu erhöhen. In Andrew Lloyd Webbers »Das Phantom der Oper« in der weltweit verbreiteten Regie von Harold Prince liest der Operndirektor einen Drohbrief des Phantoms vor. Doch schon sehr bald geht seine Stimme in die des Phantoms über, die man aus dem Lautsprecher hört. Der Effekt ist das vom Film bekannte »Voice Over«: Jemand liest in Großaufnahme einen Brief, und der Zuschauer hört, durch die Stimme des abwesenden Briefeschreibers, was im Brief geschrieben steht. Das Theater wird dabei gehandhabt, als ob es Film wäre. Die Filmsprache wird gewissermaßen »ausgeborgt«.

Sinnvoll eingesetzt, kann die »Geborgte Sprache« eine wunderbare Waffe gegen Banalität und Durchschnittlichkeit sein. Ein Studio für Werbefotografie etwa will seine Stärken in Reportagen, Mode- und Produktfotografie promoten und macht das, indem es so tut, als ob sein Katalog ein Fotoroman ist. Eine amerikanische Lokalkette will ihren Gästen, die an der Theke herumlümmeln, etwas anderes als das Fernsehgerät mit der obligaten Sportübertragung zum Schauen bieten und bedient sich dazu der »Geborgten Sprache«. Meine Seminarteilnehmer, alles Topmanager, schlendern freundlich lächelnd durch eine dieser Daiquiri-Bars, die »Fat Tuesday« heißen. Wir schauen uns alles an und gehen unter den verblüfften Blicken der Einwohnerschaft auf der anderen Seite wieder heraus. »Haben Sie alles gesehen? Auch die Waschmaschinen?« Tatsächlich. Die Cocktails werden hier in fingierten Waschmaschinen gemixt. Wer solche Wahrnehmungsspiele anbietet, will ein junges, erlebnisorientiertes Zielpublikum erreichen, das gerne Cocktailmixgeräten zusieht, die so tun, als ob sie Waschmaschinen wären.

Déjà-vu

Das heißt, wie jeder weiß, »schon gesehen«, und das ist gar nicht so verwunderlich, denn unser Denken braucht ja immer eine Vorlage, ein »Schon-einmal-Gesehen«, um überhaupt etwas aus dem Chaos der uns umgebenden Information wahrzunehmen. In »E.T.« von Steven Spielberg, einem der kommerziell erfolgreichsten Filme aller Zeiten, berührt der außerirdische Gnom ein letztes Mal liebevoll die Hand des Jungen, der ihn gegen allen Widerstand der Erwachsenenwelt versteckte, bevor er ins Raumschiff steigt. Doch diese Geste, die kennen wir doch, diese ausgestreckten Fingerspitzen, die einander entgegenstreben, der Funke, der überzuspringen scheint, ja natürlich, Rom, Michelangelo, die Sixtinische Kapelle und dort das Jüngste Gericht und Gott berührt die Fingerspitzen des Adam. Die Geschicklichkeit unserer Media Literacy schließt die Denklücke zwischen dem offensichtlich Vorhandenen und der Anspielung. Slogans spielen mit dieser Fähigkeit unseres Geistes: »Der Herr der Dinge« (und nicht der Ringe) übertitelt »Lego« in seinem Katalog das Sortiment der Zwei- bis Fünfjährigen. Im Louvre penetriert ein Fahrstuhl in Form einer silbernen phallischen Säule, auf der man ins Museum hinabschwebt, die Spirale der Wendeltreppe, die ebenfalls die Eingangspyramide hinunterführt, in geradezu peinlicher Weise – satirisches Déjà-vu als Kommentar zum übergroßen Selbstbewusstsein der Grande Nation?

Verkehrte Welt

Alles auf den Kopf stellen, das hat schon seit den Karnevalstagen vergangener Zeiten entlastende Wirkung. Für wenige Tage war das Gesinde der Herr, es regierte die Herrschaft der Bediensteten, auf dem Kirchenaltar wurden wilde Orgien gefeiert, und die Obrigkeit konnte ungestraft parodiert werden. Verkehrte Welt. Weil im berühmten Schönbrunner Tiergarten in Wien die denkmalgeschützten Käfige nicht abgerissen werden durften, aber zugleich einer artgerechten Tierhaltung widersprachen, wurden die Zoobesucher in die Käfige gesteckt, während die wilden Tiere in großzügigen Freigehegen herumlaufen. So entstand durch die Initiative des Zoodirektors Helmut Pechlaner ein Wahrnehmungsspiel, das an sich bereits eine Attraktion ist. Das Spiel mit der verkehrten Welt, es bietet einen neuen Blick auf Vertrautes, lockert die starren Konventionen, die uns sagen, wie das Leben zu sein hat.

In einer Serie von Werbespots für Danone sieht man dementsprechend, wie ein hartnäckiger kleiner Junge versucht, seiner unwilligen Mutter einen Löffel mit Danone in den Mund zu stecken, schließlich mit Erfolg. Es ist die Umkehrung des vertrauten Rituals des Abfütterns, doch dieses Mal sind eben die Rollen vertauscht.

Doppelte Böden

Die Abenteuerliteratur ist voll von Geschichten über Geheimfächer im Schreibtisch, Geheimtüren in alten Häusern, unterirdischen Gängen, doppelten Böden im Koffer. Offensichtlich gibt es ein Bedürfnis, sich beim Entschlüsseln solcher Doppelbödigkeiten geschickt anzustellen. Sie machen konkret, was wir manchmal ahnen:

Die Welt ist oft nicht so, wie sie scheint. Wir alle haben deshalb unsere Antennen für die unausgesprochene zweite, die verdeckte Ebene im Leben.

Sie auch im Marketing aufzuspüren, macht nicht nur Spaß, sondern ist ein Trainingsfeld, um sich in unserer doppelbödigen Welt zurechtzufinden. Wie bei vielen Media-Literacy-Tricks zeigt die Analyse der populären Kultur, welches Potential geweckt werden kann.

Der Skatebone-Effekt

Da kauft etwa gerade Fred Feuerstein im Supermarkt einen dieser neumodischen »Skatebones« – das sind Mammutknochen, die den Skateboards unserer Kids aus den neunziger Jahren verblüffend ähnlich sehen. Die Familie Feuerstein aus der weltweit erfolgreichen Zeichentrickserie »The Flintstones« lebt bekanntlich in der Steinzeit, Fred isst liebend gern riesige Brontosauriersteaks, man lebt in Steinhäusern, das Haustier ist der Saurier Dino. Zugleich macht sich überdeutlich der American way of life breit. Fred mäht sonntags den Rasen, und die Feuersteins genießen die Annehmlichkeiten zahlreicher Haushaltsgeräte, die allesamt eigentlich Tiere sind: das Mammut ist der Staubsauger, ein kleiner Vogel, der aus einem Steinkästchen zum Fernsehgerät fliegt, ist die Fernbedienung usw. Jede Szene der Serie läuft beinahe zugleich auf diesen beiden Bedeutungsebenen ab: Steinzeit und USA des

Mittelstands. Man muss sich schon geschickt anstellen, um mit zwei Bedeutungsebenen zurechtzukommen – das ist der »*Skatebone-Effekt*«. Er ist in der populären Kultur weit verbreitet. Da sind »The Munsters«: Frankenstein- und Draculafiguren, doch zugleich biedere gute amerikanische Patrioten; die »Addams Family«, die »Jetsons«, überall dasselbe Syndrom. Eine Bedeutungsebene ist offensichtlich, die andere liegt als doppelter Boden darunter.

Der Skatebone-Effekt steht auch hinter einem brasilianischen Werbespot für Blue jeans, in dem junge, sympathische Demonstranten in Jeans von brutalen Polizisten gejagt werden. Man sieht, wie Wasserwerfer die jungen Leute vollspritzen und hört dazu: »Durch einen speziellen Waschprozess sehen unsere Jeans wirklich alt aus.« Man sieht, wie die Demonstranten an die Wand gestellt und nach Waffen abgetastet werden und hört: »Unsere Jeans überstehen die strengsten Qualitätskontrollen.« Die doppelte Erzählebene transportiert dabei die Beweisführung, den »Reason why«, mit dem die Marke ihre Qualität glaubhaft macht.

Die Drehung

Kürzlich hielt ich einen Vortrag auf einem Werbekongress. Der Eröffnungsredner dieser Veranstaltung war Professor Heinz von Foerster, einer der Begründer der Kybernetik. Vorsichtig kletterte er vom Zuschauerraum auf die Bühne, tat so, als ob sein Alter es nicht erlauben würde, schneller das Podium zu erklimmen. »Guten Morgen, meine Damen und Herren«, sagt Foerster, und wir sehen ihn auf der Leinwand der Videogroßprojektion, während er diese Begrüßungsworte spricht. Doch dann schauen wir genauer hin, und tatsächlich, erst jetzt erreicht der betagte Professor das Podium. Wir sind der Regie auf den Leim gegangen, die Begrüßung wurde schon bei der Probe aufgezeichnet. Wir müssen unsere Wahrnehmung revidieren, waren zu voreilig. Drehungen führen einen oft auf falsche Fährten. Wenn der Konsument aber den Kunstgriff identifiziert, genießt er lächelnd seine eigene Geschicklichkeit, mit solchen gedrehten Bedeutungen fertig zu werden. Diese Fähigkeit steckt tief in uns:

»Seine Dichtungen waren nicht von Dauer, denn als Stoff verwendete er...«

So beginnt ein Testsatz, den Psychologen benutzen. Ja, Dichtungen, die meisten von uns sagen »das sind die Produkte eines Schriftstellers«. Und die Formulierung »waren nicht von Dauer«, sie passt in ihrer Schwülstigkeit ganz in die Welt der Kunst. Der Stoff, ja natürlich: Daraus macht man die Romane, Drehbücher usw. Alles passt. Doch dann geht der Satz weiter:

»Seine Dichtungen waren nicht von Dauer, denn als Stoff verwendete er nur Kautschuk minderer Qualität.«

Nicht das Leben eines erfolglosen Schriftstellers, sondern jenes eines nachlässigen Klempners wird hier beschrieben. Wir akzeptieren Drehungen deshalb so leicht, weil wir durch unser Bedürfnis, innerlich Bedeutungen mit- und vorauszuformulieren, ständig unsere Fehler korrigieren müssen. Von wegen der netten jungen Dame mit den sinnlichen, langen Haaren, die sich dann als junger Mann herausstellt, wenn man sie/ihn auf der Straße überholt hat. Wir Menschen irren uns ständig, und daher sind Drehungen Teil unserer Überlebensgeschicklichkeit.

So ist das im Leben. In einem Spot steht da ein älterer Mann, etwas Rotes hält kurz an der Haltestelle, der Mann besteigt anscheinend den Bus, alles ist etwas unscharf, denn wir sehen die Szene mit seinen Augen. Verblüfft blickt ihm eine Dame nach, denn jetzt sehen auch wir: Er steht auf einem Feuerwehrauto: »See Your Optician«, ist der Slogan.

Nicht nur Brain Scripts, alle dramaturgischen Mechanismen können gedreht werden. Das hat Agatha Christie in ihren Detektivromanen eindrucksvoll gezeigt, und niemals werden wir, die wir im Marketing tätig sind, sie jemals erreichen. In »Das Böse unter der Sonne« dreht sie die Handlung (Brain Script), die Personenbeziehungen (Cognitive Maps) und das Image der Hauptpersonen (Inferential Beliefs), ohne den Leser zu verärgern. Wenige Seiten vor dem Ende erkennt er, dass alles nach einem ganz anderen Muster ablief, als er dachte, dass ganz andere Personen miteinander kooperierten als offensichtlich dargestellt, und dass die Guten die Bösen sind und umgekehrt. Eine Meisterleistung.

Infotainment-Techniken

Information durch Unterhaltung – Infotainment – ist seit den Neunziger Jahren ein Schlagwort für Messen, Brandlands, Weltausstellungen und Museen. Das Unterhaltende an den meisten dieser Infotainment-Techniken sind die verblüffenden »Media-Literacy-Effekte«, die sie auslösen.

Den folgenden vier Methoden begegnet man immer wieder:

Talking Head
Bei diesem Verfahren wird auf das Gesicht einer realistischen Wachsfigur mittels Filmprojektion die Mimik eines Schauspielers so projiziert, dass man schwören könnte, ein lebendiges Wesen vor sich zu haben. Walt Disneys »Imageneers« haben diese Technologie einst für die singenden Geister ihrer »Haunted-Mansion«-Attraktion in Disneyland entwickelt. Heute läuft das Spiel um »Sein oder Schein« auf Messen und in Warenhäusern. *Talking Heads* verkauften für Lancôme Kosmetik und für Philips CD-Player. Shell ließ einen elektronischen Farmer auftreten, der schwedische Gewerkschaftsbund einen »bösen« Kapitalisten.

Pepper´s Ghost Effect
Diese Technik wurde 1860 in England erfunden und wurde zuerst am Theater eingesetzt, um dem Publikum die Illusion vorzugaukeln, einen echten Geist über die Bühne schweben zu sehen. Der Geist war ein hell angeleuchteter Schauspieler unter der Bühne, dessen Bild mittels Spiegel auf eine unsichtbare Glasplatte zwischen Publikum und Bühne projiziert wurde. Der scheinbar frei schwebende Geist war tatsächlich gar nicht auf der Bühne zu sehen, sonden auf der unsichtbaren Glasplatte davor.
Auf Weltausstellungen und in Erlebnismuseen wird der Effekt heute gern kompakt in Vitrinen eingesetzt. Da sieht man etwa in einer Vitrine die reale, holzgetäfelte Funkerkabine eines Schiffs aus vergangenen Zeiten. Dann wird plötzlich in derselben Vitrine die alte Funkerkabine in eine moderne überblendet, die in »magischer Weise« nun deren Platz in der Vitrine eingenommen hat und genauso dreidimensional und tatsächlich vorhanden scheint. Geht man ein wenig zur Seite, sieht man auch die neu aufgetauchten Objekte in der modernen Kabine in ihrer Seitenansicht, dreidimensional und real. Eine Funkerkabine wurde dabei tatsächlich in der Vitrine aufgebaut, die andere Kabine liegt horizontal am Vitrinenboden und wird durch einen schrägen Spiegel und durch die Veränderung des Lichts hinaufprojiziert.
Zum ersten Mal entdeckten wir den *Pepper´s Ghost Effekt* in der alten »Guinness World of Records« am Londoner Piccadilly Circus. Dort war die Wachsfigur eines sehr dicken Mannes in eine andere, sehr viel

schlankere Wachsfigur desselben Mannes überblendet worden, der jetzt in einer viel zu weiten Hose leibhaftig vor uns stand: Der Mann hielt den Weltrekord im Abnehmen, dokumentiert im Guinness-Buch der Rekorde. Wie man sieht, besteht eine Stärke des *Pepper´s Ghost Effect* darin, zwei Objekte in unterhaltsamer Weise zueinander in Beziehung zu setzen.

Diorama Projektion

Früher einmal waren Dioramen einfache Minikulissen in einer Vitrine, zeigten vielleicht das Reich der Murmeltiere und ab und zu bewegte sich ein Tier. Heute verlangt unsere Media Literacy nach raffinierten Wahrnehmungsspielen, auch im Diorama. Wir sehen also das Modell einer großen alten Villa aus der glorreichen französischen Zeit von Quebec. Plötzlich tritt eine zwanzig Zentimeter große Frau im historischen Gewand aus dem Haus und erzählt dem verblüfften Besucher die Geschichte der Region. Sie bewegt sich, sie spricht, sie ist so realistisch, wie ein Schauspieler auf einer Kinoleinwand nur sein kann. Bloß, da ist keine Kinoleinwand, nur ein dreidimensionales Haus, durch das sich die rätselhafte Figur hindurchbewegt, links und rechts, vor und zurück. Der Trick: Auf unsichtbare Glasplatten wird mit speziellen Filmprojektoren das bewegte Bild so projiziert, dass es mit dem realen Modell zu einer räumlichen Einheit verschmilzt.

In Disneys »Epcot«-Vergnügungspark in Orlando wurde diese Technologie eine Zeit lang eingesetzt, um die damals neue Computerzentrale vorzuführen. Man saß in einem Theater vor einer großen Glasscheibe und sah, wie die Techniker an den Großcomputern dieses und jenes tun, in der Nase bohren oder hektisch werden. Eine kleine Frau, projiziert, wie ihre kanadische Schwester, spazierte über die Computerkonsolen hinweg, kletterte an den Computern auf Leitern hinauf, ließ eine graphische Brücke zwischen zwei echten Computerkonsolen erscheinen usw. Damit die Verschmelzung mit den realen Objekten funktioniert, gab es Glasplatten in unterschiedlichen Tiefen und so manchen anderen Trick: raffinierte Präsentation der neuen technologischen Möglichkeiten eines Unternehmens.

Automatisches Theater

Wer vielen Menschen auf einmal etwas vorführen möchte und nicht einfach einen Film dazu benutzen will, greift auf Weltausstellungen und Messen zunehmend auf *automatische Theater* zurück. Sie verbinden raffinierte Technik mit der Aufmerksamkeit, die man einer Live-Aktion entgegenbringt. Auf der Expo 92 in Sevilla haben wir ein phantastisches Automatentheater gesehen, das die Möglichkeiten dieser Technologie maximal zur Geltung brachte und auf keiner anderen Expo seither übertroffen wurde.

Wir sind im Pavillon von Neuseeland und es beginnt zunächst wie eine normale Filmvorführung. Auf der Leinwand spielt ein Orchester, Kiri Te Kanawa, die berühmte neuseeländische Mezzosopranistin, singt, das alles ist eine Mischung aus Klassik, Maori-Klängen und Jazz. Das Lied erzählt vom Sturm, den Klippen Neuseelands, ein kleines Boot, Gefahr und Brandung, wird es untergehen? Plötzlich taucht vor der Leinwand ein dreieckiges Segel auf, das Segel des Bootes im Sturm. Dieses Segel wird zur zweiten kleinen Leinwand vor der großen im Hintergrund. Man sieht eine Maori-Familie, in ihrem kleinen Boot kämpft sie gegen das drohende Kentern an. Das Segel rast hydraulisch gesteuert vor der Leinwand auf und ab, offensichtlich von den Wellenbrechern gebeutelt. Da richtet sich ein zweites Segel auf. Auch dieses wird zur Filmleinwand und zeigt parallel dieselbe Geschichte mit einer weißen Familie. Beide Boote sind nun in Seenot, beide segeln sie wild vor der Hauptleinwand hin und her, wechseln im Musikrhythmus die Richtung. Sie kentern, doch nein, die Rettung. Das alles ist ein großartiges Wahrnehmungs-spiel auf mehreren optischen Ebenen, mit einer gemeinsamen Bedeu-tung und in Perfektion das, was die Media Literacy dem Infotainment zu geben vermag.

Chart 11: Media Literacy

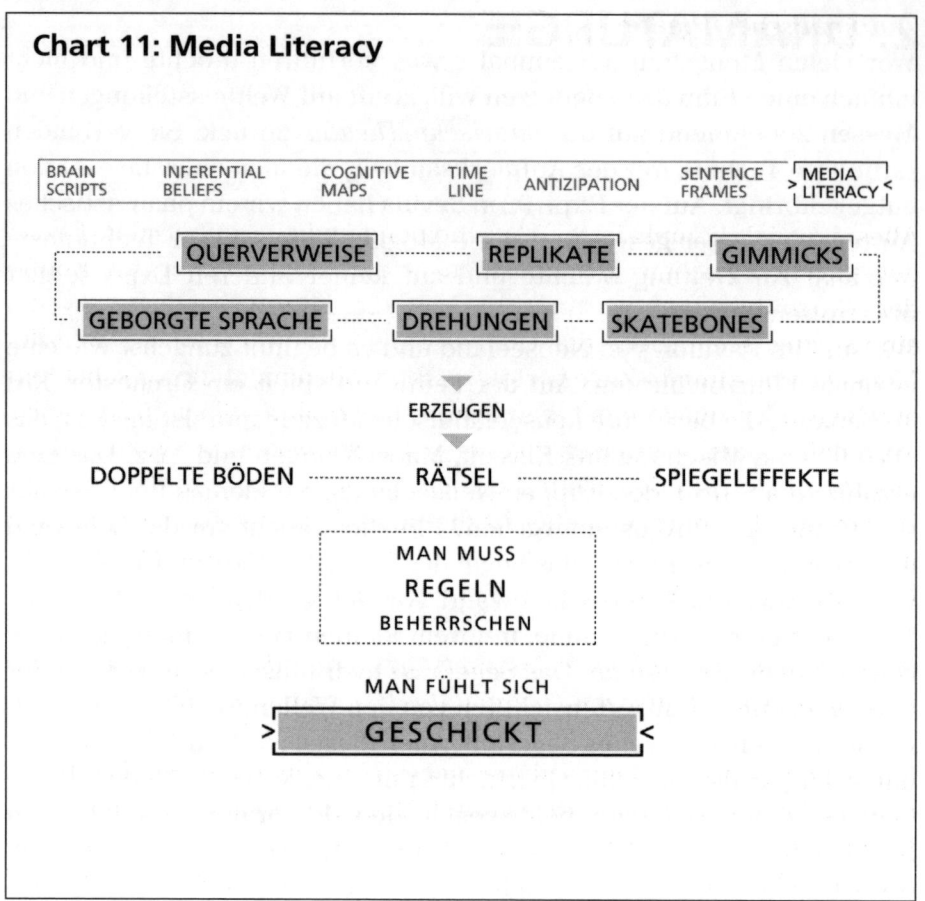

2. DRAMATURGIE

Alles ist viel komplizierter. Anscheinend existiert über der Ebene der psychologischen Mechanismen – der »Drehbücher im Kopf«, der »kognitiven Landkarten«, der »Media Literacy« – eine zweite, eine *strategische* Ebene der Dramaturgie. Warum das so ist? Weil die Menschen bestimmte Ziele verfolgen. Sie wollen nicht nur Geschichten erzählen oder Image entstehen lassen, sie wollen »überzeugen« oder »veredeln« oder »veranschaulichen«. Da genügt es nicht, nur allein das *Brain Script* oder allein die *kognitive Landkarte* in die Schlacht zu werfen. Man braucht vielleicht die Kombination von beiden und die imagefördernden *Inferential Beliefs* oder die zeitstrukturierende *Time Line* dazu. Es ist ein wenig wie Alchimie.

Man erreicht ein komplexes Marketingziel nur dann, wenn man die richtigen psychologischen Grundstoffe miteinander mischt.

Ich ziehe also mein kleines chinesisches Notizbuch aus der Tasche, in dem die Formeln für diese dramaturgischen Cocktails verzeichnet sind. Darin stehen merkwürdige Abkürzungen, wie etwa: CM + BS = IB. Die Kürzel stehen für die beteiligten psychologischen Mechanismen: *CM* heißt »Cognitive Map«, *BS* sind »Brain Scripts«, *IB* sind die »Inferential Beliefs« und so fort. Und dann stehen in meinem Büchlein auch noch fremdartige Begriffe, wie *Seeing is Believing* oder *Red Herring*. Das sind die Namen der *dramaturgischen Cocktails*, der Strategien für Marketinginszenierungen, die sich im täglichen Kampf um die Aufmerksamkeit des Konsumenten durchgesetzt haben. Sie sind also nicht eine Erfindung dieses Buches. Sie alle, die Sie gerade diese Zeilen lesen, sind an der Entstehung dieser geheimen Regieanweisungen für die Inszenierung im Marketing beteiligt, und Sie alle richten sich intuitiv nach ihnen, in der Werbung, der Öffentlichkeitsarbeit, dem Verkauf. Die 24 wichtigsten Kunstgriffe werden auf den folgenden Seiten erstmals enthüllt.

1. Der verbotene Ort

Seine Formel lautet zum Beispiel CM + ML = AZ, und das bedeutet:
»Was man nicht so ohne weiteres bekommt, steigt unweigerlich im
Wert.« So ist es auch mit einem Ort, von dem man zwar eine ungefähre
Vorstellung hat, der Zugang zu diesem Ort aber erschwert wird. In den
Tempeln des alten Ägyptens ging der Blick vom ersten Innenhof des
Tempels quer durch die ganze Anlage bis zum Heiligtum, in dem es
geheimnisvoll grün leuchtete. Während der erste Hof noch allgemein
zugänglich war, stand der zweite Hof nur mehr dem Pharao und aller-
höchsten Würdenträgern offen, jeder weitere Hof überhaupt nur mehr
den geweihten Priestern. Das Prinzip des verbotenen Ortes funktioniert
also so, dass eine *kognitive Landkarte,* eine innere Vorstellung eines
Ortes, deutlich aufgerufen wird, die Anwendung dieser Landkarte
aber durch Verbote und Regeln verzögert wird. Jeder englische Club
verschafft sich durch den erschwerten Zugang einen Hauch von Exklusivität. Um hineinzukommen muss man wissen, wie um alles in der Welt
man Mitglied wird. Eine Regel verstehen bedeutet, die *Media Literacy*
anzuwenden, sie kommt an dieser Stelle ins Spiel. Auch um bei einer
exklusiven Diskothek in New York die Gesichtskontrolle an der Tür zu
passieren, sollte man wissen, welches Outfit gerade angesagt ist, muss
man sich geschickt anstellen. Und wenn eine innere Vorstellung eines
Ortes verzögert wird, entsteht zwangsläufig die spannungssteigernde
Antizipation. Der verbotene Ort kombiniert also kognitive Landkarten
mit Media Literacy zu emotional aufgeladenen, spannenden Orten, die
nur Auserwählte betreten dürfen, obwohl jedermann furchtbar gerne
hinein möchte. *Wertsteigerung* ist das Ziel dieses Kunstgriffs.
Der verbotene Ort ist nicht selten Ausdruck einer Machtstellung, der
bewussten Abgrenzung einer privilegierten gesellschaftlichen Gruppe
vom Rest der Welt. Jeder Firmenboss, zu dem man nur gelangt, nachdem man zwei Sekretariate durchschritten hat, bedient sich dieses
Kunstgriffs. Unter dem Vorwand notwendiger Sicherheitsvorkehrun-
gen ist die Inszenierung als verbotener Ort heute ein fester Bestandteil
zur Wertsteigerung exklusiver Bürohochhäuser. Zum Beispiel Helmut
Jahns Messeturm in Frankfurt: »Vor die heiligen Aufzugshallen aus
rotem Granit hat die Turmverwaltung ein System von Codeschranken
gesetzt«, schreibt die Zeitschrift Ambiente. »Die beiden Tempelwächter

in dunkelblauen Uniformen schicken jeden wieder hinaus, der nicht im Besitz einer computerlesbaren Keycard ist.« Sie sind die Zerberusse, ein fixer Bestandteil jedes verbotenen Orts. Der *Zerberus*, der Höllenhund der griechischen Mythologie, muss möglichst abschreckend inszeniert werden. Er ist es ja, der den Zugang zum Ort erschwert. In der Diskothek *Epsylon* im italienischen Reggio Emilia hat man zu diesem Zweck den Kassier, der die Gesichtskontrolle vornimmt, hinter eine Fresnel-Linse gesetzt, die seinen Kopf in monströser Weise vergrößert. Der Adrenalinspiegel steigt, denn man muss nicht nur die Angst vor dem Zerberus überwinden, sondern auch den richtigen Schlüssel haben, damit die Tür sich öffnet. Bei großen Rockkonzerten ist der Backstage-Pass eine Auszeichnung für Journalisten und besonders treue Fans. Manchmal braucht es die Kenntnis eines *Zauberspruchs*, der die Tür freigibt. »Sesam, öffne dich«, sprach Ali Baba (der von den 40 Räubern), und im Felsen öffnete sich eine geheime Spalte. »Wir sind auf der Liste von Jean«, sagen Denise und ich in New York, um den Zerberus vor dem verruchten Club in Soho zu beeindrucken. Und tatsächlich, da stehen wir auch, und schon sind wir drinnen. Wir haben uns geschickt angestellt, denn schon vor Tagen haben wir eine Telefonnummer gewählt, auf einen Anrufbeantworter gesprochen und uns auf eine Gästeliste setzen lassen. Aber wie kommt man zu dieser Nummer?

Oft wird in der Wirtschaft statt Zerberus und Zauberspruch die Exklusivität eines Ortes benützt, um eine Hemmschwelle aufzubauen, die überwunden werden muss. Issey Miyake, dem in Paris lebenden japanischen Modeschöpfer, ist in Zürich eine Boutique gewidmet, die nach dem Prinzip des verbotenen Ortes gestaltet wurde. Man steht vor dem Laden und überlegt, ob man das Wagnis auf sich nehmen soll, die Schwelle zu überschreiten. Denn ein großer Lichtkeil wie ein Schiffsbug, der auf den potentiellen Kunden zeigt, verstellt jeglichen Blick auf das Innere des Geschäfts. Sonst sieht man da nur Holz an Boden, Decke und Wänden, eine Schranktür ist leicht geöffnet, gerade mal ein einziges Kleid ist da andeutungsweise zu erkennen. Wir nehmen allen Mut zusammen und gehen hinein. Kaum sind wir drinnen, fühlen wir uns dazugehörig und in unserem Selbst aufgewertet. Wer es schafft, einen verbotenen Ort zu erobern, fühlt sich dabei ein wenig als Auserwählter.

Diese Aufwertung des Kunden und das Gefühl der Spannung sind dafür verantwortlich, dass sich der verbotene Ort als exklusives Werkzeug der Public Relations eignet. Mit dieser Überlegung hat der Wiener PR-Fachmann Dr. Michael Stadlinger einen Messestand des Computerherstellers Hewlett-Packard inszeniert. Eigentlich war es eine ganze Halle, die abgedunkelt wurde und deren Zugang erschwert war. Eingeladene Kunden hatten einen Plan des Gebäudes mit einer VIP-Karte zugesandt bekommen. Mit dieser Karte konnte das erste Hindernis überwunden werden – die Schranken zum kostenlosen Parkplatz öffneten sich. Die Karte, je nach Arbeitsgebiet und Bedeutung des Kunden in Gold, Silber, Blau oder Türkis, öffnete auch die Tür zur Halle und ermöglichte eine namentliche Begrüßung des Gastes und die Zuweisung eines Betreuers. Besondere Gäste konnten auch das Allerheiligste der Halle in Anspruch nehmen – eine Lounge, wie man sie vom Flughafen kennt. Auch wenn Messebesucher ohne Einladung natürlich nicht abgewiesen, sondern in das System integriert wurden, gelang mit dieser Strategie eine Steigerung der qualifizierten Kundenkontakte um 110 Prozent; eine Durchgangshalle wurde zu einem besonderen Ort.

Wie immer beim Einsatz dramaturgischer Mittel muss bedacht werden, ob die Maßnahme zur Corporate Identity des Unternehmens passt. Wenn dieses in der Öffentlichkeit betont offen und kommunikativ auftritt, mag der verbotene Ort eher kontraproduktiv sein. Eine »Junket« als Pressekonferenz, wie zu Beginn des Buchs geschildert, empfiehlt sich nur dann, wenn am Ende tatsächlich ein Star auf die Journalisten wartet. Was kann man noch falsch machen? Wer die Latte des Verbots zu hoch hängt oder dem potentiellen Kunden auf seinem langen Weg kleine spannungslösende Belohnungen verwehrt, wird ebenso Probleme bekommen. Am dritten Tag meines Seminars im Zürcher Gottlieb-Duttweiler-Institut müssen die Teilnehmer seltsame Päckchen öffnen. Eines davon ist ein von Denise entwickelter verbotener Ort. Jedes Mal, wenn der Teilnehmer, der das Paket öffnet, einen Widerstand überwunden hat – die silberne Folie des absolut fugenlosen Pakets durchstößt, den doppelten Boden entdeckt oder das Rätsel löst –, erhält er eine kleine Belohnung: Glaskugeln, Mozartkugeln usw. Am Ende muss die große Belohnung folgen – es ist die echte Sachertorte aus Wien, die wir gemeinsam mit unseren Seminarteilnehmern aufessen.

> **Der verbotene Ort**
> *Prinzip:* Was man nicht bekommt, steigt unweigerlich im Wert
> *Formel:* CM + ML = AZ
> *Methode:* Orte durch Verzögerungen spannungsgeladen machen
> *Ziel:* Wertsteigerung

2. Der dramaturgische Event

Schon zum zweiten Mal kommt der Butler aus dem »Club der Abenteurer« bei mir vorbei und wünscht »A happy new year«. »Thank you«,
knurre ich ihn an, denn ich habe Silvester noch nie so richtig gemocht.
Doch alle um mich herum sind in seliger Silvesterstimmung. Auf der
Straße vor dem Club lief alles ab, was so zu einem ordentlichen Sil-
vesterabend dazugehört. Wildfremde Leute boten mir einen Schluck
Sekt aus der geöffneten Flasche an, Konfetti wurde über mich gestreut,
es gab reichlich Knallerei zur Jahreswende und »Ten, nine, eight...«,
wurde der Countdown heruntergezählt, hier im »Pleasure Island«, der
Disco- und Nachtclubinsel von Disney World in Orlando, Florida, in
einer sternenklaren Nacht am 27. Juli, an dem, wie in jeder Nacht hier,
Silvester gefeiert wird, 365 Tage im Jahr.
Der Event ist gut vorbereitet. Vieles, was zu unserer Vorstellung, unserem *Brain Script* von Silvester gehört, wird auch tatsächlich erfüllt.
Und wie bei einem Kinderspiel wird diese Vorstellung von Silvester für
bare Münze genommen. Ich ertappe mich im Laufe des Abends dabei,
immer wieder für einige Augenblicke tatsächlich an die Gegenwart
dieses Silvesters zu glauben. Eine dekadente Form des Entertainments,
etwas für die jungen Müßiggänger der heutigen Zeit? In der katholischen Liturgie findet sich eine erstaunliche Parallele. Während der
Wandlung wird aus der Hostie, so das Dogma früherer Tage, vor den
Augen der Gläubigen der Leib Christi, aus dem Wein das Blut Christi.
Viele religiöse Zeremonien sind Events. Durch die Übereinkunft, so
zu tun als ob – ein *Media-Literacy*-Spiel mit Schein und Wirklichkeit
– werden vergangene, zukünftige oder an einem anderen Ort stattfin-
dende Situationen erlebbar, und im Falle der Wandlung ist das eben
»das letzte Abendmahl«.
Schon Anfang der sechziger Jahre veranstaltete »Volkswagen« in

diesem Sinn eine spektakuläre Pressekonferenz auf der Frankfurter Automobilausstellung. Eine riesige Kulisse hinter dem Rednerpult simulierte einen eben auslaufenden Ozeandampfer, dessen Querschnitt den Blick auf eine große Anzahl verladener VW-Käfer in seinem Bauch freigab. Dadurch wurde eine beeindruckende Situation, die sonst von der Öffentlichkeit unbemerkt im Hafen stattfindet, auf den Messestand geholt. Sie erschien nicht nur unmittelbar gegenwärtig, sondern ermöglichte den Journalisten auch eine emotionale Einschätzung der Lage: Deutschland ist wieder ein Exportland. Dramaturgische Events sind also Script-Replikate, die eine unmittelbare Einschätzung einer Situation ermöglichen, sie dank »Inferential Beliefs« griffig machen. Die Formel lautet daher: BS + ML = IB.

Jeder Event ist ein kleines Theaterstück. Und welche theatralischen Mittel machen den Zauber eines Theaterabends aus? Da sind die Kulissen, natürlich die Schauspieler, die Requisiten, Ton und Licht, der Text, die Inszenierung. Während ein gelungener Theaterabend das Zusammenspiel aller Mittel braucht, genügt dem Marketing meist ein einziges, besonders signalhaftes Element, um die Illusion in Gang zu bringen. Sogar ein simples Geräusch ist dazu in der Lage. »Plopp, plopp« dringt das charakteristische Geräusch eines aufspringenden Tennisballs an unser Ohr, als wir die Tennisabteilung der »Nike Town« in Chicago betreten. Der *Ton-Event* ist in dieser Verschmelzung von Shopping-Mall und Museum des amerikanischen Edelturnschuherzeugers ein typisches Mittel, um das Sportereignis, für das man schließlich die Ausrüstung kauft, am Point of sale gegenwärtig zu machen. Man soll sich vorstellen können, wofür die weißen Tennissocken gut sind, die man da links hinten sieht.

Im Luxor-Hotel von Las Vegas haben wir die Zukunft des breitenwirksamen Museums gesehen. Dort werden Replikate der berühmten Grabbeigaben des Pharaos Tut ausgestellt. Da die Objekte aber nicht echt sind, braucht es ein psychologisches Extra. Der *Kulissen-Event* zeigt die Objekte nicht einfach in Vitrinen, sondern in dreidimensionalen Szenarien. Alles liegt so da, wie es der Archäologe vorgefunden hat, durcheinander, zerbrochen, von Gerümpel umgeben, doch faszinierend, da wir, unterstützt durch eine Art Hörspiel aus dem Kopfhörer, mit den Augen des Forschers ein zweites Mal das Grab entdecken. Obwohl ich die Gegenstände auch im Original kenne, haben mich diese Nachbildungen, die da aus dem Staub hervorlugten, teilweise zerstört durch Grabräuber, besonders beeindruckt. Vieles, auch aus unserer modernen Welt, ließe sich so darstellen. Im Automobilmuseum des Pariser Stadtviertels La Défense stehen einige wunderschöne alte Autos in interessanten Kulissen. Eines steht vor einer Garage an der Seine. Es ist halb zerlegt, der Monteur scheint eben mal auf einen Café au lait gegangen zu sein, und man kann wunderbar die Mechanik des Oldtimers genießen.

Props, also Requisiten, kann man oft improvisieren. Die Verantwortlichen kleiner und mittelgroßer Hotels fragen mich oft, wie man kostengünstig mit den großen Erlebnisinszenierungen von Hotels wie dem Luxor mithalten kann. Ich sitze also auf der Terrasse eines Hotels in Luzern, an einem Fluss gelegen, gegenüber eine Kirche, wie sie Palladio in Venedig nicht besser hätte gestalten können, und tatsächlich: eine echte Gondel schwimmt da vor dem Restaurant. Ich fühle mich nach Venedig versetzt und einfach großartig. Während der 200-Jahr-Feier in Paris stand auf der Place de la Concorde ein etwas aufwändigerer Prop, aber schließlich sollte ja auch die berühmte Durchhalterede, die General de Gaulle aus dem Exil durch das Radio schickte, präsent gemacht werden. Die Attrappe eines etwa 10 Meter hohen, alten Radioapparats stand da mitten auf den Champs-Élysées, und die Rede war Tag und Nacht zu hören. Ich habe manchen Franzosen mit Tränen in den Augen davor stehen sehen.

Die Schauspieler des Marketings haben oft die Funktion von Doubles. Sie stellen konkret identifizierbare Persönlichkeiten oder Rollen dar. Mein liebster *Double-Event* der letzten Jahre war jener im MOMI, dem erfolgreichen Londoner »Museum of the Moving Image«, das gerade für ein »Relaunch« geschlossen ist. Dort konnte man in der Abteilung für Stummfilme und alte Filmgeräte einem älteren Mann in historischer Kleidung begegnen, der dem verblüfften Besucher erzählte, wie er kürzlich diesen oder jenen Apparat erfunden hatte, freundlich seine Funktionsweise erklärte und dann weiter durch die Museumsgänge schlenderte. Viele PR-Präsentationen haben inzwischen dieses Prinzip übernommen.

Oft genügt eine Andeutung, um eine Situation gegenwärtig zu machen. Im ebenfalls britischen »Imperial War Museum« kann man sich im Stil der vierziger Jahre schminken lassen oder nach Kriegsrezepten gekochte Speisen kosten. *Document Packs* aus dem Museumsshop enthalten Faksimile zu unterschiedlichen Themen. Die Box »The Home Front« macht das schwere Leben in England zwischen 1939 und 1945 lebendig – durch Artefakte wie Zeitungen des ersten und letzten Kriegstages, eine Identitätskarte, Poster zur richtigen Benützung von Gasmasken, ein Rationierungsbuch und vieles mehr. In ähnlicher Weise könnten »Document Packs« die Geschichte und Entwicklung eines Unternehmens vor den Augen des Betrachters entstehen lassen, und das vielleicht plastischer als durch die üblichen Hochglanzbroschüren.

Document Packs kommen dem Ursprung der Events vielleicht am nächsten: Sie sind Spielzeuge. Und was macht man mit Spielzeugen? Spielen! Im Prinzip sind alle Hilfsmittel, die Events auslösen, Spielmittel. Man spielt meist in Gedanken. Die Kulisse lässt uns spielerisch sehen, was vielleicht einmal so oder so ähnlich ablief, das Geräusch lässt uns spielerisch die Situation hören, die uns präsent gemacht werden soll. Immer muss der Konsument dazu gebracht werden, mitzuspielen: tatsächlich oder zumindest im Geist. Und mit den Objekten, die sich in einem Document Pack befinden, spielt man tatsächlich. In einem Seminar für Mercedes sollen die Teilnehmer ein Document Pack zusammenstellen, das Journalisten dazu bringt, sich in die Situation von Blinden emotional hineinzuversetzen und dann darüber dementsprechend engagiert zu berichten. Einem Teilnehmer werden die Augen verbunden. Er muss aus einem Karton Gegenstände entnehmen, Ziffern ertasten, sich einen Regenmantel richtig herum anziehen, eine Kerze anzünden, mit Geld Waren bezahlen. Danach versichert uns der Teilnehmer, sich jetzt emotional gänzlich in die Situation eines Blinden einfühlen zu können, beschreibt seine Emotionen und ist sichtlich beeindruckt.

Der dramaturgische Event

Prinzip: Etwas für bare Münze nehmen

Formel: BS + ML = IB

Methode: Spielen; so tun, »als ob«

Ziel: Vergegenwärtigen

3. Placement

Ein Juwelier nimmt einen funkelnden Ring, legt ihn auf ein dunkel-
blaues Stück Samt: Wir sehen ein festliches Schmuckstück. Er nimmt
den Ring und legt ihn im Schaufenster auf ein poliertes Stück Metall,
vielleicht ein Zahnrad: Wir sehen ein exzentrisches, interessantes
Schmuckstück. Die Platzierung, das »Placement«, verändert den Eindruck, den man von einem Objekt gewinnt. Placement ist die Lehre von
der richtigen Verpackung, von jener Verpackung, die dem Objekt nicht
schadet, sondern es *veredelt*.

Vieles, was wir heute in Schaufenstern oder in der Produktverpackung
sehen, geht unmittelbar auf die Reliquienschreine vergangener Jahrhunderte zurück. Fürsten und Könige gaben große Summen aus, um
die unscheinbaren Knochensplitter von Heiligen oder die ziemlich all-
täglich wirkenden Holzsplitter vom heiligen Kreuz von Golgatha so zu
verpacken, dass die Splitter wertvoll und anbetungswürdig aussahen.
Kostbare kleine Schreine, Altäre, Monstranzen aus Gold und Edelsteinen wurden um die unscheinbaren Knochen herumgebaut. Das Image,
die *Inferential Beliefs* der wertvollen Hülle sollte sich auf das Image,
die Inferentiel Beliefs, der verpackten Objekte übertragen: IB + ML =
IB. *Unscheinbares* Image wird durch Verpackung in *veredeltes* Image
umgefärbt.

Damit aber die »gefolgerten Meinungen« von hier nach da fließen,
müssen die Imagegrenzen zwischen Verpackung und Verpacktem
geöffnet werden. Man muss unbedingt erkennen, dass hier etwas verpackt wurde, dass es »ein Ganzes« und »einen Bestandteil« gibt. Die
Designer der Reliquiare ließen sich daher für unsere *Media Literacy*,
die uns diesen Verpackungsaspekt erkennen lässt, immer neue Ge-
schicklichkeitsspiele einfallen. Einmal waren die Knochen durch ein
Bergkristallfenster hindurch zu sehen, dann wurden die Splitter wie ein
Ohrklipp von Edelsteinen gefasst oder die Knochen wurden auf einem
goldenen Tempelberg aufgebahrt. Immer wieder ließ man sich etwas
Neues einfallen, um eine noch nie gesehene Art der »Fassung« vorzuführen. Ohne Fassung kein Fließen der Imageanteile zwischen innen
und außen. Bis zum heutigen Tag ist dieser Faktor dafür entscheidend,
ob das Placement überhaupt funktioniert.

Die Planer von *Product Placement* im Film oder Fernsehen haben damit oft ihre besonderen Probleme. Der Film ist die Fassung, der hineingeschwindelte Markenartikel das zu veredelnde Produkt. Aber wie schafft man es, den Markenartikel auch wirklich zu einem Bestandteil des Films zu machen? Er muss dramaturgisch irgendeine Rolle spielen. In »Die Hard II« liegt Bruce Willis halb erschossen und erschlagen auf der Rollbahn, während der Jumbo mit den Terroristen bereits abhebt und damit das Böse zu siegen scheint. Doch der Tank der Maschine leckt, und Bruce zückt sein Zippo-Feuerzeug – wir hören dessen charakteristisches Klicken –, ein Feuerball rast der Maschine nach und erwischt sie gerade noch in fünf Metern Höhe. Das Placement war damit Teil eines klassischen »Last-Minute-Suspense«.

In David Lynchs »Blue Velvet« gibt es zuerst einen sarkastischen Dialog in der Kneipe, in dem sich Lynch auf die für ihn typische Art über das folgende Product Placement lustig macht:

»Mann, ist das gut, Heineken. Magst du Heineken auch?«

»Also, Heineken hab' ich eigentlich noch nie getrunken, bis jetzt.«

»Du hast noch nie Heineken getrunken, im Ernst?«

»Mein Vater trinkt Budweiser.«

»Ein starkes Bier.«

Die Szene läuft weiter, und unser Held schleicht sich in die Wohnung der geheimnisvollen Nachtclubsängerin Isabella Rossellini. Mit seiner Freundin aus der Kneipe, die Schmiere steht, war ausgemacht, dass sie zweimal hupt, falls Isabella nach Hause kommt. Leider überkommt unseren Held ein dringendes Bedürfnis. Er erleichtert sich und seufzt dabei: »Heineken.« Weil er unmittelbar darauf die Spülung betätigt, überhört er die warnenden Hupsignale und sitzt so in der Wohnung in dramatischer Weise fest. Heineken, in der Szene davor deutlich deponiert, löst sozusagen den »Suspense« à la Hitchcock aus, treibt die Handlung voran.

Neben dem Product Placement gibt es vier weitere klassische Formen für die Image-Plazierung. Etwas *umhüllen* ist natürlich die ursprünglichste Form, man verwendet sozusagen Einwickelpapier. Dessen Wirkung wird von Designern heute durch ungewöhnliche Materialien gesteigert. Jean-Paul Gaultier umhüllte sein berühmtes Parfüm in der Korsettflasche mit einer blechernen Konservenbüchse. Boutiquen umhüllen mit ihren Wänden die präsentierten Waren. In der »Nike Town« von Chicago werden die Laufschuhe vor einer riesigen Aquariumswand präsentiert. Hinter den Schuhen schweben die Fische vorbei, und vor der Glaswand erscheinen uns daher auch die Schuhe wie schwerelos. In einer Zeit, in der das Echte und Authentische in der Inszenierung der Warenwelt wichtiger ist, als die große Marke, ist es nicht verwunderlich, dass man die schönste Verpackungsinszenierung in einer kleinen Bäckerei in Bonn sehen kann. Bei Bäckermeister Frank Blesgen wurde in der orange leuchtenden Verkaufstheke ein echter Stein, ein großer diskusförmiger Findling, eingebaut. Der Stein wurde von Blesgens Designer, dem Fernsehbühnenbildner Jürgen Hassler, ausgehöhlt und von innen beheizt. Alle Backwaren, noch frisch und duftend, werden über den warmen Stein hinweg dem Kunden entgegengereicht. Der Imagetransfer von heißem Stein auf warmes Brot ist so stark, dass Kinder sich bäuchlings auf den Findling legen, um die attavistische Kraft noch stärker zu spüren.

Die Kunst der Verpackung hatte ihre erste Hochblüte in den sakralen Inszenierungen des Mittelalters. Heute feiert das *sakrale Placement* eine Renaissance. Wer im Kölner Dom ein Foto von einem tabernakelartigen Glasschrein macht und dann nach London fliegt und dort zufällig bei Louis Vuitton in der New Bond Street eine freistehende Glasvitrine mit drei Taschen knipst, muss erkennen, dass er praktisch dieselbe Art von Inszenierung fotografiert hat. Da wie dort liegen Gegenstände in einem Glassarg aufgebahrt und werden verehrt wie Heiligtümer. Noch weiter geht der Wiener Ladenbauer Eberhard Jordan von Artbase. Seine Vitrinen in Apotheken, teilweise halbdurchsichtig mattiert, scheinen durch die Luft zu schweben, um die Reinheit der medizinischen Produkte auszudrücken. Die Erlebnisgesellschaft ist erwachsen geworden. Daher findet sich *sakrales Placement* überall dort, wo die Gesundheit als Lifestyle inszeniert wird: in Krankenhäusern, Apotheken und Drogerien.

Merchandising schließlich ist wahrscheinlich das profitabelste Instrument des Placement, solange es nur richtig gemacht wird. Vom dramaturgischen Standpunkt aus ist ein hochwertiger Stift mit einem Bild von Batman schlechtes Merchandising, eine billige Plastikfigur von Batman, die man mit einem Saugnapf an die Wand kleben kann, sodass Batman das tut, was er auch im Film macht, nämlich die Wände nach oben klettern, gutes, geglücktes Merchandising und hat daher bei mir seinen festen Platz auf der Toilette. Die Merchandisingprodukte müssen dem Konsumenten die Gelegenheit geben, etwas vom Originalprodukt, für

das es steht, mit nach Hause zu nehmen. Der Spielfilm »Batman« ist
dabei das verpackende Ganze, die kleine Plastikfigur das verpackte
Objekt, das vom Gesamtimage profitiert.

Üblicherweise fließt das Image beim Placement von außen nach innen:
ein Produkt profitiert von irgendeiner Art von Hülle. Wenn das Produkt
jedoch sehr signalhaft ist, kann sich der Image-Fluss auch umdrehen.
Das ist das Prinzip des *heiligen Schreins*. Die ausgestellten »heiligen«
Objekte machen aus der Hülle, dem Raum, etwas ganz Besonderes. Wer
im violett leuchtenden Hard Rock Hotel in Las Vegas eine Runde dreht,
kommt in diesem durchgestylten Boutiquehotel nicht nur an einem riesigen Kronleuchter aus Saxophonen vorbei, sondern auch an Vitrinen,
in denen ein Glitzeranzug von Prince und ein Outfit von Britney Spears
hängen. Gerade stellt ein Gast ehrfürchtig seinen Whiskey auf einer gläsernen Tischplatte ab, unter der die E-Gitarre von Jimmy Hendrix liegt.
Sein Blick wandert staunend zu einem Wandfries gegenüber. Da hängen
in scheinbar endloser Folge die Lederjacken von sämtlichen Größen
der Rockmusik: von Elvis Presley bis Mick Jagger. Wen wunderts, dass
praktisch alle Musikgruppen, die in Las Vegas gastieren, in diesem Hotel ihre Zelte aufschlagen – einem geheiligten Ort ihrer Zunft.

> **Placement**
> *Prinzip:* Kleider machen Leute
> *Formel:* IB + ML = IB
> *Methode:* Plazieren und verpacken
> *Ziel:* Veredelung

4. Leadership-Design

Dieser Kunstgriff hat die Aufgabe, eine in der Öffentlichkeit stehende
Person einzigartig erscheinen zu lassen, ihrem Image Strahlkraft zu
geben und es stabil zu halten. Gerade das Image öffentlicher Personen
ist ja besonders gefährdet, innerhalb kürzester Zeit ins Negative umzu-
schlagen. Klassisches Beispiel ist das Ansehen von Jesus Christus, der
von der Bevölkerung Jerusalems erst überschwänglich begrüßt und nur

wenig später Richtung Golgatha geschickt wurde. *Etiketten,* also typische Eigenheiten, die mit der Person in Verbindung gebracht werden, haben da stabilisierende Wirkung.

Da erscheint eine reichlich schrille Dame auf dem Bildschirm. Sie schreitet zu ihrer Erkennungsmusik die große Showtreppe hinab, jeder sieht ihre riesige, pinkfarbige, absurde Brille, die für sie so charakteristisch ist. Und sie begrüßt ihr Publikum mit den Worten, die man als erstes von ihr erwartet. »Hello Possums!«; »Hallo, ihr Beutelratten«, und das sagt Dame Edna, die eigentlich ein Sir ist, jener brillante australische Komiker, der seit Jahrzehnten diese Frauenfigur verkörpert. Dame Edna »lebt«, ist durch ihre typischen Accessoires und das sprachliche Etikett unverkennbar unter uns.

Das Etikett ist die Visitenkarte, die vorgereicht wird.

Etiketten kündigen an, sie sind der Fanfarenstoß, der dem Imageträger zu größerer Aufmerksamkeit verhilft und seine Bedeutsamkeit unterstreicht. Schafft es die Person, diese Erwartung einzulösen, entsteht der große Auftritt. Wie in einem früheren Kapitel gezeigt, steckt hinter einem solchen »clean entrance« unsere Fähigkeit zur Natürlichen Grammatik, die so genannten *Sentence Frames* (SF). Das wiederkehrende Auftrittsritual charakterisiert die Person auf immer dieselbe Weise (die Wiederholung wird dabei von unserer Media Literacy registriert). Und, der sich wiederholende Auftritt verleiht dem Image der Person Strahlkraft, es entstehen also gefolgerte Meinungen, *Inferential Beliefs.* Die Formel für das Leadership Design lautet daher SF + ML = IB, also salopp gesagt »Etiketten-Auftritt + dessen häufige Wiederholung = stabilisierte Strahlkraft«.

Alles kann zum Etikett werden, solange es nur irgendwie aus der Reihe fällt.

Im ersten Golfkrieg Anfang der Neunziger Jahre zeigte sich Ian Drurie, Brigadier der englischen »Desert Rats«, auf Fotos und vor seiner Truppe mit Vorliebe mit dem Hirtenstab des Schäfers. Damit wollte er offensichtlich bestimmte Vorstellungen lostreten. Sollte Drurie am Ende ein militärischer Führer gewesen sein, der beschützend und verantwortungsvoll für seine Truppen gehandelt hat, etwa wie ein Hirte, der auf seine Herde schaut? Wir wissen es nicht.

Etiketten müssen stimmig sein.

Die stabilisierende Wirkung des Etiketts findet ihre Grenzen in der Glaubwürdigkeit des Imageträgers. Michael Jacksons choreographierter Griff zwischen seine Beine trug schließlich keineswegs zu einer Aufladung seines Images durch ein Mehr an Männlichkeit und Sex bei, weil andere Informationen über den heute gefallenen Star den beschworenen Assoziationen widersprachen.

Etiketten sind Bestandteil des allgemeinen Bewusstseins.

Deshalb hat Michail Gorbatschow nie sein Feuermal auf der Stirn verleugnet und Papst Johannes Paul II. musste, solange ihm das seine schwere Erkrankung erlaubte, den Boden jedes Flughafens küssen. Die Präsenz von Etiketten als Bestandteil des, wie die Psychologie sagt, »generalisierten Bewusstseinshintergrunds«, drückt sich darin aus, dass sie oft in Karikaturen und Witzen persifliert werden. Kennen Sie *den*? Der Papst bewirbt sich bei »Wetten dass«. Seine Wette. Er will 50 Flughäfen am Geschmack erkennen. Quintessentielle Marken, die in ihrem Bereich die Führerschaft innehaben und verteidigen müssen, ändern daher ihre Logos nur äußerst behutsam. Coca Cola hat seinen berühmten geschwungenen Schriftzug immer nur in bestimmten Grenzen dem Zeitgeschmack angepasst. So berühmt wie Coca Cola bin ich nicht, aber seit Jahren sehe ich bei meinen, an die 50 Auftritten pro Jahr, gleich aus (als »performing scientist« hat mich einmal ein britischer Journalist bezeichnet). Ich trage einen schwarzen Anzug, ein graues Hemd ohne Krawatte und habe es aufgegeben, meine immer fliegenden und zu langen Haare ordentlich frisieren zu wollen. Wenn ich einmal etwas kürzere Haare habe, fühle ich auf der Bühne, dass etwas nicht stimmt. Mit Krawatte würde ich keinen Ton herausbekommen.

Etiketten geben Sicherheit.

Eine wahre Anekdote: Als ich einmal in New York im berühmten Restaurant »Le Cirque« mit einem Auftraggeber zum Essen verabredet war, erschrak ich furchtbar, als ich das große Schild am Eingang las: »Jacket and Tie ONLY!« Prompt flüsterte mir der Oberkellner die befürchtete Frage ins Ohr. »Sir, haben Sie vielleicht...?« Mein Auftraggeber antwortete geistesgegenwärtig für mich: »Der Herr Doktor gehört so«. »Oh, entschuldigen Sie«, sagt der Kellner und lässt uns verblüfft zurück. Etiketten bewirken anscheinend tatsächlich »Leadership«.

Die entscheidenden Etiketten von heute sind die Bauten der Wirtschaft – die Corporate Architecture.

In früheren Zeiten waren die Fahne, die dem Heer vorangetragen wurde oder die Galionsfigur, die stolz vor dem Schiffsbug stand, Ausdruck des öffentlich bekundeten Willens, sich für alle erkennbar zu machen und Führungsposition oder Vormachtstellung zu signalisieren. Im 21. Jahrhundert, dem Jahrhundert der globalisierten Wirtschaft, sind die Etiketten, die man im öffentlichen Raum registriert die Firmenzentralen und Brandlands der großen Unternehmen, allgemein bezeichnet als »Corporate Architecture«. Keine Branche im deutschen Sprachraum investiert derzeit mehr in die gebaute Markenidentität als die Automobilbranche. Volkswagen hat seine Autostadt in Wolfsburg, Mercedes eröffnet 2006 ein neues Firmenmuseum in Stuttgart. Alles begann jedoch mit BMW. Im Jahr 1972 errichtete der Architekt Karl Schwanzer sein zeitloses BMW-Hochhaus in Form eines riesigen Vierzylinders und schaffte es damit, ein bis heute gültiges Wahrzeichen in München zu erschaffen. Gleich daneben entsteht heute, im Jahr 2005, das wohl spektakulärste Markengebäude der Gegenwart: die BMW-Welt des Wiener Architektenteams Coop Himmelb(l)au. Gemäß dem Unternehmens-Slogan »Jeder Tag bringt uns der Zukunft näher« sieht dieses Brandland mit Auslieferungszentrum wie ein futuristisches Raumschiff aus, wie ein Raumkreuzer mit einem riesigen, sich windenden und scheinbar fliegenden Dach.
Während das »Leadership Design« einer Person zur Geltung kommt, weil diese immer wieder einen ähnlichen, durch ihr Etikett angekündigten, Auftritt hat, entsteht der entscheidende Faktor des Wiederkehrenden bei der Markenarchitektur durch den Betrachter, der immer wieder an dem Gebäude vorbeikommt, es häufig in Magazinen abgebildet sieht

usw. Corporate Architecture ist daher nicht nur »Leadership Design« für das repräsentierte Unternehmen, sondern genauso auch »Leadership Design« für seinen Standort – ein Werkzeug des Stadtmarketings, ein Garant, für die Strahlkraft einer Gegend, ein Objekt, das uns allen gehört, ein Wahrzeichen der Stadt.

> **Leadership-Design**
> *Prinzip:* Sich einen Auftritt verschaffen
> *Formel:* SF + ML = IB
> *Methode:* Etiketten setzen und einlösen
> *Ziel:* Strahlkraft

5. Image-Verschiebung

Frage: Welche Farbe hat Schokolade? Braun, Weiß? In Venedig kenne ich einige Schaufenster, in denen rote, blaue, grüne Schokolade ausgestellt wird, und gleich daneben gibt es orangefarbenes Brot und schwarze Nudeln. Frage: Wer kauft einen Jeep? Der Förster, der Macho, der Waffennarr? Jeeps verkaufen sich heute, wie viele geländegängige Autos, als »Family cars«, als besonders sichere und beschützende Fahrzeuge. Bunte Schokolade und familienfreundliche Jeeps sind das Produkt einer Image-Verschiebung. Wir alle kennen das Phänomen: Eine neue Frisur macht einen neuen Menschen. Bestimmte Eingriffe haben zur Folge, dass das Image regelrecht *aufgefrischt* wird.
Dafür gibt es ganz unterschiedliche Beweggründe. Wir haben dementsprechend drei Arten der Image-Verschiebung gefunden.
Manchmal werden einer Marke ihre eigenen Imagegrenzen zu eng. Alle Konsumenten, die das bestehende Image schätzen, sind bereits mit dem Produkt versorgt, der Markt ist gesättigt. Was kann man tun? Vielleicht neue Zielgruppen gewinnen, indem man das Image der Marke erweitert. *Das Image weit machen* ist ein Kunstgriff, der gut vorbereitet sein muss. Zuerst sollte der Imagefächer der Marke, ihr Polaritätsprofil, sehr genau bekannt sein. Ein Jeep, beispielsweise, ist mehr als alles andere ein robustes Fahrzeug. Die gefolgerten Meinungen, die man mit ihm verbindet, machen ihn auch zum starken, aggressiven, männlichen Wagen. Wie aber wird aus dem Jeep ein Familienauto? Das ist nur durch einen dramaturgischen Kunstgriff möglich, der am Status quo ansetzt und

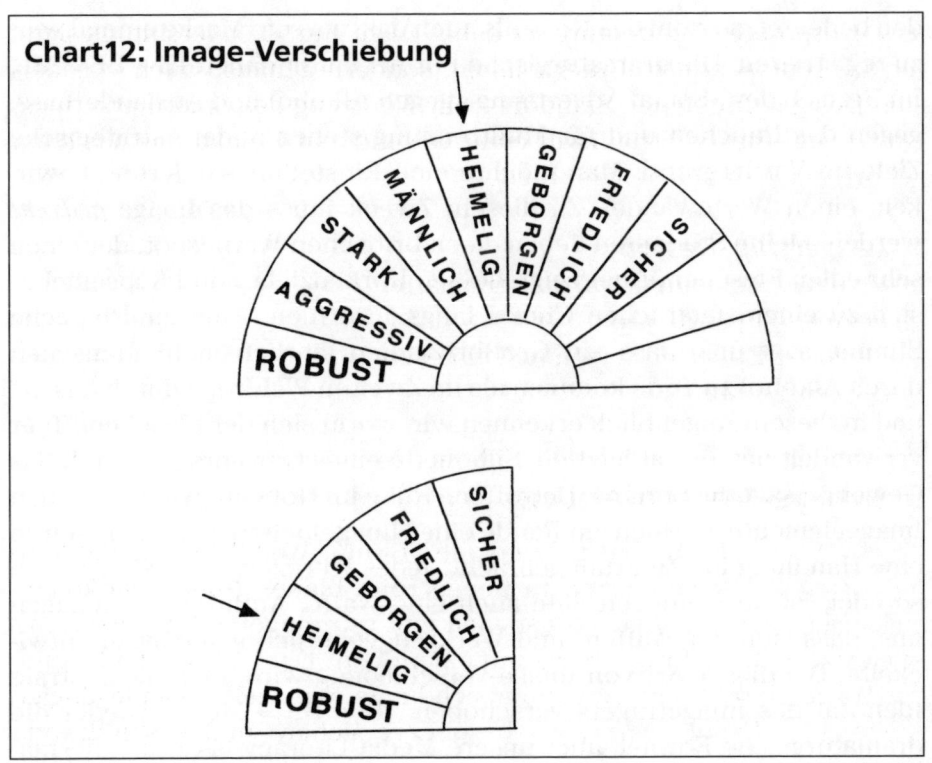

Chart12: Image-Verschiebung

eine Veränderung herbeiführt. Dazu wurde ein Werbespot entwickelt, der zwar auch die Kerneigenschaft des Jeeps, seine Robustheit, in den Mittelpunkt stellt, aber ganz andere gefolgerte Meinungen provoziert. Man sieht eine idyllische Landschaft, durch die sich ein klarer Bach windet, ein Schmetterling fliegt vorbei, ein von Erwachsenen- und Kinderstimmen gesungener Kanon setzt ein. Der Jeep taucht auf und trägt seine Familie gemächlich durch das Bachbett. »Only in a Jeep«, lautet der Slogan. Aus dem Jeep ist ein robustes, aber ein sicheres, friedliches und Geborgenheit versprechendes Auto geworden. Das wurde möglich, weil jede Art von Auto am Rande des Imagefächers auch ein heimeliges, fahrendes Zimmer ist. Diese Imageelemente am Rand des Fächers werden durch Geschichten, die man über die Marke erzählt, stärker in den Mittelpunkt gerückt. Die bestehenden *Inferential Beliefs* werden also durch *Brain Scripts* erweitert. Der Konsument darf sich einbringen, seine *Media Literacy* anwenden, denn etwas als aufgefrischt empfinden bedeutet, sowohl das Neue als auch das, was die Marke einmal war, zu registrieren. Die dramaturgische Formel lautet daher: IB + BS = ML. Im Bereich des »Social Advertising« gegen Alkohol und Ausländerhass, gegen das Rauchen und für Mülltrennung stehen andere strategische Ziele im Vordergrund: Man möchte eine Einstellungsänderung bewirken, einen Wertewandel. Zu diesem Zweck muss das Image *gedreht* werden. Meine Studenten lieben einen britischen Werbespot, der einen sehr edlen Flaschenöffner zeigt, dessen Korkenzieher und Kapselheber sich zu einem feierlichen Choral langsam öffnen. Eine eindringliche Stimme sagt uns, dass »in Großbritannien jährlich mehr Menschen durch Alkohol zu Tode kommen als im Zweiten Weltkrieg durch das...«, und in diesem Augenblick erkennen wir, worin sich der Flaschenöffner verwandelt hat, er hat jetzt die Silhouette eines Gewehrs »... durch das Gewehr«, sagt die Stimme. Betroffene Ruhe im Hörsaal. Wieder wurden Imageelemente, die sich am Rande eines Imagefächers befanden, durch eine Handlung ins Zentrum gebracht. Jedes Werkzeug, und sei es noch so edel, ist im weitesten Sinn auch eine Waffe. Anthropologen sagen uns, dass sich der Waffen- und Werkzeuggebrauch gemeinsam entwickelte. Bei dieser Art von Image-Verschiebung wird auch die zentrale Identität des Imageträgers verschoben. IB + BS = ML ist wieder die dramaturgische Formel, aber unsere Media Literacy lässt uns diesmal eine totale Imagedrehung erkennen, einen *Image-Twist*.

Wer mit einer Imagedrehung sogar ein Etikett attackiert, kann es damit schaffen, einer ganzen Produktgruppe den »Garaus zu machen«. Also werfe ich den Videorecorder erneut an und führe meinen Studenten und meinen Lesern den dazu passenden Werbespot vor. Ein Cowboy, der durch den Hintergrund und die Musik als eine Art Marlboro-Cowboy gesehen werden kann, raucht sich eine Zigarette an. Doch wie da? Er hustet, er krümmt sich geradezu unter dem Hustenanfall, er verliert dabei seinen stolzen Cowboyhut, er schafft es nicht, auf sein Pferd zu steigen, das ihm darauf davonläuft. Wer das Leittier zur Strecke bringt, hat das ganze Rudel besiegt. Wer ein klassisches Leitetikett dreht, destabilisiert damit das Image der ganzen Produktgruppe.

Vor 27 Jahren war ich das erste Mal in London. Ich war damals 20 und studierte Theaterwissenschaft. Am Nachmittag war ich im Musical »Jesus Christ Superstar«, am Abend in der Covent Garden Opera. Es war die Woche der »Proms«. Man hatte im Parkett und Parterre alle

Stühle ausgebaut, und tausende Opernfans saßen einfach am Boden und erlebten eine wunderbare Aufführung von Verdis »Don Carlos«. Schräg, diese Briten, dachte ich mir und war beeindruckt. Was für eine Verschiebung des Images, das ein Opernbesuch bei uns üblicherweise hat. Das Image *schräg machen* ist ein Kunstgriff, der von Künstlern, Avantgardisten, aber auch PR-Leuten eingesetzt wird, um ein allzu eingefahrenes und verkrustetes Image exzentrisch erscheinen zu lassen. Exzentrisch bedeutet, *aus der Mitte geschoben*, und genau das macht der Eingriff mit den Imageelementen im verstaubten Imagefächer. Oft wird exakt das Gegenteil der zentralen Eigenschaft zum neuen Zentrum gemacht. Der Effekt ist ein regelrechtes Aufbrechen alter Klischees. In der Fernsehserie »Twin Peaks« von Kultregisseur David Lynch interessiert sich der Polizeidetektiv für Esoterik, löst seine Fälle durch Eingebungen in Träumen und spricht seiner Assistentin seitenlange Berichte über den Zustand der Laub- und Nadelbäume von Twin Peaks aufs Band. Die Serie war ein großer Erfolg bei der Kritik und einem intellektuellen, jugendlichen Publikum in der ganzen Welt. Der Kunstgriff ist ebenso ein beliebtes Mittel der politischen Gegenpropaganda. John Heartfield, Begründer der Fotocollage, gab während des Zweiten Weltkrieges Adolf Hitler der verdienten Lächerlichkeit preis, indem er ihn mit einer großen Zahnbürste und anderen absurden Gegenständen in der Hand zeigte.

Image-Verschiebung

Prinzip: Ein neues Aussehen macht einen neuen Menschen
Formel: IB + BS = ML
Methode: Erweitern, drehen, schräg machen
Ziel: Auffrischen

Es ist Zeit, wieder einmal in das kleine, chinesische Notizbuch zu schauen, in dem alle dramaturgischen Kunstgriffe verzeichnet sind. Da stehen also bis jetzt folgende Cocktails:

① Der verbotene Ort . . . . CM + ML = AZ
② Der dramaturgische Event . . . . BS + ML = IB
③ Placement . . . . IB + ML = IB

④ Leadership-Design . . . . SF + ML = IB
⑤ Image-Verschiebung. . . . . IB + BS = ML

dann kommt ein Querstrich

---

und danach folgen fünf weitere Kunstgriffe

⑥ Spuren der Vergangenheit. . . . . CM+ BS = IB
⑦ Das Prinzip des »Rides« . . . . CM+ TL = AZ
⑧ Red Herring. . . . . BS + ML = AZ
⑨ Der Spannungsbogen. . . . . BS + SF = AZ
⑩ Blickwinkel . . . . IB + ML = IB

Warum der Querstrich? Weil die ersten fünf und die nächsten fünf Kunstgriffe jeweils einer *gemeinsamen Klasse von Gefühlen* angehören. Die ersten fünf Kunstgriffe eignen sich zur *Idealisierung*. Sie machen Orte hochwertig, Ereignisse zu etwas ganz Besonderem, veredeln Produkte, verleihen Personen oder Markenpersönlichkeiten Strahlkraft und geben Marken eine kalkulierte Imageauffrischung.

Die nächsten fünf Kunstgriffe eignen sich hingegen vornehmlich zur *Emotionalisierung*. Sie bringen Erinnerungen zurück, geben uns das Gefühl von Abenteuer, erzeugen Spannung, lassen uns eine Entwicklung durchleben und manche Dinge als gänzlich neu erscheinen. Also auf in die Welt der großen Emotionen.

6. Spuren der Vergangenheit

Für die vielen Verfolgten unseres Jahrhunderts ist es oft qualvoll, durch ihre alten Heimatstädte zu gehen. Bilder der Demütigung tauchen auf. In einem Stadtviertel ist dieses geschehen, ein Haus erinnert an jenes. Zu den Kindheitserinnerungen von beinahe jedem Menschen gehören positive Erinnerungsspuren. Man weiß, an welcher Straßenecke der kleine Laden war, in dem es diese wunderbaren Dinge gab, und meint auch heute noch, den Duft der längst geschlossenen Bäckerei wahrzunehmen. Durch eine Bemerkung, die jemand fallen lässt, durch irgendein Auslösesignal, wird die Erinnerung an ein Ereignis, an eine Geschichte losgetreten, das heißt, ein *Brain Script* wird aktiviert, das

»Drehbuch in unserem Kopf« läuft ab. Diese Vorstellung ist räumlich fixiert, sie bezieht sich auf ein bestimmtes Element innerhalb einer *kognitiven Landkarte* (CM), zum Beispiel auf ein Stadtviertel (District), einen zentralen Ort (Knoten) usw. Je nachdem verbindet man dieses Ereignis auch heute noch mit Gefühlen der Geborgenheit, der Romantik oder vielleicht auch des Schreckens. Der Mechanismus der *Inferential Beliefs* setzt ein, der Schluss auf nicht unmittelbar ersichtliche Eigenschaften. Auch wenn der Bäcker an der Straßenecke längst aufgegeben hat, bekommt das Haus hier vielleicht ein wenig von der vergangenen Atmosphäre ab, ist auf Grund gemachter Erfahrungen auch emotional gefärbt. Die dramaturgische Formel dieses Kunstgriffs ist daher CM + BS = IB, das Ziel besteht darin, sich zu erinnern und dabei starke Gefühle wiederaufleben zu lassen.

In den Docklands, dem riesigen Stadtentwicklungsgebiet in London, wurden die »Spuren der Vergangenheit« an manchen Orten auch künstlich hergestellt. Alle zwei Jahre mache ich dort meine persönliche »Dockland-Safari«. Ich gehe viel zu Fuß und schnüffle herum, um die neuesten dramaturgischen Tricks im Dienste der Immobilien-Dramaturgie und der erlebnisorientierten Architektur aufzustöbern. Gleich in der Nähe der Tower Bridge, auf der rechten Uferseite der Themse, biege ich ums Eck und stehe plötzlich vor einem *Denkmal*, das mir tatsächlich »zu denken gibt«. Es steht inmitten eines runden Platzes, »The Circle«, und ist das Wahrzeichen des »Circle Housing Development«. Irgendwie erinnert es mich an ein klassisches Reiterstandbild, nur steht hier das Pferd ohne Reiter. Das Pferd ist ein schweres, überhaupt nicht edles Kaltblutpferd, das sich da nach vorne lehnt, so als ob es eine schwere Last ziehen würde. Früher sollen hier die Pferde der Brauereien ihre Ställe gehabt haben. Ihrem Andenken ist »The Circle« gewidmet – das Logo: Ein Kreis mit einem Arbeitspferd. »The Circle Housing Development« erhielt so ein nostalgisch-historisches Image, das nicht zuletzt zur Aufwertung der Immobilie beitrug.

Eine PR-Maßnahme, die es ohne die »Spuren der Vergangenheit« gar nicht gäbe, sind die organisierten *Stadtspaziergänge*. In Wien kann man zum Beispiel auf den Spuren des »Dritten Mannes« wandeln, in London erforscht man das verborgene Reich von »Jack the Ripper«. Man ergeht sich so eine spezialisierte kognitive Landkarte einer Stadt, an dessen Bezugspunkten die Tour Guides Geschichten erzählen und nach und nach damit diese Punkte emotional färben. Der britische Graphiker John Kent hat mit dieser Methode unglaublich aufwändige Reiseführer von Venedig und Florenz gezeichnet. Jeder einzelne Palazzo, jede Brücke ist realistisch und dreidimensional dargestellt. Dazu kann man dann in der Karte Dinge lesen wie »Ponte della Guerra: Hier fanden einst zahlreiche Straßenkämpfe statt«. Das Script in unseren Köpfen bekommt einen Kick – schließlich haben wir genug Spielfilme gesehen –, und schon wird dieser Punkt der Stadt vom Spaziergänger mit einer bestimmten Emotion verbunden. Auch *Erinnerungstafeln*, die so gerne von Politikern enthüllt werden, machen die Spuren der Vergangenheit lebendig. Da dies eine dramaturgische und nicht eine architektonische Methode ist, funktioniert sie sogar dann, wenn das eigentliche historische Objekt gar nicht mehr vorhanden ist. Am Ende der Straße in Wien, in der ich wohne, hängt an einem unscheinbaren Haus aus den sechziger Jahren eine Erinnerungstafel, auf der zu lesen steht: »In dem Haus, das früher an dieser Stelle stand, wurde Karl Renner geboren.« (Renner war ein bedeutender österreichischer Nachkriegspolitiker.)

Das Prinzip ist also immer ähnlich. Wenn man die Erfahrungen an einem Ort selbst gemacht hat, bringen Auslösesignale, wie ein bestimmter Duft, die Erinnerung und das damit verbundene Gefühl zurück. Hat man die Erfahrung nicht selbst gemacht und andere Menschen wollen einem das Gefühl, das mit einem Ort zu tun hat, vermitteln, braucht es ein Medium, das die Geschichte des Ortes noch einmal erzählt: ein Denkmal, einen Tourist Guide, ein Buch. Die Methode des *zurückgelassenen Artefakts* stellt wahrscheinlich das universellste dieser Vermittlungsmedien bereit. Beinahe jedes Unternehmen, das sich schon lange an einem Ort befindet, hat irgendetwas, was man von dieser oft glorreichen Vergangenheit herzeigen kann: Alte Produktionsmaschinen, Gebäudeteile, Inschriften, alte Produkte, die so gelagert werden, als ob sie gerade erst hergestellt worden wären, historische Verkaufsräume. Hotels und Restaurants bedienen sich zunehmend dieser Technik. In Zürich befindet sich ein Restaurant in einem historischen Pferdestall des Schweizer Militärs. Neben den Tischen hängen hier immer noch die Futtertröge. Die Besucher gehen damit ganz unkompliziert um und legen etwa ihre Mäntel darin ab. In den Docklands von London hat man im großen Stil alte Artefakte als Beweis für die Authentizität des Ambientes zurückgelassen. Blaue und rote Kräne, heute in den Leitfarben der Docks gestrichen, kleben an den alten Lagerhäusern, hinter deren Mauern heute Werbeagenturen und Künstler zu Hause sind. Und spektakulär verbinden zahlreiche Brücken, die heute wie Balkone genützt werden, die Gebäudeteile von Butlers Wharf.

Spuren der Vergangenheit
Prinzip: Orte werden durch Erfahrungen geprägt
Formel: CM + BS = IB
Methode: Ereignisse Wiederaufleben lassen
Ziel: Identität

7. Das Prinzip des »Rides«

Ein »Ride« ist eine Attraktion in einem Vergnügungspark, etwa Disneyland, die den Besucher zu Fuß oder in automatischen Bahnen in irgendwie abenteuerlicher Weise durch ein Gebäude oder über ein Gelände führt. Zunehmend werden aber auch Museen, Weltausstellungspavillons, Werksführungen und touristische Sehenswürdigkeiten nach dem Prinzip des Rides aufbereitet. Der Besucher bekommt dabei Gelegenheit, das Gelände zu erforschen und zu erobern. Tatsächlich sind Rides in gewisser Weise wie Expeditionen aufgebaut.

In der riesigen Lobby des Luxor-Hotels in Las Vegas gibt es einen prototypischen Ride. Er befindet sich im Inneren eines Dschungeltempels, unter dem angeblich eine unterirdische Pyramide wartet soll. TV-Monitore im künstlichen Felsen verkürzen die Anstellzeit. Dann öffnet sich ein Tor im Felsen, und wir betreten einen Fahrstuhlkäfig, der uns hinab in die Kommandozentrale im Inneren des Tempels bringen soll. Doch es gibt eine Panne, wir stürzen ab, doch nein, der Korb bleibt ruckartig stehen. Unseren eigenen Beinaheabsturz haben wir in der Magengrube gespürt und durch die Gitterstäbe mitverfolgt, wo wir dank einer hochauflösenden Filmprojektion die vorbeirasenden Felswände und die Rettungsaktion mit den frei im Raum schwebenden Pyramidenforschern sehen konnten. Die Tür öffnet sich, und wir betreten die unterirdische Kommandozentrale, gestaltet von meinem lieben Freund und Auftraggeber an der Harvard Design School, Gregory Beck. Das ist ein überraschend großer Raum, in dem schaurige Götterstatuen die Türen zum eigentlichen Abenteuer bewachen. Auf Monitoren beobachten wir den scheinbaren Live-Dialog der Forscher, die sich auf die bevorstehende Aktion vorbereiten. Wir werden einer Tür zugeteilt, sie öffnet sich, wir betreten das Flugschiff, werden festgeschnallt. Bei meiner Ehre, ich habe viele Flugsimulatorenrides auf der ganzen Welt erlebt, aber dieser war der wildeste und authentischste. Halsbrecherische Flüge durch eine unterirdische Pyramide, Zweikämpfe von Schauspielern in schwindelnder Höhe, Computeranimationen, hochauflösende Filmprojektion und perfekt eingesetzte Hydraulik. Man spürt den Absturz, das Schweben, die Beschleunigung auf Lichtgeschwindigkeit. Nach sieben Minuten öffnen sich die Tore, und wir stehen plötzlich in einem Merchandising-Shop, der auch von der Hotellobby aus zugänglich ist.

Alle Rides haben bestimmte charakteristische Elemente: Da sind die »Waiting Areas«, ein oder zwei »Pre-Shows«, die »Main Show« und ein Raum, in dem man das Abenteuer ausklingen lassen kann, entweder ein »Merchandising-Shop« oder »Hands on Exhibits«. Wenn man eine Expedition zu einem unerforschten Achttausender im Himalaja mitmacht, erlebt man im Prinzip einen ähnlichen Ablauf. Es gibt die lange Phase der Anreise und des oft wochenlangen Anmarsches, auf dem man den Berg schon von weitem sieht und sich auf das Abenteuer einstellen kann: Das ist die Phase der »Waiting Areas«. Dann kommen die ersten Höhepunkte. Das Basislager wird erreicht, erste Gefahren wurden überwunden: das ist die »Pre-Show-Phase«. Dann folgt das eigentliche Abenteuer und der Gipfelsieg: die »Main Show«. Schließlich wird der Erfolg abgefeiert: Man berichtet Gott und der Welt von seinen Erlebnissen, zeigt her, was man von der Expedition mitgebracht hat: Abfeiern, »Merchandising-Shop, Hands On«. Der ganze Aufwand während des Rides dient dazu, das Vordringen in einem Gelände möglichst spannend zu machen. Wartebereich, Pre-Show usw. dienen der Manipulation der Eigen-Zeit, des inneren Zeitempfindens auf der *Time Line*, während man sich durch eine *Cognitive Map* vorkämpft und dadurch Gefühle der Spannung und Entspannung erlebt, der *Antizipation*. Die Formel für den Ride lautet daher: CM + TL = AZ. Mit dem zunehmenden Bedürfnis nach »dreidimensionalen, begehbaren Erlebnissen« hat die Ride-Struktur in überraschend vielfältigen Bereichen des Entertainments und der Wirtschaftskommunikation an Bedeutung gewonnen. Früher wurde ich an einen Seminarort bestellt, um dort über meine Erfahrungen draußen in der Welt zu berichten. Heute setzt man mich ins Flugzeug und schickt mich auf so genannte Lernexpeditionen nach New York oder Las Vegas. Auch diese Trips sind Rides. Es gibt eine lange Anreise, eine Pre-Show in Form eines einführenden Seminars, das auf das Reiseziel Lust macht, mehrere geführte Rundgänge als Main-Show und einen Abend zum Abfeiern mittels Essen und Trinken in einem dramaturgisch gestalteten Restaurant.

Was kann man bei einem Ride falsch machen? Jede *Waiting Area* ist ein Prüfstein für die Wartenden, das ist schließlich auch die Anreise zu einer Expedition. Interessanterweise machen zum Beispiel die »Piraten der Karibik« in den Disneyparks nur halb so viel Spaß, wenn man sich nicht wirklich anstellen musste, um nach und nach mehr von den singenden Piraten zu hören, während man durch das Fort hindurch langsam vorankam. Zugleich braucht man das psychologische Extra, das einem die Wartezeit versüßt. Das echte Holz der Mine in Disneyland, die Kakteengärten, die alten Dampfmaschinen, die Videos und Tafeln, die einem sagen, wann es losgeht. Wer einmal am selben Tag von Disney zu einem Universalpark gewechselt hat, merkt sofort den Unterschied. Der Beton ist zu hart, die Videos teilweise ausgefallen, die wartenden Menschen nicht vor Vorfreude erregt, sondern eher missmutig. Im Kapitel zur Time Line habe ich hier bereits eine Reihe von Tricks beschrieben, die das Wartegefühl verkürzen und diesem Gefühl entgegenwirken.

Pre-Shows sind Teaser. Sie müssen also ein Versprechen abgeben, müssen Antizipation auslösen. Sie sind ein *erster Gipfel*, der einen fühlen lässt, wie gewaltig erst der Hauptgipfel sein wird, und sie sind ein kleines Bonbon, dass die Wartezeit versüßt. Ich erinnere mich, dass mir das zum ersten mal im »Museum of Science and Technology« in Chicago bewusst wurde. Während dort die Besucher vor mir gerade an Bord der Nautilus, des Unterseeboots in Halle l, gingen, wartete ich noch in der Schlange und sah den anderen sehnsüchtig nach. Aber schon eine Minute später wurde ich durch eine klitzekleine Pre-Show versöhnt, denn ich durfte auf meinem Weg in der Schlange kurz im scheinbar windbewegten, schaukelnden Korb eines Heißluftballons stehen, den alle Wartenden passieren müssen.

Die *Main-Show* bringt uns dann ins Zentrum der kognitiven Landkarte.

Alle Erwartung muss eingelöst werden, man ist »ganz nahe dran«. Im »Haunted Mansion« von Disney zeigt die Pre-Show einen unheimlichen Aufzug, die Main-Show aber dann die echten Geister. Bei einem Werksrundgang ist die Main-Show manchmal der Punkt, an dem man einen Blick in ansonsten verborgene Produktionsbereiche werfen darf.

Im FBI-Hauptquartier in Washington darf man durch Fenster den Agenten im Labor bei der Arbeit zusehen. Im Disney-MGM-Filmpark schaut man durch ganze Fensterfluchten hindurch den Disney-Zeichnern regelrecht über die Schultern, während sie an einem neuen Wunderwerk der Animationskunst arbeiten.

Merchandising-Shops und *Hands on Exhibits* feiern dann die Restspannungen ab, die trotz allem übrig geblieben sind. Bei Werksführungen ist das die Phase, in der die Besucher zum Beispiel in der Würstchenfabrik ein Paar Würstchen mit auf den Heimweg bekommen. Merchandising-Shops werden dabei zunehmend mit Hands-on-Geräten kombiniert. In den Attraktionen der Disney Parks und heutzutage auch auf Weltausstellungen darf man nach der großen Show an interaktiven Geräten sein Wissen vertiefen, oder sich ein »Make off...« der Attraktion ansehen.

> **Das Prinzip des »Rides«**
> *Prinzip:* Die Expedition
> *Formel:* CM + TL = AZ
> *Methode:* Kontrolliertes Vordringen
> *Ziel:* Abenteuer

8. Red Herring

Der Großmeister der Spannung, Alfred Hitchcock, hat diesen Begriff geprägt, und er meint damit ein Ablenkungsmanöver. In Hitchcocks berühmtem Thriller »Psycho« wird der Zuschauer durch den Diebstahl, den die Heldin des Films gleich zu Beginn begeht, ihre Flucht, die Frage, ob der Polizist auf der Landstraße Verdacht schöpft – so weit abgelenkt, dass er nie und nimmer auf die Idee käme, dass eben diese Heldin unter der Dusche ermordet wird. Der Mord kommt völlig unerwartet. Viele

Strategen der öffentlichen Kommunikation scheinen von Hitchcock gelernt zu haben. Sie führen das Publikum an der Nase herum. Welcher Journalist kennt nicht das Spiel mit dem Star (oder Verbrecher), der bei dieser oder vielleicht doch bei jener Tür herauskommen soll – ein Katz-und-Maus-Spiel. Das Ziel: Die ständigen Drehungen und Wendungen sollen den Konsumenten bei der Stange halten, *Antizipation* auslösen. Wenn die Sache gut gemacht ist, steigt die Öffentlichkeit nur allzu gerne auf solche Finten ein, denn man kann sich dabei so schön clever vorkommen: *Media Literacy* ist im Spiel, BS + ML = AZ lautet die Formel. *Rote Heringe* haben eine lange Tradition, zum Beispiel als militärische Täuschungsmanöver. Wenn eine Staffel von Kampfjets einen Angriff auf feindliche Stellungen fliegt, werden von den Kampffliegern oft erst einmal Leuchtraketen in einem ganz anderen Gebiet in den Himmel geschossen. Im Zweiten Weltkrieg soll für alle Fälle vor den Toren Moskaus ein zweites Moskau als verwirrende Attrappe aufgebaut worden sein. Der rote Hering stellt Fragen, deren Beantwortung den Konsumenten so sehr beschäftigen, dass er sich unmöglich einem anderen Informationsangebot zuwenden kann. Die Fragen können ganz unterschiedlich sein. Eine lautet:

Worum geht es eigentlich? Bei diesem Trick wird eine Geschichte völlig offen erzählt. In einem Werbespot aus einer der aktuellen Cannes-Rollen werden auf der linken und rechten Bildhälfte die Fotos von Babys miteinander verglichen. Die Babyfotos der einen Bildhälfte sind durchwegs kleiner als die der anderen. Auffälligerweise zeigen die kleineren Fotos zumeist farbige Kinder, Kinder aus der Dritten Welt. Der Zuschauer legt also probeweise verschiedene Interpretationen an. Geht es etwa um die schlechtere Ernährung in der Dritten Welt, um schlechtere Startbedingungen ins Leben? Die großen Fotos lassen die weißen Kinder stärker, gesünder erscheinen. Während der Konsument noch dabei ist, sich so seine Gedanken zu machen, kommt die überraschende Aufklärung: »Wir machen Ihre Fotos größer«, verspricht eine Fotokette.

»Worum geht es eigentlich?« ist eine Frage, die auch gerne vom Medium des Serienplakats gestellt wird. Eine Studentin von mir erzählte kürzlich von einer in Frankreich voller Spannung verfolgten Plakatserie, in der das Bikinimädchen Myriam verspricht: »Am 2. September ziehe ich das Oberteil aus.« Weder ein Produkt noch eine Marke waren irgendwie zu erkennen, das Motiv gab einfach Rätsel auf. Zwei Tage später war das Versprechen eingelöst. Jedoch Myriam versprach noch mehr. »Am 4. September fällt das Unterteil.« Die Spannung stieg. Am versprochenen Tag war der Drei-Stufen-Striptease beendet. Myriams Hinterteil zierte die Plakate. Aber auch das Rätsel um das Produkt wurde gelüftet. »Avenir – der Werber, der sein Versprechen hält.« Das umworbene Produkt war die Plakatfirma selbst. Noch heute soll die Erinnerung der Franzosen an die öffentliche Entblößung ungetrübt sein.

Filmische Medien, wie Videoclips, Industriefilme oder Werbespots, bieten sich für den Red Herring besonders an. Der Grund liegt in der prinzipiellen Möglichkeit, mit der Überzeugungskraft der Bilder zu lügen, und wenn man will, diese filmische Behauptung in einem Atemzug wieder zurückzunehmen. Die für mich schönsten Beispiele für dieses Potential enthält der Kultfilm »Asphalt Cowboy«. Unser Cowboy ist eben in die große Stadt New York gekommen, wo er gerne von der Gunst reicher Ladies leben würde, die einen Naturburschen wie ihn zu schätzen wissen. Doch die Dinge entwickeln sich nicht so recht. Er denkt daran, seinen Kumpels zu Hause eine Karte mit einem Wolkenkratzer zu schicken, eingeringelt jener, in den er untergeschlüpft ist. Wir sehen, wie die Karte ankommt, wie sich alle freuen, doch Schnitt: Unser Cowboy zerreißt die Karte, bevor er sie abschickt. Wir sind der filmischen Erzählung auf den Leim gegangen. Er spricht eine Dame an, macht »Bemerkungen«. Wir sehen, wie er mit ihr in ihr Haus geht. Schnitt: Die Tür fällt krachend ins Schloss – sie ist allein nach Hause gegangen.

Rote Heringe sind auch Bestandteil des *Versteckspiels* um Idole und Berühmtheiten. Saddam Hussein und Michael Jackson verwendeten Doubles, Camilla Parker Bowles und Prinzessin Diana versteckten sich in Autos unter großen Decken. Dabei übersehen viele Prominente, dass ihre Finten die Begehrlichkeit von Fans und Paparazzi noch erhöht: schließlich ist der Output des roten Herings die Antizipation (siehe Formel). Sie kennen die Geschichte: Die Paparazzi warteten an der Vordertür, während Diana und Dodi das Ritz in Paris seitlich durch die Küche verließen. So begann jene wilde Verfolgungsjagd, die schließlich am 13. Brückenpfeiler des Tunnel de l'Alma tödlich endete.

> **Red Herring**
> *Prinzip:* Bei der Stange halten
> *Formel:* BS + ML = AZ
> *Methode:* Ablenkungsmanöver
> *Ziel:* Bindung

9. Der Spannungsbogen

Von allen Kunstgriffen der Dramaturgie ist dieser unserem Leben am nächsten, mehr noch, er ist ein Abbild des Lebens. Alle Menschen der Erde, sofern sie das Glück haben, ein erfülltes Leben zu genießen, machen dieselbe prinzipielle Entwicklung durch. Es ist die Entwicklung vom Morgen, zum Mittag, zum Abend des Lebens. Am Morgen des Lebens entdeckt man nach und nach, wie das Leben so funktioniert, erforscht seine eigenen Möglichkeiten und erlernt die *Brain Scripts*, mit denen man die Welt versteht und in ihr überleben kann. Am Mittag des Lebens – wir haben inzwischen einen Beruf, eine eigene Wohnung, vielleicht Kinder – am Mittag des Lebens hat man das Gefühl, jetzt alles zu verstehen. Man kann die Brain Scripts geschickt anwenden, kann sich ins Leben einbringen, ist am Höhepunkt des Lebens. Der Abend des Lebens ist die Zeit, um zu reflektieren, zu sehen, was man mit seinem Leben angefangen hat. Brain Scripts werden jetzt weniger dafür eingesetzt, um neue Informationen zu bewerten, sondern eher, um zu sehen, woraus sich die aktuellen Dinge entwickelten. *Erlernen, anwenden, reflektieren:* Diese drei Phasen im Umgang mit Brain Scripts geben unserem Leben ein Gefühl von Entwicklung.

Jedes Mal, wenn in einem Spielfilm, einer Politikerrede, einem Imagevideo dem Rezipienten etwas vermittelt werden soll, wiederholt sich diese Entwicklungskurve des Lebens innerhalb eines Produktes von vielleicht sieben Minuten. Zunächst muss dem Konsumenten das Brain Script beigebracht werden, damit er versteht, was eigentlich gespielt wird. Irgendwann hat er den Durchblick, und schließlich kann man ihn mit den Konsequenzen aus dem bisher Gesagten konfrontieren, er darf Schlüsse ziehen, vielleicht sogar für sein eigenes Leben. Seit Aristoteles bezeichnen Dramaturgen diese drei Phasen als die Phasen des »Einatmens – des Höhepunkts – und des Ausatmens«. In der Lernphase steigt die Handlungskurve nach oben, ist auf ihrer Spitze, wenn wir den Durchblick haben, und sinkt ab, wenn wir daraus Schlüsse ziehen. Da sich das Brain Script im Film wie im Leben erst erfüllt, wenn alle drei Phasen der Kurve abgelaufen sind, entsteht durch diese Verzögerung *Antizipation*, eine gewisse Spannung. Man möchte wissen, wie alles ausgeht. Die Kurve ist deshalb die Spannungskurve der Dramaturgie.

Doch das ist noch nicht alles. Die Spannungskurve braucht einen inneren Halt, ein Skelett. Auch die Sandkörner unseres Lebens laufen nicht gleichmäßig durch die Sanduhr. Es gibt viele Lebensabschnitte, Szenen des Lebens. Und so haben auch Spannungskurven viele Szenen und Sequenzen. Im Spielfilm erkennen wir sie daran, dass sie deutlich gestartet werden – durch den »Clean Entrance« eines neu eingeführten Schauplatzes, etwa durch den vorgezogenen Ton, der den Auftritt eines Handlungsträgers ankündigt. Und wir erkennen das Ende einer Szene durch den »Clean Exit« einer Abblende, eines musikalischen Schlussakkords. Im Ablauf einer Rede vor dem Aufsichtsrat entsteht der Beginn einer Sequenz vielleicht durch die Benennung eines neuen Themas, und die Sequenz schließt durch eine launige und hoffentlich angemessene Schlusspointe. In jedem Fall sind es die aus einem früheren Kapitel bekannten Elemente der *Sentence Frames*, der satzstrukturierenden Segmente, die das Skelett im Spannungsbogen ausmachen. Jetzt haben wir alle Elemente für die Formel dieses Kunstgriffs beisammen: BS + SF = AZ.

Die drei Phasen der Spannungskurve erweisen sich bei näherem Hinsehen als sieben Phasen, die uns das Gefühl einer zuerst aufsteigenden und dann absteigenden Spannungskurve geben. Es sind dies: *Auftakt, Exposition, Vernetzung, Höhepunkt, Reflexion, Schluss und Ausklang*. Nehmen wir an, das Script lautet »Geld macht nicht glücklich« und unser Medium ist ein frei erfundener deutscher Spielfilm aus den fünfziger Jahren mit Heinz Rühmann in der Hauptrolle.

Der Auftakt soll den Zuschauer erahnen lassen, wie die ganze Sache angelegt ist, bevor es noch so richtig losgeht. Heinz Rühmann, von dem wir noch gar nichts wissen, findet auf der Straße vielleicht einen Groschen und steckt ihn freudig ein. Die Musik, die Fotografie, das Spiel des Akteurs signalisieren eine Komödie, denn der Auftakt sollte auch spüren lassen, welche formale Eigenfrequenz das folgende Produkt hat. In einem Businessvortrag merken wir an dieser Stelle, ob der Redner eine von Zahlen und Fakten unterstützte Beweisführung anstrebt oder etwa eine launige Persiflage startet.

Die *Exposition* klärt die Ausgangslage. Sie stellt das Thema vor, die beteiligten Personen, ihre Beziehungen zueinander, den Schauplatz, die Zeit. Heinz Rühmann entpuppt sich als kleiner, freundlicher Angestellter, der mit seinen Kollegen in Harmonie lebt. In einer Rede über die Eindämmung galoppierender Kosten wird in dieser Phase nochmals auf den Tisch gelegt, wie es zu dieser Misere kam, bevor dann später Maßnahmen erörtert werden können.

Die Exposition endet jäh mit einem so genannten »erregenden Moment«. Heinz Rühmann macht einen Lottogewinn. In der nun folgenden *Vernetzungsphase* wird dem Konsumenten jetzt langsam das Brain Script beigebracht, mit dem er das Produkt »lesen« soll. Die ersten Neider tauchen auf, falsche Freunde versuchen, am Gewinn zu partizipieren, trotz Geldregens schwindet die ganz persönliche Lebensqualität unseres Helden. Wir beginnen zu verstehen: »Geld macht nicht glücklich«. In einer TV-Dokumentation über die Ausbildung junger Bundeswehrpiloten wurde in dieser Phase der vollkommen apolitischen Haltung der jungen Männer, die nichts als fliegen wollen, das Kalkül der Militärs gegenübergestellt, die davon sprechen, dass die »jungen Herren« die nötige Begeisterung mitbringen müssen, die Aggressivität, wie sie sagen. Währenddessen rasen die jungen Männer mit dem hochfrisierten Käfer über die Landstraßen, Symptom für den Geschwindigkeitsrausch, der sie zum Fliegen bringt, und nichts anderes.

Am *Höhepunkt* der Erzählung muss jene spektakuläre Szene stehen, durch die der Zuschauer den vollen Durchblick bekommt. Heinz Rühmann muss vor Neidern und falschen Freunden flüchten, und vielleicht gibt es eine slapstickhafte Verfolgungsjagd. Im Film gegen die psychologische Maschinerie der Fliegerausbildung folgen drei Szenen, die die Persönlichkeitsdeformation der jungen Leute in konkrete Bilder fasst. In der Hochgeschwindigkeitszentrifuge werden ihre Gesichter unter dem Druck der Beschleunigung bis zur Unkenntlichkeit verzerrt; bei der Wasserung auf dem freien Ozean wird ihre Fähigkeit, legitime Panikgefühle zu unterdrücken, trainiert; in der Unterdruckkammer gehen sie bis zur Ohnmacht an die Grenzen des Überlebens ohne Sauerstoff heran.

In der *Reflexionsphase*, der »Umkehr« und absteigenden Handlung, wie

Aristoteles sagte, werden die Konsequenzen vor Augen geführt. Heinz Rühmann in seinem Versteck denkt daran, wie reich er ohne Vermögen eigentlich war. Bilder aus der Vergangenheit kommen ihm in den Sinn, die in so großem Kontrast zur deprimierenden Gegenwart stehen. In der Rede vor dem Aufsichtsrat werden Punkt für Punkt die Konsequenzen der finanziellen Misere erörtert und konkrete Sparmaßnahmen benannt.

Den *Schluss* nannte Aristoteles auch »Katastrophe«. Damit ist nicht nur ein negatives Desaster gemeint, sondern allgemein ein Schlussstrich, der das Brain Script erfüllt und somit außer Kraft setzt. Heinz Rühmann verschenkt sein Geld vielleicht einfach. Damit ist auch das Script »Geld macht nicht glücklich« erfüllt. Um schließlich zu vermeiden, dass der Schluss einem die »Moral von der Geschicht« wie ein Holzhammer einbläut, läuft die Erzählung danach noch eine kurze Zeit weiter. Das ist der so genannte *Ausklang*, der einem noch einmal »zu denken geben soll«. In unserem erfundenen Film macht Heinz Rühmann zu seinem Entsetzen einen neuen Lottogewinn. In der Dokumentation über die Ausbildung zum Militärpiloten sitzen die jungen Piloten, jetzt durch Vollvisierhelme unkenntlich, in ihren fliegenden Waffensystemen. Ein Flugzeug dreht sich auf den Rücken – und die Kamera und wir mit ihm. Die Sonne taucht hinter dem Helm gleißend auf, lässt den Piloten »verglühen«, wie Ikarus, der der Sonne zu nahe kam.

Vom Auftakt zum Ausklang spannt sich die Kurve jener Erzählprodukte, deren Rezeption mehr als 10 Minuten in Anspruch nimmt. Kürzere Produkte brauchen nicht durch die gesamte Spannungskurve hindurchgejagt werden. Werbespots, Trailer, Kommentare zur Lage der Nation, Nachrichtenmeldungen nehmen nur einen kleinen Teil der Spannungskurve ein. Welcher Teil das ist, definiert mitunter auch, ob man einen Trailer als Trailer, einen Kommentar als Kommentar wahrnimmt. Mein Freund und Lehrer Dr. Erich Dworak, der Großmeister aller Spannungskurven, kann darüber Stunden sprechen. Ich kann hier nur zwei Beispiele nennen:

Chart12: Image-Verschiebung

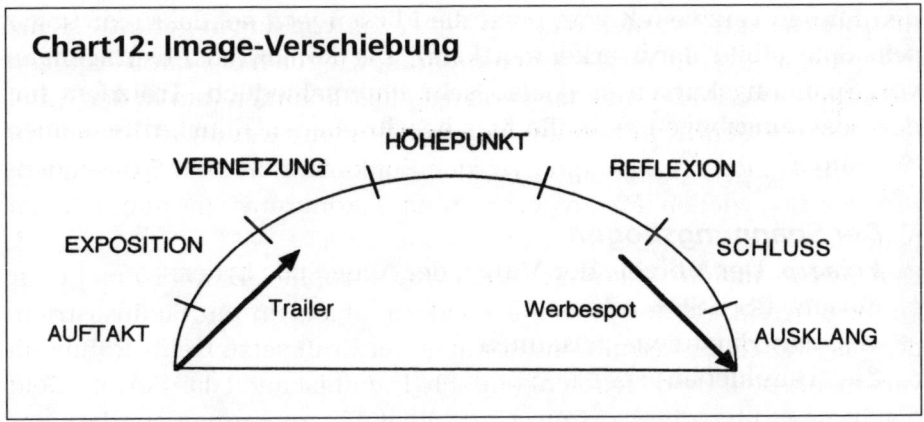

Der *Trailer* ist eine dramaturgische Form, die bevorstehende Ereignisse ankündigt, und zwar so, dass sie einige Splitter des kommenden Produkts schon mal herzeigt. Kinotrailer sagen, welcher Spielfilm »bald in diesem Theater« anläuft. Mein Verlag schickt den Einkäufern in den Buchhandlungen eben jetzt gerade einen Katalog, in dem alles Wissenswerte über dieses Buch steht, das Cover zu sehen ist, der Titel und die ersten 15 Zeilen, mit denen dieses Buch beginnt. Erinnern Sie sich noch? »Erwartungsvoll pressen sie die Einkaufstaschen von Bloomingdale's und Macy's fest an sich und stürzen sich vergnügt kreischend den künstlichen Wasserfall hinab...« Doch irgendwann im Trailer bricht der Text ab, die Bilder im Kino frieren ein, denn die Erwartung des Konsumenten soll ja auf das bevorstehende Produkt gespannt werden und nicht schon im Trailer Befriedigung finden. Trailer sind deshalb Formen, die nur Auftakt, Exposition und ein wenig der Vernetzungsphase enthalten. *Der Bogen wird gespannt, der Pfeil aber nicht abgeschossen.*

Klassische Werbespots, die einen Produktnutzen (»consumer benefit«) versprechen und dafür eine Beweisführung (»reason why«) anbieten, sitzen andererseits auf einem fliegenden Pfeil, von dem man nicht gesehen hat, wie er abgeschossen wurde. Ein solcher Spot beschreibt kurz die Ausgangslage und dann ausführlich die Konsequenzen. Er agiert also vor allem auf der absteigenden Seite der Spannungskurve, er ist spannungslösend, indem er »das Heil verheißt« und dafür auch noch eine Argumentation anbietet. Jemand, der zuvor über Schlieren auf den Fliesen verzweifelt war, putzt die Fliesen jetzt so, dass man sogar sein Spiegelbild darin erkennen kann. Die konkreten Ausprägungen von Spannungskurven sind also sehr unterschiedlich. Trotzdem hat der Spannungsbogen, wie alle hier beschriebenen Kunstgriffe, seinen Steckbrief.

Der Spannungsbogen
Prinzip: Der Morgen, der Mittag, der Abend des Lebens
Formel: BS + SF = AZ
Methode: Einatmen – ausatmen
Ziel: Durchleben

10. Blickwinkel

Ein Seminar bei der Frankfurter Filiale einer amerikanischen Werbeagentur. Da stehen 15 erwachsene Werbemenschen auf ihren Stühlen, um zu erfahren, was hinter dem Kunstgriff des Blickwinkels steckt. Ich habe mir diesen didaktischen Einfall ausgeborgt. Im Spielfilm »Der Club der toten Dichter« macht Robin Williams in der Rolle eines fortschrittlichen Lehrers seinen Schülern den Vorschlag, sich ihr Klassenzimmer einmal von oben anzusehen. Und siehe da, der vertraute Raum sieht plötzlich ganz anders aus. Das Geheimnis: der geänderte Blickwinkel. Wer sich vertrauten Objekten oder Menschen aus einem anderen Winkel annähert, verändert allein durch den Vorgang der Wahrnehmung das Objekt. So entsteht eine ganz bestimmte Art von *Andersartigkeit*, ein anders Wirken durch Uminterpretieren. Das wird überall dort gebraucht, wo Vertrautes so präsentiert werden soll, dass jedermann »Oh!!« sagt. Die Formel dieses Tricks ist IB + ML = IB. Eine altbekannte Einschätzung, die *Inferential Beliefs* eines Raums, eines Objekts, von Menschen, einer Idee wird durch einen Twist unserer Sehgewohnheiten, also der Art, wie wir uns etwas anschauen, unserer *Media Literacy*, so verändert, dass der Eindruck von Neuigkeit entsteht, von ganz anderen, aufgefrischten *Inferential Beliefs*. Inhabern von Läden oder Restaurants, die umbauen wollen, gebe ich manchmal den Rat, ihr Geschäft zuzusperren und auf dem Boden herumzukriechen.

Aus dieser ungewöhnlichen Perspektive sieht man dann plötzlich am vertrauten Ort Dinge, die man stehend noch niemals gesehen hat.

Natürlich muss man dafür nicht immer auf die Stühle steigen oder am Boden herumkriechen. Eine ganze Reihe von Eingriffen erzeugt den neuen Blickwinkel. Wie diese dramaturgische Strategie in der Inszenierung unserer Welt willentlich eingesetzt wird, ist mir das erste Mal auf einem Weltausstellungsgelände bewusst geworden. Wir sehen einen ganz konventionellen Computeranimationsfilm im französischen Pavillon und sind trotzdem begeistert. In einem beinahe dunklen, großen Raum stehen wir am Rand eines verspiegelten Schachts und verfolgen den kurzen Film mit Animationen des Jupiters und anderer Planeten. Das Ungewöhnliche: Der Film wird nicht, wie gewohnt, auf eine vertikale Leinwand projiziert, sondern auf eine horizontale Wand am Boden des Schachts; ein vollkommen neuer, aufregender Eindruck. *Rotation* heißt diese Technik, der Blickwinkel wurde einfach um 90° gedreht. Viele Shops benützen diesen Trick. Meist verwenden sie dazu kleine Vitrinen, die so im Boden eingelassen sind, dass die Kunden über den Schmuck und die Armbanduhren hinwegschreiten können. Ein ungewöhnliches Gefühl, besonders wenn es wertvolle Objekte sind, denen man sich auf diese Weise nähert. Die irrste Blickwinkel-Inszenierung der Gegenwart kann sich der geneigte Leser gleich im Internet unter www.propeller-island.com ansehen. Im Zimmer Nr. 11 dieses verrückten Kunsthotels in der Nähe des Berliner Kurfürstendamms gibt es einen schiefen Boden, über dem ein altes Großmutterbett zu fliegen scheint. Über Zimmer Nr. 23 lautet die Hotelbeschreibung: »Die Möbel hängen von der Decke und sie schlafen und sitzen in bequemen Kisten unter dem Fußboden. Sehr surreal!«

Zooming ist eine andere Blickwinkeltechnik. Dabei wird die vertraute Größenkonstanz eines Objektes aufgehoben. Es wird entweder vergrößert oder verkleinert. Viele Romane und Spielfilme haben diesen Effekt benützt; vom Klassiker »Gullivers Reisen« bis zum Disneyfilm »Liebling, ich habe die Kinder geschrumpft«. Ein chaotischer Erfinder verkleinert seine Kinder auf Grashalmgröße und setzt uns Zuschauer damit dem Thrill aus, eine harmlose Wiese aus der Schneckenposition zu erleben, aus der die Wiese gar nicht mehr so harmlos ist. Disney hat daraus im MGM-Filmpark einen tollen Kinderspielplatz gemacht. Alles ist dort riesig, und man genießt dieses ungewöhnliche Gefühl. Und auch diese Technik findet sich im Verkauf wieder. Auf einer Mailänder Möbelmesse gab es ganze Zimmerfluchten, in denen man auf riesigen Wasserhähnen herumkroch und im Designerbett saß, das offensichtlich für einen Riesen gemacht war. In einer Ausstellung über die merkwürdige Welt der Kelten im venezianischen Palazzo Grassi gestaltete die berühmte Architektin Gae Aulenti (Musée d'Orsay) Vitrinen in dieser Technik. In einem mystischen Wald lagen da goldene Armreifen und Kronen in Baumvitrinen. Auf der einen Vitrinenseite war alles wie gewohnt, auf der anderen Seite vergrößerte eine riesige Lupe die Schätze. Der Anblick traf die Besucher wie ein Schlag! So muss es für Forscher sein, wenn sie mit Lupen die wertvollen Objekte Millimeter für Millimeter untersuchen und so ganz nahe dran sind am Glanz und am Material dieser seltenen Kleinode.

Eine weitere Technik ist die *Positionierung*. Es geht dabei darum, eine Sache »von einer anderen Seite zu sehen«, eine andere Beobachtungsposition als die gewohnte einzunehmen. ARD und ZDF dokumentierten diesen Kunstgriff vor einiger Zeit in einem Fernsehkrimi der ganz besonderen Art. Die Story wurde über weite Strecken des Films zweimal gedreht: einmal aus dem Blickwinkel des männlichen Helden und einmal vom Standpunkt der weiblichen Hauptfigur aus. Beide Filme wurden zeitgleich auf den beiden Kanälen gesendet, sodass der Zuschauer, wann immer er wollte, durch den Wechsel des Kanals auch den Standpunkt wechseln konnte, der ihm da filmisch nahegelegt wurde. Wer zum Beispiel innerhalb einer Szene, etwa eines Streits, schnell hin und her schaltete, spürte tatsächlich, dass die unterschiedliche Kameraposition einen tatsächlich mehr auf »ihre« oder auf »seine« Seite brachte. Man sah die Szene buchstäblich »mit anderen Augen«.

Aber auch in der Vergangenheit fand eine Revolution auf dem Gebiet der Blickwinkel-Dramaturgie statt. Im Jahr 1969 sah die Menschheit ihren eigenen Planeten zum ersten Mal von außen, und begeisterte Astronauten erzählten gerührt von der Verletzlichkeit dieses »Raumschiffs Erde«. Da dachten wir, dass feste Felsen und riesige Berge, endlose Wassermassen und unendlich tiefe Dschungelwälder ausgebeutet werden könnten, da sie ohnehin so kraftvoll aussahen und in unerschöpflicher Menge vorhanden wären. Und dann sehen wir einen kleinen, blau leuchtenden Ball, der tapfer hinter dem Mond aufgeht, dass einem schier die Tränen in die Augen steigen könnten. Die Raumfahrt hat für alle Zeiten einen anderen Blick auf unseren Heimatplaneten aufgetan. Das war vielleicht die größte Leistung des Apollo-Projekts und viel zu wenig gewürdigt von uns hochmütigen Intellektuellen.

> **Blickwinkel**
> *Prinzip:* Etwas von einer anderen Seite sehen
> *Formel:* IB + ML = IB
> *Methode:* Rotation, Zoom, Positionierung
> *Ziel:* Erneuerung

11. Alles an seinem Platz

Auf dem Schreibtisch türmen sich die Notizen. Trotzdem habe ich keine Schwierigkeiten, das Material für dieses Kapitel aus dem Chaos hervorzuziehen. Ich weiß ganz genau: Unter diesem Stapel muss irgendwo die rote Mappe sein, in der sich der Ausdruck meiner Datenbank befindet, und dort drüben, auf dem großen Buch balancierend, liegt wahrscheinlich die Videokassette mit dem Recherchematerial, das ich jetzt gleich brauchen werde. In all der Unordnung scheine ich mich gut zurechtzufinden: Alles liegt »an seinem Platz«. Wehe, es käme eine wohlmeinende Haushälterin und würde alles in übersichtliche kleine Häufchen stapeln – ich wäre verloren. Sie alle kennen wahrscheinlich dieses Phänomen. Wenn man nach Hause kommt, legt man seinen Schlüssel an denselben gewohnten Platz, legt die Post dorthin, wo sie zu liegen hat. Warum ist das so?

Orte werden von uns oft gemeinsam mit bestimmten Funktionen wahrgenommen. Im Mittelalter war eine bestimmte Straße die Straße der Färber und eine andere die Straße der Metzger. Hier hatte man dieses zu tun und zu erwarten und dort jenes. Etwas tun oder erwarten heißt, *Brain Scripts* einsetzen, und die mittelalterliche Straße ist nichts anderes als der Distrikt einer *kognitiven Landkarte*. Wer die Elemente eines Ortes mit bestimmten feststehenden Funktionen belegt, erhält Ordnung, Übersicht, Stabilität. Dieses Phänomen war bereits im antiken Griechenland als »die Methode der Orte« bekannt. Wie merkt man sich eine Zahlenreihe von sagen wir 30 zufällig hintereinander liegenden Ziffern? Man geht im Geist einen Ort ab, den man gut kennt. In der Antike war das ein weitläufiges Tempelgelände, heute ist es vielleicht der Businesspark, in dem man arbeitet. Dann stellt man sich bei jedem markanten Punkt – in der Antike bei einer Statue, einem Tempel, einem Treppenaufgang – eine Zahl vor. Groß und rot leuchtend steht sie da vor meinem geistigen Auge. Es fällt uns leicht, denselben Weg später noch einmal im Geist abzugehen, und siehe da, jede Zahl steht noch da, wo wir sie hingestellt haben: die Ziffer 2 bei der Statue, die 9 beim Tempel, die 7 bei der Treppe. So kann man problemlos die lange Zahlenreihe rekapitulieren und alle staunen. Wenn sich, so wie die Zahlen, in kognitiven Landkarten »Brain Scripts« einlagern, bekommen Orte den Charakter des *Wohlgeordneten*, sie enthalten dann das stabilisierende Gerüst von *Sentence Frames*. Man weiß ganz genau, wo was ist und wo das eine beginnt und das andere endet: CM + BS = SF lautet daher die dramaturgische Formel für diesen Kunstgriff.

Solche Orte können den Charakter von Regionen oder von Abteilungen haben. Es können Rubriken sein, oder sie sind nach der Schubladentechnik gestaltet.

Regionen sind einfach Orte, die mit bestimmten Funktionen besetzt sind. In New York weiß jedes Kind, dass es nirgendwo mehr »weihnachtet« als vor dem Rockefeller Center, wo der Weihnachtsbaum und die großen Engel mit den gläsernen Posaunen am Rande des Eislaufplatzes stehen. Für Silvester hingegen ist der Times Square der richtige Platz, auf den alljährlich der »Big Apple« heruntersinkt. Marketingregionen sagen dem Konsumenten, wo er eine ganz bestimmte Sorte von Konsumangebot erwarten kann. Verblüffend ist zum Beispiel, dass man in Londons New Bond Street alle klassisch inszenierten Flagship Stores findet, die mit spektakulären Treppenaufgängen und Säulenfluchten den großen Auftritt inszenieren, während sich links ums Eck in der kleinen Conduit Street alle luxuriösen ausgeflippten Shops konzentrieren: von Mandarina Duck´s Flagship Store, in dem grellgelbe Schaufensterpuppen hydraulisch atmen, bis zu John Richmond, wo Rokkokostühle in gläsernen Umkleidekabinen stehen, die man mit weißen Tüllvorhängen schließt. Für jedes emotionale Bedürfnis hält das Marketing die entsprechende Region zur Bedürfnisbefriedigung bereit. Vorhersehbarkeit, emotionale Kontrolle sind der Nutzen dieser Spielart, »alles an seinem Platz« zu finden.

Auch *Abteilungen* sind Orte, die mit einer spezifischen Funktion besetzt sind. Man empfindet sie aber, im Gegensatz zur selbständigen Region, als Bestandteil eines Ganzen. Dieses »Ganze« ist die Summe aller Abteilungen, die zum jeweiligen Objekt gehören. Das sind heute Kaufhäuser, Marktrestaurants, Hotels. Das waren früher Klöster, Burgen, Kirchen. Alle Klöster eines Ordens hatten die gleichen feststehenden Abteilungen, in denen ähnliche Dinge zu ähnlichen Zeiten abzulaufen hatten. Da war das »Oratorium« (die Kirche), das »Refektorium« (der Speisesaal), das »Dormitorium« (Bibliothek und Schlafraum) usw. Auch alle Segelschiffe einer Bauart, wie Fregatten oder Schoner, waren gleich aufgebaut, sodass man bestimmte Abteilungen, wie die Kombüse oder die Brücke, an jenen Stellen fand, wo man sie erwartete und wo sie sinnvollerweise auch am besten angeordnet waren. Frage: In einem modernen, großstädtischen Kaufhaus, wo erwarten sie die Parfüm- und Kosmetikabteilung? Richtig, im Erdgeschoss. In Paris, in der Galèries Lafayette und bei Au Printemps, in New York bei Bloomingdale's, in Zürich, in London, überall in der Welt finden sich die luxuriösen Kojen und Theken der Luxushersteller nebeneinander, in einem zentralen Saal im Parterre. Das »Brain Script« des Flanierens, Probierechens, Lippenstiftsuchens (den mit dem ganz speziellen Rot) wird in allen Luxuskaufhäusern im gleichen Viertel innerhalb der »kognitiven Landkarte« befriedigt. Marktrestaurants, wie die Mövenpick-Marché-Kette oder Rosenberger in Österreich, benützen ebenfalls das Prinzip der Region, um den Strom der hungrigen Kunden zu steuern. Um einen zentralen Ort herum, etwa einen künstlichen Baum, gruppieren sich unterschiedliche gastronomische Bereiche: hier gibt es Suppen, in der Mitte ist die Salatbar, rechts gibt es diese herrlichen kalten Vorspeisen, und vor dem Ausgang duften die Wiener Desserts verführerisch. Wenn man immer dieselbe Art von »Speis und Trank« an derselben Stelle vorfindet, fällt es leicht, heute dies und morgen jenes aus der scheinbaren Vielfalt zu probieren, während einem zugleich die Sicherheit und Stabilität des Gewohnten geboten wird. Der weltweite Erfolg der Marktrestaurants gibt dieser Art gastronomischer Dramaturgie recht.
Die *Rubrik* ist eine Technik, bei der bestimmte Aussagen verlässlich immer an denselben Orten getätigt werden. Viele dramaturgische Techniken lassen sich ja auf liturgische Formen zurückführen. Seit dem Mittelalter werden bestimmte Dinge vor dem Altar getan und gesagt

und andere auf der Kanzel. Während der Altar rituellen Beschwörungs-
formeln (früher in Latein) vorbehalten ist, dient die Kanzel der »Mei-
nungsmache«. Ich kenne Chefredakteure bei den öffentlich-rechtlichen
Fernsehanstalten, die wirklich alles tun würden, um zu verhindern,
dass ein politischer Kommentar an derselben Stelle im Nachrichten-
studio gesprochen wird, an dem üblicherweise »objektive« Meldungen
verlautbart werden. In seriösen Tageszeitungen haben politische Themen vorne behandelt zu werden, die Kultur im Feuilleton, der Sport
hinten. In vielen Boulevardzeitungen erwartet man die »Nackte« auf
Seite drei. In Fernsehmagazinen, auch in jener Sendung, in der ich in
meiner TV-Jugendzeit als Redakteur, Gestalter und Dramaturg mitgear-
beitet habe, tritt der Moderator immer durch »diese« Tür auf, werden
die Gäste auf »jener« Sitzgruppe interviewt, ist »das« die Stelle, an der
die Gewinner der Zuschauerfrage gezogen werden, und »dort drüben«
ist die Torwand, in die die prominenten Gäste im »Aktuellen Sportstu-
dio« des ZDF treffen müssen. »Alles ist an seinem Platz.« So bieten uns
die Medien heute jene Stabilität und Vorhersehbarkeit, die das richtige
Leben in unserer sinnentleerten Zeit nicht mehr garantieren kann. *Tri-
umph der dramaturgischen Rubrik.*

Schließlich das Prinzip der *Schublade.* In meiner blauen Kommode
liegen in der dritten Schublade von oben die Kabel, die ich für die Vide-
okamera, die Großprojektion, den transportablen Computer brauche.
Zwei Schubladen darunter gibt es die Vitamintabletten, die mich bei der
Arbeit an diesem Buch fit halten. Schubladen sind bestimmte Punkte
im Gelände, an denen funktionsbezogene Gegenstände aufbewahrt
werden. Etwas aufbewahren bedeutet zugleich auch, etwas verbergen.
Wer das Verborgene findet, entdeckt damit etwas vom Prinzip eines
Mechanismus, erlangt Herrschaftswissen. Vielleicht ist das der Grund,
warum wir alle einen gewissen Drang verspüren, in fremden Schubladen zu wühlen.

Videospiele haben dieses Bedürfnis zu spielerischem Entertainment
weiterentwickelt. Alle Klassiker, wie »Super Mario Brothers« und »Don-
key Kong« bringen ihre Spieler dazu, nach verborgenen Bonuspunkten
und hilfreichen Gegenständen wie Zauberstäben u.a. zu suchen. Wenn
man dann nach einigen Spieldurchgängen schon weiß, an welcher Art
von Plätzen man suchen muss, um diese Dinge zu finden, gibt einem
das ein Gefühl der Kontrolle und Eigenkompetenz. Alles ist an seinem

Platz, und die Kontrolle darüber kann genossen werden. Die Kenntnis, an welchen Orten sich welche Werkzeuge und Abläufe im Unternehmen befinden, das Spiel mit dessen kreativer Handhabung, die Wahl des richtigen Spezialschraubenschlüssels und der traumwandlerisch sichere Griff danach an der Werkzeugwand ist mit der Lust vergleichbar, mit der der Videospieler dreimal gegen jenen auffälligen grauen Stein klopft, um den Bonuspunkt zu bekommen, oder der Dschungelbewohner zielsicher den giftigen Farnen ausweicht, die er eigentlich im Dickicht gar nicht sehen kann und von denen er doch weiß, dass sie da sein müssen: es ist ...

Alles an seinem Platz
Prinzip: Abläufe räumlich zuordenbar machen
Formel: CM + BS = SF
Methode: Regionen, Abteilungen, Rubriken, Schubladen
Ziel: Ordnen

12. Stationen einer Reise

Videospiele werben manchmal damit, dass es »zwei Dutzend Länder« zu erforschen gäbe oder »mehr als 200 geheimnisvolle Räume« auf den Spieler warten. In Fanmagazinen werden dann Landkarten dieser Länder abgebildet, die der Spieler mithilfe der Spielfiguren, eines nach dem anderen, durchwandert. Auf jeder Spielstation erlebt man einen Abschnitt der ganzen Geschichte, der jeweils einen räumlichen und erzählerischen Anfangs- und Endpunkt hat. Verblüffenderweise ähnelt diese Struktur sehr den christlichen Kreuzwegen. Auf diesen schreiten die Gläubigen den Leidensweg Christi von Station zu Station ab. Seit dem 16. Jahrhundert sind das 14 Stationen, und an jeder Station wird, durch bildliche Darstellungen unterstützt, einer Episode des Leidensweges zwischen dem Haus von Pilatus und dem Berg Golgatha gedacht. Das heißt also: Eine Gesamtgeschichte wird segmentiert mit jeweils deutlich erkennbarem Anfang und Ende, und jedem Segment entspricht auch ein räumlicher Abschnitt. Dramaturgisch formuliert: Ein *Brain Script* wird so auf einer räumlichen Erzählachse dargestellt, dass man sich bei jedem neuen Handlungssegment auf einem anderen Erzählschauplatz befindet, einem anderen »District« der *Cognitive Map*. Weil dabei jeder Wechsel von Schauplatz zu Schauplatz mit einem »Clean Exit«, einem Schließen des Schauplatzes und einem neuerlichen Öffnen des nächsten Schauplatzes, einem »Clean Entrance«, nach erfolgter Wanderung verbunden ist, entsteht der innere Eindruck des Durchmessens einer Geschichte, des Voranschreitens in der Handlung, wie auch im Raum. »Clean Entrance« und »Clean Exit« formen zusammen das Skelett der *Sentence Frames*. So lautet die Formel also BS + SF = CM, ein Kunstgriff, bei dem es darum geht, etwas zu durchmessen, inhaltlich wie räumlich.

Wer mit einer Gruppe von Journalisten den Fertigungsprozess in einem Werk von Station zu Station abgeht, muss sich dementsprechend dramaturgisch wie auf einem Kreuzweg verhalten: An jeder Station gibt es eine Predigt, das Voranschreiten der Erzählung darf nicht hinter der räumlichen Fortbewegung nachhinken, und jede Station sollte einen Eröffnungssatz und einen Schlusssatz bekommen. Um die Erzählachse des »Stationendramas« auch räumlich wahrzunehmen, muss der Parcours, entlang dessen sich der Konsument vorwärtsbewegt, irgendwie erkennbar sein. Anders ausgedrückt: Woran entlang kann man sich überhaupt fortbewegen, worin kann man Erzählsegmente einhängen?

Wenn man die Stationen zu Fuß abgeht, braucht der Parcours irgendeine Art von Fassung, ein *Geländer*, an dem man sich orientiert. Beim klassischen Kreuzweg ist das eine Treppe, die den Berg hinaufführt, mit einem Treppengeländer und deutlich erkennbaren Stopps, an denen sich der Kreuzweg verbreitert und große Statuen die jeweils zu erinnernde Szene darstellen. In Weltausstellungen oder Freizeitparks hat man für den Besucher Bahnen geschaffen, in denen er wie auf Schienen, an einer Stange entlang, seinen Weg von Station zu Station nimmt. Führungen, die durch Industrieunternehmen gehen und dementsprechend nicht »wie auf Schienen« ablaufen können, sollten zumindest an markierten Punkten vorbeigeführt werden, um dem Besucher das Gefühl des Voranschreitens zu ermöglichen. Das »Prinzip der Stange« wird zumeist durch *Führer* ergänzt, die nicht nur die Geschichten erzählen, also die »Brain Scripts« lostreten, sondern auch verbal die einzelnen Stopps eröffnen und beschließen. »Hier stehen wir jetzt im Smaragdzimmer, das die Kaiserin besonders liebte«, sagt der Schlossführer in Schönbrunn. Und mit einem »Jetzt folgen Sie mir bitte in die große Galerie«, schließt er den Stopp. In Freizeitparks werden die Führer oft durch eine automatisierte Einrichtung ersetzt. Bei Universal taucht ein Schauspieler auf Bildschirmen auf, und wenn die Besucher entlang ihrer Stange zum nächsten Stopp weitergeführt werden sollen, geht der Schauspieler einfach auf der Monitorzeile von rechts nach links über gut zwanzig Bildschirme hinweg, immer weiter von Gerät zu Gerät, verschwindet schließlich und taucht im nächsten Raum wieder auf, wandert zum mittleren Bildschirm und macht seinen Job, der darin besteht, dem Stopp einen Auftritt zu geben und mit Erläuterungen das Script voranzubringen. Eine andere Methode zur Segmentierung des Parcours rechnet mit unserer Neugier. Wir Primaten sind ja unspezifische Neugierwesen, wie die Verhaltensforschung sagt. Im Pariser Nouveau Musée Grévin geht man durch eine Kulissenwelt hindurch, die mit Wachsfiguren, Ton- und Lichteffekten das Leben im Paris der Jahrhundertwende zum Leben erweckt. Und wie bei einem Kreuzweg geht man von Station zu Station: der Eiffelturm wird gebaut, Chansons werden gesungen, Jules Vernes erfindet die Zukunft. *Tonsignale* locken den Besucher zum nächsten Stopp. Da läuten Kirchenglocken hinter der nächsten Biegung, und schon folgen die Besucher. Da hört man Applaus, er kommt aus der Comédie Française, und auch ihm folgen wir, während das Licht dort hinten, wo wir gleich sein werden, angeht, es gleichzeitig hinter uns langsam verlischt.

Solche modernen Entertainment-Museen haben historische Vorbilder. Für die Weltausstellung des Jahres 1929 in Sevilla wurden auf der Plaza de España dutzende Mosaikkojen gebaut, die auf einem Bild jeweils ein historisches Motiv Spaniens zeigten, etwa den Don Quichotte, und davor eine im Boden eingelassene Landkarte mit dem Ausschnitt der dazugehörigen Region. Das Besondere: Man konnte diese gemauerten Kojen zu Fuß erleben, in Pferdefuhrwerken, die auf einer bogenförmigen Straße vorbeifuhren, und in Booten, die auf einem ebenfalls bogenförmigen Kanal vorbeischwammen. Die Koje signalisierte, wann man den nächsten Stopp erreicht hat. Heute gängige *Transportmittel* für die segmentierte Fortbewegung von Station zu Station sind natürlich Busse und automatische Bahnen. Für die Industrie ebenfalls interessant ist die Technik des »Rotating Theater«. Dabei sitzt das Publikum auf einer Drehscheibe und wird von Bühne zu Bühne weiterbewegt. Das Öffnen und Schließen der Bühnenvorhänge signalisiert, dass wieder eine neue Station erreicht ist. In einem Pavillon auf einer Weltausstellung verbirgt sich vielleicht hinter dem ersten Vorhang ein automatisches Theater, hinter dem zweiten eine Filmleinwand usw. Messen, Industrieausstellungen, die Einsatzmöglichkeiten dieser modernen Variante des Kreuzweges sind vielseitig.

Wer sagt eigentlich, dass sich der Pilger über den Kreuzweg *bewegen* muss? Wie wäre es, wenn der Pilger einfach da stünde und der Kreuzweg sich vorbeibewegt? Das ist bei *Paraden* jeder Art der Fall. Eben heute Nachmittag wälzte sich an meinem Haus in Wien die so genannte »Free Party« vorbei: 24 Sattelschlepper mit Kulissen, jeweils anderer ohrenbetäubender Musik und jungen, ekstatisch tanzenden Leuten darauf. Karnevalsumzüge mit ihren Wagen, der Einzug der Sportler bei Olympischen Spielen, Paraden aller Art unterliegen der Stationen-Dramaturgie. Dabei besteht der Anreiz für den Konsumenten darin zu sehen, wie jede folgende Gruppe das Gesamtthema der Parade erneut aufgreift und weiterführt. Welche Teilgeschichte über den derzeitigen Zustand Deutschlands wird der folgende Wagen erzählen? Auch die Palette der Sponsoren zu registrieren, die in der jeweiligen Gruppe präsent sind, gehört zum Spiel. Und die Segmentierung? Oft geschieht sie durch die Musik. Das langsame Lauterwerden der sich nähernden Gruppe führt den jeweiligen Abschnitt der Parade ein, das Leiserwerden der sich entfernenden Gruppe schließt den Abschnitt. Dabei treten manchmal Probleme mit den sich überschneidenden Tonquellen auf. Disney hat in seinen Parks für die abendlichen Lichterparaden eine wunderbare Lösung gefunden. Alle Wagen haben eine gemeinsame Musik, jeder Wagen spielt die Melodie jedoch mit einer anderen Instrumentation, die die Teilgeschichte unterstützt und zugleich den Eindruck des Näherkommens und Sichentfernens ermöglicht. Gruppen, etwa die einmarschierenden Sportler bei Olympischen Spielen, werden zusätzlich durch eine Tafel eingeführt. Weil das etwas langweilig ist, marschierte doch da tatsächlich bei der Olympischen Winterspielen in Albertville vor jeder Gruppe eine junge Dame in einer Schneekugel, ja, tatsächlich: Mit dem Oberkörper und den Armen steckte sie in einer Plexiglaskugel, gefüllt mit künstlichem Schnee, und mit ihren Armbewegungen entfachte sie das Schneegestöber, das der jeweiligen Station ihren Auftritt gab.

> **Stationen einer Reise**
> *Prinzip:* Eine Aussage in räumliche Stationen fassen
> *Formel:* BS + SF = CM
> *Methode:* erzählerisch voranschreiten
> *Ziel:* Durchmessen

13. Die gute Adresse

Ob eine Adresse als hochwertig oder minderwertig erscheint, hängt von Signalen ab, die zu einer sozialen Bewertung der Gegend führen.

»On the sunny side of the street«, hieß es in dem alten Jazzsong, und tatsächlich: Manchmal scheint es so, als ob bereits einige Sonnenstrahlen die Einschätzung eines Ortes verändern. Fehlt die Sonne in engen, dunklen Gassen, wird man automatisch etwas vorsichtiger. Auf Grund gefolgerter Meinungen auf gar nicht unmittelbar ersichtliche Eigenschaften des Ortes schätzt man ihn für alle Fälle als potentiell gefährlich ein. Eingeschlagene Fensterscheiben, bröckelnder Verputz, desolate Haustüren – das kann keine gute Gegend sein. In Manhattan liegen gute und schlechte Adressen manchmal gleich unmittelbar nebeneinander. Während die eine Straßenseite, auf der die Menschen einkaufen und flanieren, noch sicher ist, gehört die andere Straßenseite bereits zum Bereich der Dealer und Mugger. Gute Adressen werden also genau registriert, und sie haben oft dramatischen Einfluss auf den Wert einer Immobilie. Schnellstraßen, die Nähe eines Bahnhofs, die Nähe zwielichtiger Bars schaden einer Gegend. Positive wie negative *Inferential Beliefs* krallen sich nur allzu leicht in die Viertel einer *kognitiven Landkarte* und prägen damit einen Ort. Ein besonders trauriges Kapitel dieser dramaturgischen Wirkung war die Zeit, in der die Innenstädte in den USA verslumten, weil die weiße Bevölkerung aus Straßen, die zunehmend mehr und mehr von schwarzen Einwohnern bewohnt wurden, wegzogen und in der Folge dringend notwendige Investitionen ausblieben. So weiß man, oder glaubt zu wissen, wo sich ein gutes und wo sich ein schlechtes Viertel befindet, teilt die Stadt in Raster, segmentiert: *Sentence Frames* sind im Spiel, und der Effekt: *soziale Vorhersagbarkeit*. So lautet die Formel für »die gute Adresse«: CM + IB = SF, eine Gegend wird sozial gefärbt.

Die gute Adresse wurde von Unternehmen immer schon zur Aufwertung der eigenen Corporate Identity eingesetzt. Klassisch ist der Firmensitz in der Innenstadt, zumindest in Europa. Die *Standortwahl* als imageförderndes Mittel greift auch auf Gegenden zurück, die für eine Besonderheit bekannt sind, etwa als Weingegend. Ausgerechnet in der eidgenössischen Gourmethochburg Crissier hat die Fast-food-Kette McDonald's daher konsequenterweise ihren Schweizer Firmensitz aufgeschlagen. McDonald's bürgt eben für Qualität. Doch was tun, wenn die Adresse, vielleicht für eine begrenzte Zeit, zu wünschen übrig lässt? Dann helfen vielleicht die Techniken der dramaturgischen *Standortintervention.*

In den Londoner Docklands, genauer in »Butler's Wharf«, lagen während der langjährigen Umgestaltungsarbeiten am Viertel bereits restaurierte und teure Häuser neben Objekten, die eher an Abbruchhäuser erinnerten. Um der guten Adresse in der Nachbarschaft nicht zu schaden, wurden daher bewusst dramaturgische Signale gesetzt. Viele bunte Fische, ganze Fischschwärme aus Karton, bevölkerten die verfallenen Mauern und werteten sie auf. Auch wenn es noch nicht soweit war mit deren Erneuerung, ließ sich psychologisch eine solche Nachbarschaft aushalten. Bei Umbauarbeiten schützen heute häufig Blenden aus Sperrholz oder anderen temporären Materialien Nachbarschaft wie eigenes Image vor der Katastrophe, eine »schlechte Adresse« zu werden. Oft werden diese Blenden bemalt. Während dahinter große Löcher in der Wand klaffen, es reichlich schmutzig und ekelhaft ist, zeigt die Fassadenblende bereits, wie das Haus einmal aussehen wird.

Das Phänomen der guten Adresse ist auch dafür verantwortlich, dass man bestimmte Regionen mit bestimmten Leistungen in Verbindung bringt. In Wien wird man gute Musiker und Experten für die Geschichte des 19. Jahrhunderts suchen, aber nicht die führenden Computerexperten der Welt. Die sitzen bekanntlich im kalifornischen Silicon Valley, wo vielleicht das ansässige Symphonieorchester nicht ganz den Standard der Wiener Philharmoniker haben mag. In welcher Region der Welt ist was besonders gut, was erwartet man von einer Gegend? So gibt es heute nicht nur die eine »gute Adresse« (jene der »Upper Class«), sondern in einer föderalistischen und globalisierten Gesellschaft, viele »gute Adressen« mit unterschiedlichen Stärken.

> *Die gute Adresse*
> *Prinzip:* Soziale Bewertung eines Ortes
> *Formel:* CM + IB = SF
> *Methode:* Aufwerten
> *Ziel:* Prestige

14. Territorium

John Milton Kane war immer schon ein wenig ängstlich gewesen. Seit er zurückdenken konnte, hatten große Menschenansammlungen in ihm ein Gefühl der Ohnmacht ausgelöst, und seitdem er beruflich viel Zeit auf überfüllten Bahnhöfen und Flughäfen zubringen musste, hatte sich dieses Gefühl noch verstärkt. Salt Lake City war ein klassischer Umsteigeflughafen. Man kam mit Delta 1480 aus Omaha, hatte eineinhalb Stunden Aufenthalt und flog mit Delta 5324 weiter nach Idaho Falls. Die Flughafenlounge gab Kane zwar das Gefühl, ein Auserwählter zu sein, aber sie war doch auch nur eine andere Art öffentlicher Raum, in dem er jederzeit von irgendeinem redseligen Fluggast angesprochen werden konnte. Dann kam der Tag, an dem er »Ziosk« entdeckte. Es war hier in Salt Lake. Im Terminal stand da eine elegante Kabine an der Wand, in die eine Tür führte. Neben der Tür war ein Telefon angebracht mit der Aufforderung, den Hörer abzunehmen und mit dem Ziosk-Operator zu sprechen. »Private Spaces in Public Places«, lautete der Werbeslogan. John Milton hatte seinen PIN-Code erworben, und wann immer er auf dem überfüllten Flughafen das Bedürfnis nach einem eigenen Raum hatte, in dem er sich ganz privat fühlen konnte, tippte er seine Nummer ein, die Tür öffnete sich, und er betrat seine eigene, kleine Welt. Da waren eine Liege, ein Tisch, eine Dusche, ein Telefon und ein Faxgerät, ein Fernseher. John Milton Kane fühlte sich dann an einen alten englischen Spruch erinnert: »My Home is my Castle.« Der Ziosk war zwar nicht mit seinem Zuhause zu vergleichen, aber er war doch ein eigenes Territorium in einer feindlichen Welt. Überall im Land hatten die Leute von der Ziosk Inc. solche Kabinen auf Flughäfen aufgestellt. Ziosk wusste: Das Bedürfnis nach einem eigenen Territorium steckt in uns allen.

Wenn man gefragt wird, wo man sein Auto abgestellt hat, sagt jeder ohne nachzudenken: »Ich stehe gleich dort drüben«, obwohl dort ja nur das Auto steht. Aber mit dem Wagen steht dort eben auch etwas von uns selbst. Der Ort ist nicht mehr neutral, nicht mehr ganz öffentlich, er ist Territorium geworden: CM + ML = SF. Die Formel besagt, dass ein Stück Land oder ein Raum, repräsentiert durch eine *kognitive Landkarte*, auf Grund einer Markierung zum Besitz wird. Unsere Fähigkeit zur *Media Literacy* lässt uns jene Konventionen lesen, die sich als Markierung eignen. Die amerikanischen Siedler haben am Klondike ihren Claim abgesteckt. Die amerikanischen Astronauten haben ihre Flagge, die Stars and Stripes, in den staubigen Mondboden gerammt. Das Ergebnis ist ein Segment, das wir auf Grund unserer *Sentence Frames* als umgrenztes Gebiet wahrnehmen.

Territorien werden im Prinzip instinktiv eingehalten. Wenn jemand eine weiße Linie am Fußboden zieht, fällt es einem tatsächlich schwer, sie zu übertreten. In Diskotheken wird die Tanzfläche manchmal nur graphisch angedeutet, und trotzdem halten sich die Tänzer daran. Wenn ein Territorium dann aber trotzdem verletzt wird, entsteht oft ein erbitterter Kampf. Zum Konfliktpotential in unserer Welt gehört, dass manche *Markierungen* von Territorien besonders leise und unauffällig daherkommen und gerade dadurch so effektiv sind. Eine Fahne kann notfalls von Revolutionären eingeholt und verbrannt werden, aber wenn die Markierung durch soziale Verhaltensweisen zu Stande kommt, ist die Rebellion schwieriger. In der Schweiz spricht man etwa von der *Röschti-Grenze*. Westlich dieser Grenze isst man die französischen Pommes frites, östlich davon die deutschschweizer Röschti. In den USA wird der *Bibel-Gürtel* registriert, der sich quer durchs Land zieht und markiert, wo die Menschen noch geneigt sind, an eine Schöpfung in sechs Tagen zu glauben. Als George Bush 2004 zum Entsetzen vieler liberaler Amerikaner zum zweiten Mal ins Weiße Haus gewählt wurde, tauchten im Internet Landkarten auf, die eben diese neue Territoriumsverteilung in den USA ironisch kommentierten. Eine Landkarte zeigte den großen republikanischen Block von Florida über Texas bis Nevada, neu benannt als »United States of Texas«, während östlich davon New York und die New England Staaten, westlich davon Kalifornien und nördlich des Block Illinois und Kanada zu einem Landstrich verschmolzen, genannt »New America«. Ein anderer Karikaturist schlug für eben diese Region in seiner Landkarte die Bezeichnung »United States of Canada« vor, während er die große zentrale Kernregion der USA in seiner Karte als »Jesusland« bezeichnete.

Markierungen können ein Territorium ausweiten, wenn etwa ein fernöstlicher Automobilhersteller damit beginnt, Niederlassungen einzurichten, seine Firmenfahne auf deren Dächer pflanzt und der Bevölkerung mittels Werbespots beibringt, wie man um Gottes willen diese Marke richtig ausspricht. Markierungen werden auch dazu benützt, ein Territorium zu vereinen. So steht das Kapitol, das weiße Kongressgebäude der USA mit seiner charakteristischen Kuppel, nicht nur in Washington, sondern auch in den Hauptstädten weiterer Bundesstaaten: etwa in Denver, Saint Paul und Sacramento. Die Staatsgewalt riesiger Länder dokumentiert durch solche Markierungen ihre Präsenz, schart die Ihren um ein sichtbares Zeichen und warnt die Gegner im Inneren wie im Äußeren vor dem festen Willen, Ansprüche an das Territorium durchsetzen zu wollen. Schon wir Österreicher zwangen einst unsere Schweizer Mitbürger, sich vor einem Hut zu verneigen, bis schließlich ein Wilhelm Tell vorbeikam und sich weigerte, der Markierung des Territoriums seine Reverenz zu erweisen. »Sorry«, liebe Schweizer Leser.

Territorium
Prinzip: My Home is my Castle
Formel: CM + ML = SF
Methode: Markieren
Ziel: Besitzen

Die vier zuletzt analysierten Kunstgriffe haben allesamt eine gewisse stabilisierende Wirkung, sie schreiben Dinge fest.

⑪ Alles an seinem Platz . . . . CM + BS = SF
⑫ Stationen einer Reise . . . . BS + SF = CM
⑬ Die gute Adresse . . . . CM + IB = SF
⑭ Territorium . . . . CM + ML = SF

Nun folgen drei Kunstgriffe, die in jeweils anderer Weise die Dinge zusammenklammern, vereinheitlichen. Es sind dramaturgische »Superkleber«, die es in sich haben:

15. Thematisierung

Ich erinnere mich noch ganz genau. Während des ersten Besuchs im Disneyland Paris stehen wir unversehens in einer abseits gelegenen Naturlandschaft des »Frontierlands« auf einem (künstlichen) Felsen und schauen hinunter. Links schießt gerade die riesige Fontäne eines Geysirs in die Höhe, auf dem weitläufigen Fluss taucht hinter einer Insel tutend der Schaufelraddampfer »Molly Brown« auf, ein Kojote auf einer bizarren Felsformation reckt den Kopf, und sein Geheul steigt in den Himmel empor. Da erscheint ein indianisches Kanu auf der Szene. Zwanzig Touristen sitzen auf Tierhäuten in dem schmalen Boot aus Birkenstämmen und paddeln, was das Zeug hält. »Nicht ungeschickt«, denke ich, als das Kanu elegant dem Dampfer ausweicht, für einen Augenblick stoppt, bis die wackeren Kanuten wieder loslegen, als ob sie vergessen hätten, dass sie eigentlich in Dortmund oder Marseille zu Hause sind. In diesem Augenblick grinsen die »Indianer« zu uns herüber, die in Walt Disneys Auftrag hinten im Kanu am Ruder sitzen, und parodieren hinter dem Rücken ihrer Schützlinge deren enthusiastische Paddelkünste. Und tatsächlich: Für einen Augenblick denke ich, dass das Kanu ganz von alleine fährt. Das wäre nicht so verwunderlich, denn schließlich schieben sich auch die beiden riesigen Schaufelraddampfer keineswegs durch die Kraft ihrer wasserverdrängenden Räder voran, sondern fahren computergesteuert auf Schienen. Also, wer weiß? Sicher ist jedenfalls, dass die Kanuten mit Begeisterung diese fremde Fallenstellerwelt als die ihre annahmen, das »Thema« des Wilden Westens für eine gewisse Zeit als Lebensumwelt akzeptierten.
Durch thematisch gestaltete »Welten« lässt man sich in fremde Situationen gänzlich hineinversetzen, *versinkt* in ihnen. Dahinter steckt die alte Sehnsucht, alles hinter sich zu lassen und, vielleicht mit einer Zeitmaschine, in eine ganz andere Umgebung einzutauchen. Wer einmal seinen Alltagsberuf gegen eine spannendere Aufgabe tauschen will,

kann heutzutage ein typisch britisches »Murder Mystery Weekend« buchen und dabei an einer Mörderjagd à la Sherlock Holmes teilnehmen. *Theme-Restaurants* tun so, als ob sie sich auf dem Meeresgrund, in einem feudalen viktorianischen Zug, in einem vergessenen Filmdepot oder auf einem mexikanischen Marktplatz befinden. Das klassische *Themenhotel* »Madonna Inn«, auf halbem Weg zwischen Los Angeles und San Francisco ermöglicht seinen Gästen wahlweise die Erfahrung, in einer felsigen Höhlensuite zu übernachten oder in einer polynesischen Suite mit schwimmendem Bett in Form eines Katamarans und einem Vulkanausbruch auf Knopfdruck zu logieren. Wo auch immer: Im Hotel, im Restaurant, im Vergnügungspark, immer dient das *Thema* dazu, den Gast seine eigene Identität vergessen zu lassen und eine ungewöhnliche Umwelt als die seine anzunehmen.

Hinter der »Theme«-Strategie steht ein komplexer Cocktail psychologischer Mechanismen, der am besten in einem von Walt Disneys Themenparks erforscht werden kann.

Wer bei Disney Abfallkörbe sieht, die wie Elefantenfüße aussehen, und Angestellte, die Khakianzüge mit Tropenhelmen tragen, der spürt geradezu den Hauch des Abenteuers. Der Besucher befindet sich im »Adventureland« des Disneyparks. Das Thema stellt sich ein, weil alle Imagesignale, die *Inferential Beliefs*, die man mit dem Thema »Abenteuer« verbindet, an diesem Ort ständig bestätigt werden und dabei einen in sich geschlossenen Zirkel bilden. Im Adventureland ist alles abenteuerlich, im Frontierland hingegen dominiert Wildwest-Ambiente: in der Architektur, der Country-Musik und dem Essen im Saloon, und die käuflichen Namensschilder für die Wohnungstür zu Hause werden natürlich aus Holz geschnitzt.
Die »Theme«-Strategie greift dann, wenn man allmählich die Inszenierung als eigene Umwelt akzeptiert. Dazu muss das Thema bis ins Letzte konsequent durchgeführt werden. Im Adventureland sind sogar die Hinweisschilder, die auf den Toiletten »Women« und »Gentlemen« anzeigen, thematisch gestaltet: etwa als Gaucho im mexikanischen Teil der Abenteuerwelt. Unsere *Media Literacy* erlaubt in vielfältiger Weise das Spiel mit Schein und Wirklichkeit. In diesem Extremfall mutiert die Inszenierung zum Bewusstseinshintergrund, zu dem, was uns norma-

lerweise das Gefühl gibt, Bürger des industrialisierten, beginnenden 21. Jahrhunderts zu sein und das im Themenpark den Alltagsmenschen zum Abenteurer oder Fallensteller in seinem Kanu macht. Der Unterschied zu allen anderen dramaturgischen Kunstgriffen besteht darin, dass in diesem Fall die Inszenierung nicht die »theatralische Bühnenshow« ist und es die normale Welt drum herum auch noch gibt, sondern die Show wird zu unserer Welt, in der wir, zumindest für eine begrenzte Zeit, *zu Hause* sind.

Die Konsequenzen sind verblüffend. Nach und nach beginnt das Publikum seine ihm zugedachte Rolle zu spielen, die *Brain Scripts* der Inszenierung tatsächlich zu leben, die »Drehbücher im Kopf« selbst umzusetzen. Das Newport-Beach-Hotel des Disneylands in Paris, beispielsweise, das seine Gäste mit Leuchtturm und Yacht-Club in einen gediegenen Badeort zur Zeit der Jahrhundertwende versetzt, hält auf seiner großen Veranda viele der so typischen Neuengland-Schaukelstühle bereit. Also sitzt man auf der Veranda und schaukelt. Manche Besucher beginnen so, sich wie die Millionäre der Newport Beach in ihrem Müßiggang zu fühlen, und andere paddeln mit ihren Kanus los, als ob sie nie etwas anderes getan hätten. Bei den so beliebt gewordenen Ritteressen greift so mancher Gourmet, der im Feinschmeckerlokal immer zum richtigen Messer greift, mit bloßen Händen zur Wildschweinkeule, um sie, triefend vor Fett, zu verschlingen. Zusätzlich zum Ambiente wird also auch das zum Thema gehörende *Lebensgefühl* geweckt. Die dramaturgische Formel für das »Theme«-Phänomen lautet daher: IB + ML = BS.

Schon in den sechziger Jahren bot die amerikanische Fluggesellschaft TWA auf verschiedenen inneramerikanischen Flügen so genannte Foreign-Accent-Flüge an.

Es gab, wie Alvin Toffler berichtete, französische Flüge, auf denen alles, von den Mahlzeiten über die Musik, die Zeitschriften, die Filme, bis hin zum Minirock der Stewardess, französisch war. Nach demselben Prinzip gab es römische Flüge (Stewardessen in weißen Togen) und altenglische Flüge, für die man die Flugzeuge als britische Pubs verkleidete. Allerdings: Wenn man nach Los Angeles fliegt und schon den Glamour Hollywoods und die kalifornische Sonne im Kopf hat, warum sollte man dann in der Stimmung sein, sich altrömisch fühlen zu wollen? Irgendwie ist das alles keine Erfindung unseres Zeitalters. Bereits im 19. Jahrhundert schuf sich das Großbürgertum historisierende Zimmer. Man hatte seinen ägyptischen Salon oder sein persisches Zimmer und pflegte damit eine private Form des Eskapismus, wie ihn später die Vergnügungsparks und die Fernreisen für jedermann industriell befriedigen sollten.

Heute sind »Ethnische Viertel« amerikanischer Städte wie natürliche Themenparks, mit allen dramaturgischen Merkmalen des »Theme«-Phänomens.

Das wurde uns so richtig erst vor einigen Jahren, mitten in New York, in einem kleinen Lokal bewusst. Es gab Streit, und der Sohn des Lokalbesitzers fing sich eine schallende Ohrfeige. Davor fand in lautem Italienisch ein heftiger Wortwechsel statt. Der Sohn war mindestens dreißig, das Lokal in Little Italy und das patriarchalische Verhalten des Patrons italienischer, als es im heutigen Italien je sein könnte. Damit gemeint ist unwillkürlich scriptgemäßes Verhalten: sehr italienisch, sehr irisch. Damit ist weiterhin gemeint, dass so, wie im Disney-Adventureland alles abenteuerlich aussieht, in der Chinatown von Manhattan oder San Francisco alles sehr chinesisch aussieht, etwa die berühmten Telefonzellen im Look von kleinen Tempelchen. Damit gemeint ist schließlich, dass dieser Look zur Lebensumwelt wird, sodass manche ältere Chinesen Jahrzehnte in New York lebten, ohne jemals ein einziges Wort Englisch gesprochen zu haben. Es gibt hier eigene Regeln im Geschäftsleben und eigene Verbrechersyndikate, die tatsächlich nur Chinesen innerhalb der Grenzen des Viertels erpressen.
Und natürlich werden überall im Marketing Themenkonzepte strategisch eingesetzt. Längst werden Ladenketten, Hotels und Restaurants thematisiert, verfolgen die Entwickler von Immobilienprojekten Themenstrategien. Im unterirdischen »Forum Les Halles« von Paris entdeckte ich vor Jahren einen Laden, der Kunden in ein französisches Landhaus versetzte. Auch wenn es ihn heute nicht mehr gibt, erscheint er mir immer noch als DER prototypische Themenshop. Ich will also von ihm erzählen. Gleich am Eingang stand ein Traktor, ein Besen lehnte an der Wand. Daneben war das Schlafzimmer mit dem Bett, dem rotweiß karierten Betttuch, dem Nachtkästchen, einem Wecker und

Bildern an der Wand. Alles, was man sah, konnte auch gekauft werden. Die Dekoration des Shops war zugleich die Ware. *Theme-Shops* bieten zwei unüberbietbare Marketingvorteile: Der Konsument wird für die Zeit des Einkaufs in eine andere Welt versetzt und empfindet das als psychologisches Extra, als Zusatznutzen zum eigentlichen Kaufnutzen.

Und zweitens zeigt die Inszenierung die Ware in ihrem zukünftigen Verwendungszusammenhang, sodass im Käufer leichter die Vorstellung entsteht, die Ware auch wirklich zu brauchen.

So sah man den Wecker nicht in irgendeinem Regal, sondern gleich neben dem Bett. Das entsprechende »Brain Script« für »Aufstehen am Morgen« wurde präsent, und der Bedarf nach diesem schönen roten Wecker, den man sich jetzt schon gut bei sich zu Hause vorstellen konnte, wurde vielleicht geweckt.

Thematisierte Zoos versetzen nicht nur den Tiger in seine natürliche Umwelt, sondern den Besucher gleich mit.

Man steht nicht an einem Wassergraben und schaut hinüber auf die Wüstenlandschaft, in der sich die Geier tummeln, sondern ist selbst mitten in der Wüste, klettert zwischen Kakteen herum und leidet unter der Hitze. »Tiger River« im Zoo von San Diego, »Jungle World« im New Yorker Bronx-Zoo und »Burgers' Zoo« im holländischen Arnheim sind die klassischen »Theme-Zoos«. Burgers' Bush ist eine riesige Halle, in der ein tropischer Regenwald angepflanzt wurde. Tausende frei herumfliegende Dschungelvögel können sich hier artgerecht verhalten und verstecken sich im dichten Palmen- und Farnwald. Tausende Touristen benehmen sich wie Urwaldforscher und pirschen sich vorsichtig an die Vögel heran. Was für ein wunderbares Erlebnis, einen der bunten Vögel kurz zu sehen, viel aufregender als in einem »normalen« Zoo, in dem man denselben Vogel aus allernächster Nähe im Käfig anstarren kann. Dann gehen wir hinter dem Wasserfall vorbei durch den Felsentunnel (Achtung, Fledermäuse!!!) und lugen, kaum in »Burgers' Desert« angekommen, durch einen Felsspalt hindurch auf eine Klapperschlange, die sich an einer verlassenen Feuerstelle um einen alten Schuh herumwindet: Zoobesuch mit Kinogefühl.

Plötzlich war alles ganz anders. Rund um die Jahrtausendwende entwickelten die Menschen eine Sehnsucht nach mehr Sinn in Inszenierungen, nach hochwertigen Materialien und Design, kurz, nach mehr Echtheit.

Die Spaßkultur war vorbei, die Erlebnisgesellschaft erwachsen geworden. Haben wir noch vor Jahren den künstlichen Dschungel im Burger´s Zoo bewundert und die Flucht in eine andere Welt genossen, schätzen wir heute das Affenhaus im Wiener Tiergarten Schönbrunn, wo die Affen in artgerechten Käfigen leben, die Besucher im historischen Affenhaus auf weichem Untergrund gehen, der an Dschungelboden erinnert, und – hoppla, was war das? – ein kleines Äffchen gerade über meinen Kopf hinweg springt, von einem Baum auf ein Seil und weiter auf das Dach eines Käfigs, in dem die größeren Affen einer anderen Art hocken. Man lässt tatsächlich einige kleine, besonders pflegeleichte Äffchen frei im Affenhaus herumlaufen, spielen, springen, die Besucher neugierig beäugen. Die Wirkung ist verblüffend, denn ganz unwillkürlich sieht man diese Äffchen als Tiere in freier Wildbahn an, verhält sich dementsprechend, fühlt sich wie auf einer Safari und das ganz ohne Kulissen und künstliche Dschungelatmosphäre:

Thematisierung mit Echtheit

Sie hat derzeit besonders die Hospitality Branche erfasst, mit einigen erstaunlichen Objekten. Da funktionierte der holländische Journalist Gosse Beerda im friesischen Hafenstädtchen Stavoren einen 17 Meter hohen Kran zu einem edlen Boutiquehotel um, mit einem einzigen Zimmer, bequemem Aufzug ins Refugium, Plasmabildschirmen, Farbveränderungen in der Dusche und grandiosem Hafenblick. Wie es sich für eine richtige Thematisierung gehört, darf man seine Brain Scripts ausleben und Kranführer spielen. Mit einem Designhebel schwenkt man den 60.000 Tonner nach links, nach rechts oder im Kreis herum, je nach Champagnerlaune. In Stavoren hält Herr Beerde als weitere Themenhotels der anderen Art ein Rettungsschiff - umgebaut in ein Designhotel mit Arne Jacobsen Stühlen - und ein Leuchtturm-Designhotel bereit. Die Lust an der Echtheit bei der Thematisierung hat ihren Gipfel im schon einmal erwähnten Hotel »Little Palm Island« erreicht, einem sehr exklusiven All-Suite-Hotel auf einer Privatinsel vor den Florida Keys, in dem schon Theodore Roosevelt urlaubte.

Das Brain Script, um das sich hier alles dreht, ist das Paradies-Script, und kommt überhaupt gänzlich ohne offensichtliche Inszenierungsmaßnahmen aus.

Vieles an harmonischer Einheit von Natur und Mensch wird einfach zugelassen, wie die Vögel mit ihren riesigen Schnäbeln, die nicht verjagt werden, wenn sie vom schon geschlossenen Frühstücksbuffet naschen. Es beginnt mit der Telefonnummer, wobei man wissen muss, dass in den USA den Ziffern auf den Telefonen bekanntlich auch Buchstaben entsprechen. Die Nummer heißt also GET LOST, die Fähre mit Kapitän und weißen Ledersitzen, die zwischen Little Palm Island und dem Mainland von Florida pendelt, ist die ESCAPE. In den Luxusbungalows gibt es weder Telefon noch Fernseher, vor jedem Bungalow ist eine Hängematte, zwischen den Bungalows laufen die wilden Key Deers frei und zutraulich herum, abends kann man die Uhr nach der Delphinschule stellen, die zum Sonnenuntergang vorbeischwimmt. Die paradiesische Einheit mit der Natur findet ihren Höhepunkt im Gourmetrestaurant der Insel. Gedeckte Tische und Stühle werden weit ins Meer hineingestellt und man watet zu seinem Tisch. Das Meeresgetier auf dem Teller wandert im warmen Wasser der Karibik auch unter dem Tisch vorbei, sodass man die Füße kurz hochnehmen muss. Und wenn dann noch die Delphine kommen ist das Lebensgefühl vom Paradies perfekt.
In Berlin hat der russische Architekt Sergei Tchoban eine urbane Variante einer maritimen Echtheits-Thematisierung gebaut. Im 2004 eröffneten SAS-Hotel »Domaquarée« steht inmitten der Lobby ein 25 Meter hoher Tank – der Aquadom - gefüllt mit 900.000 Litern Salzwasser und zahlreichen tropischen Fischen, die zugleich Bestandteil eines Sea-Life-Centers im Hotelkomplex sind. »Wollen Sie ein Zimmer mit Berlin-Blick oder mit Meeresblick?« fragt mich der Rezeptionist beim Check in. Die Hälfte aller Zimmer haben große Fenster zur Wassersäule. Wenn man auf dem Bett sitzt und fernsieht, sieht man aus dem Augenwinkel Fischschwärme ihre Kreise ziehen und morgens einen Taucher, der mit den Fischen schwimmt (um den Glaszylinder zu reinigen). Man vermeint tatsächlich, unter Wasser zu blicken, wie einst

Kapitän Nemo in der Nautilus. Zugleich ist das Hotel durchaus cool, mit Farbduschen und Lounge-Musik auf den Gängen, hippen Restaurants – ein Designhotel, keine Kulissenwelt. Vor kurzem auf einem Flughafen hat mir Sergei Tchoban seine Architekturskizzen zum Hotel gezeigt – »Architekturphantasien«, nannte er sie. Da schwimmt ein hochsee-tüchtiges Segelschiff auf einem Phantasiemeer im Hotelatrium - gerade läuft das Schiff aus. Vielleicht hätte man früher versucht, diese Vision durch eine Kulisse real werden zu lassen. Heute schafft der Architekt dieselbe Wirkung ohne plumpen Eskapismus.

Thematisierung
Prinzip: Eskapismus
Formel: IB + ML = BS
Methode: Environments schaffen
Ziel: Versinken

16. Frames

Wir sind im Sheraton-Hotel von Bloomington, Minneapolis, drei Auto-minuten von der »Mall of America« entfernt. Es ist acht Uhr morgens, und ich halte einen großen aufblasbaren Plastikhai in die Höhe. »Wie viel?« frage ich. »75 Cents?« »Nein, eineinhalb Dollar.« Und diese Kette? Ich lasse sie herumgehen, die Seminarteilnehmer berühren und prüfen sie. »Nicht mehr als sieben Dollar«, ist das Ergebnis der Schätzung. Ich zeige ein Buch und eine Brille mit 3,5 Dioptrien. »10 Dollar, 35 Dollar.« Die Wahrheit: Alles hat nur einen Dollar gekostet, und zwar genau einen Dollar. Nicht 80 Cents, nicht 1,25 Dollar. Die Waren stammen allesamt aus dem Shop »Everything's $ 1,00«. Wir fahren hinüber zur Mall und besichtigen den Laden. Was alles, fragt sich dort der Konsument, kann man noch für nur einen Dollar kaufen. Etwa auch diese Lampe, dieses Werkzeugset? Das Spiel erinnert an Quiz-Shows im Fernsehen, deren Kandidaten den Preis von Konsumartikeln schätzen sollen. »Der Preis ist heiß«, hieß die entsprechende Show in Deutschland. Diese Art von Preisgeschicklichkeit ist eine jener prinzipiellen Fähigkeiten, die fast jeder von uns mitbringt. Wir haben ja auch gelernt, wie man Fahrkartenautomaten bedient und die Türen von Straßenbahnen öffnet. Es ist eine »Media-Literacy«-Fähigkeit, die hier vom Kunden gefordert wird. »Everything's $ 1,00« gehört zu einer in Europa noch kaum bekannten Sorte von Läden, die weder auf ein Sortiment noch auf eine bestimmte Atmosphäre oder auf ein gemeinsames Thema als Ordnungsprinzip bauen. Das *Kaufspiel* ist hier der gemeinsame Rahmen, der »Frame«, für ganz unterschiedliche Produkte.

Basis für das »Frame«-Phänomen ist immer irgendeine Art von *Media Literacy*. Dafür kommen nicht nur Kaufspiele infrage. Die erste europäische Weltausstellung nach Jahrzehnten, jene in Sevilla, bediente sich origineller Wasserspiele, um die thematisch unterschiedlichen Pavillons aneinander zu klammern. Wasser wurde hier zu Wasserwänden stilisiert, Wasser wurde als Filmprojektionsfläche benützt zur täglichen Lasershow am See; Wasser sprang durch die Gegend, wie von Wassergeistern beseelt. Immer wurde so getan, als ob das Wasser etwas ganz anderes sei. Unsere »Media Literacy« registriert dieses Ordnungsprinzip der »geborgten Sprache« und erkennt die Wiederholung. Dieser Wiederholungsfaktor ist schließlich dafür verantwortlich, dass solche Spiele überhaupt als Ordnungsprinzip zur Geltung kommen. Man erkennt den gemeinsamen Nenner, den *Sentence Frame* des Rahmens. So entsteht über die Basisgeschicklichkeit hinaus eine zweite Geschicklichkeitsebene: *das Erlebnis des Könnens.* ML + SF = ML lautet daher die dramaturgische Formel für den »Frame«. Ein gemeinsamer Rahmen wird aufgezogen, ein *Habitat* entsteht.

»Frame«-Phänomene werden überall dort eingesetzt, wo zwar ein dramaturgischer Kitt für ganz unterschiedliche Objekte notwendig, aber kein gemeinsamer Themennenner vorhanden ist.

Weltausstellungen etwa müssen viele unterschiedliche Länderpavillons aneinander klammern, in denen, je nach Land, natürlich unterschiedliche thematische Schwerpunkte gesetzt werden. In Business-Parks ist es manchmal nicht möglich, für alle Immobilien Mieter zum selben Thema zusammenzubringen. Ein gemeinsamer »Frame« aber ist immer möglich. Eine Erfindung von Filmarchitekten und den Gestaltern von Freizeitparks ist das Spiel mit der *Veränderung von natürlichen Größenverhältnissen.* Diese Art von »Frame« kann man am besten in den beiden »Universal City Walks« in Los Angeles und Orlando erleben. Das Konzept wendet sich an ein sehr junges Zielpublikum und natürlich an Touristen, die den Hollywood-Glamour auch in einer Mall erwarten, die gleich neben den Filmstudios liegt. Man flaniert im Freien auf einer Straße, die mit Gebäuden im typisch kleingliedrigen, kalifornischen Stil gesäumt ist. Doch man hat alle Gebäude, im Vergleich zu solchen Gebäuden in der Stadt, um den Faktor 1,5 vergrößert. Das registriert man zwar nicht bewusst, es hat aber seine Auswirkungen.

Zweifellos spielt jedoch *ein* Kunstgriff bei der Herstellung von »Frames« die Hauptrolle: das ist die *geborgte Sprache*, die ja auch hinter den oben beschriebenen Expo-Wasserspielen steckt. In Jean Nouvel´s Pariser Museum »Institut du Monde Arabe« ist die gesamte Fassadenfläche mit einer mechanisch bewegbaren Lamellenkonstruktion ausgestattet, die wie eine Symbiose aus der Irisblende von Fotoapparaten und typisch arabischen Mustern aussieht. Der Museumsbesucher wartet gebannt auf eine Veränderung im Sonnenstand, denn in diesem Augenblick reagieren Sensoren, schließen oder öffnen die Blenden, verändern auch Tausende der Metallmuster und damit das Aussehen der ganzen Fassade, ja des gesamten Museums. Es ist *geborgte Sprache*, denn die Lamellen »machen« die Irisblende, »machen« zugleich die Haremsfenster.

Da beim »Frame« die Machart, an Stelle eines gemeinsamen Themas, registriert wird, eignet sich der Kunstgriff besonders für Werbekampagnen. Sie sollen wie aus einem Guss wirken, aber in jeder Printanzeige muss vielleicht ein anderes Highlight des Produktes beworben werden. Austrian Airlines sprach in einer Plakatkampagne einmal über den wunderbaren Service, dann über die, damals gerade neue, Tokio-Verbindung und ein anderes Mal über die spezifische Freundlichkeit des Personals. Die Plakate hatten das Aussehen einer Buchseite mit je einem Foto und auffälligen Eigenschaften. Die wichtigen Informationen waren teilweise kursiv geschrieben, andere fett gedruckt, es gab Querverweise mit Pfeil (»Siehe auch: New York nonstop«). Ich frage meine Studenten: »Was haben wir da?« Und sie sagen: »Ein Lexikon.« Tatsächlich bedienten sich alle thematisch ganz unterschiedlichen Sujets formal der Machart des Lexikons. Das war der »Frame« der Kampagne, und wieder der Kunstgriff der *geborgten Sprache*.

Woher haben wir Menschen eigentlich den Blick für solche Ordnungskategorien? Der »Frame-Blick« bedeutet, wiederkehrende Merkmale erkennen, bei deren Identifikation man sich geschickt anstellen muss. Das ist wie die Arbeit eines Botanikers, der viele unterschiedliche Pflanzen bestimmt, ihre Merkmale, wie den Blütenkelch oder die Staubgefäße registriert, und jene Pflanzen, die einer gemeinsamen »Klasse« angehören, wie die Botaniker sagen, in sein Herbarium klebt. Die Evolution ist es, die den »Frame« hervorgebracht hat. Durch ihn sind wir in der Lage, die unterschiedlichen Ausprägungen des Lebens zu erkennen und einzuordnen. Und nicht nur Fauna und Flora unseres Planeten produzieren unterschiedliche Spezies. Es gibt sie genauso in Kultur und Zivilisation, etwa in den Produktentwicklungen, die anscheinend manchmal schubweise oder zyklisch über den Konsumenten hereinbrechen. Eine solche Produktklasse bilden die »verkleideten Produkte«, die in den späten achtziger Jahren zur Hochblüte kamen. Telefone sahen aus wie der Cartoonkater Garfield, wie eine Gurke, wie ein Stöckelschuh oder ein Spielzeugklavier. Eine Zeit lang beglückte ich zu Weihnachten meine Freunde mit Dingen, die aus Holz oder Stein waren: hölzerne Kugelschreiber, hölzerne Füllfederhalter, hölzerne Uhren (»Wood Watch«) oder Uhren aus Stein (»Rock Watch«). Ein anderes Spiel für den an der Produktevolution interessierten Konsumenten ist der Spaß an der Miniaturisierung. Was früher groß und stationär war, wurde in den Achtzigern klein und mobil. Es kamen die ersten Handys, das »Float Phone«, das natürlich schwimmen konnte, das ebenso wasserfeste »Shower Radio«, der Walkman, der Game Boy und der tragbare Minikopierer wurden auf den Markt gebracht. Heute speichert mein winziger iPod mini meine gesamte CD-Sammlung. Und wieder eine andere Klasse von Produkten konnte sprechen: Uhren, Autos, Fahrstühle und die Waage zur Gewichtskontrolle. Der »Frame« der Produktklassen wurde registriert. Sammler, die der neuesten »Swatch-Uhr« nachjagten, unterschieden sich kaum von den fanatischen Schmetterlingssammlern des Biedermeier.

Das »Frame-Phänomen« wurde die vorherrschende *Produktklasse* in der Inszenierung von Musicals und Shows. Während man früher bei effektvollen Bühneninszenierungen auf den Glamour-Faktor (Showgirls) und den großen Aufwand (viele Showgirls) setzte, steht seit zwanzig Jahren das smarte Frame-Spiel im Vordergrund, zum Beispiel in »Les Misérables« von Alain Boublil und Claude-Michel Schönberg nach dem Roman von Victor Hugo. Die Inszenierung ist von Trevor Nunn, die geniale Bühne von John Napier, der sich, wie immer, viele »Zauber-kunststücke« einfallen ließ, auf die das Publikum – wie eben in jeder Musical-Inszenierung - wartet und die, neben der Musik, der Grund sind, warum man heutzutage eines der großen Musicals sehen will. Da fahren zwei riesige, begehbare Gerümpelhaufen zu den Barrikaden zu-sammen, kippen dabei hydraulisch, verwandeln sich als großer drama-turgischer Effekt. Dann wird die Bühne sozusagen zur Filmleinwand. Zeitlupeneffekte mit realen Schauspielern benutzen die Bildsprache des Films. Die Drehbühne ermöglicht filmische Schuss-Gegenschuss-Effekte, bei denen das Publikum eine Szene aus der Perspektive hinter der Barrikade sieht und dann, durch Drehung der Bühne, den Fortgang aus dem feindlichen Gebiet heraus, in dem auch die tödlichen Schüsse fallen, beobachten kann. Als »der Bösewicht« des Musicals Selbstmord begeht, wird die Szene ebenfalls als »Wahrnehmungsspiel« gelöst. Er singt hierbei einen dramatischen Song auf einer Brücke, die eigentlich ganz normal auf dem Bühnenboden steht, aber durch Lichtprojektionen hoch oben zu schweben scheint. Dann »stürzt« sich der Sänger hinun-ter, indem die Brücke blitzschnell in jenem Augenblick hochgezogen wird, in dem der Schauspieler die Sprungbewegungen vollführt. Ein toller Effekt. Man hält den Atem an, weil es die eigene Wahrnehmungs-konstruktion ist, die einen den Sprung spüren lässt.

Überall in der Musicalregie finden sich solche Effekte. In Andrew Lloyd Webbers »The Phantom of the Opera« tauchen die Protagonisten in mehreren Szenen des Stücks verblüffenderweise mal hier, mal dort auf: Doubles ermöglichen diesen Taschenspielertrick. In »City of Angels« ist die Bühne in der Mitte vertikal geteilt. Die eine Bühnenhälfte ist in Farbe – ein Drehbuchautor schreibt dort sein Drehbuch –, die andere Hälfte ist in Schwarzweiß – der Film spielt dort, live von Schauspielern auf der Bühne dargestellt. Wenn der Autor etwas umschreibt, gehen die Schauspieler »im Film« rückwärts, sprechen rückwärts, bis alles neu steht und von vorne beginnt. In Webbers »Starlight Express« gibt es nicht nur die spektakulären Rollschuhläufe auf der Bühne – alle Schauspieler stellen Lokomotiven und Eisenbahnwaggons auf Roll-schuhen dar, die ein Rennen bestreiten –, sondern es gibt hier auch viel Wortwitz. Die drei Waggons der Dampflok heißen »Rocky One, Rocky Two, Rocky Three« (wie der Boxerfilm und seine beiden Fortsetzun-

gen). Und der japanische Zug heißt »Nintendo«, wie der japanische
Videospielkonzern. Immer mehr haben solche selbstironischen Kniffe
die hydraulischen Effekte der achtziger und neunziger Jahre abgelöst.
Im größten Musical-Hit der Gegenwart – »Mamma Mia!« von den ABBA
Stars Benny Andersson und Björn Ulvaeus – werden die alten Songs mit
ihren Originaltexten derart witzig in eine Handlung auf einer griechischen Insel eingebaut, dass man aus dem Lachen vor lauter absurden
Querverbindungen kaum herauskommt. Aus dem ABBA-Song »I DO,
I DO, I DO, I DO, I DO« wird Donnas zögerndes Jawort (auf englisch
lautet das »Ja« vor dem Traualtar bekanntlich »I do«), wenn Sam seine
verloren geglaubte Liebe um ihre Hand bittet. Bei Weltausstellungen,
Eröffnungen von Olympischen Spielen, im Cirque du Soleil und in smarten Musicals bestimmen Frames das Entertainment von Heute.

Frames
Prinzip: Das Erlebnis des Könnens
Formel: ML + SF = ML
Methode: Ein gemeinsames Ordnungsprinzip schaffen
Ziel: Rahmen

17. Ensemble

Es ist der 30. August 1976. Ich betrete die Städtischen Bühnen Münster
durch den Bühneneingang und bin damit am Theater. Es erwarten mich
zwei Produktionen, bei denen ich als Regieassistent volontieren werde.
Das Theater ist eine andere Welt, und die Kämpfe um die beste Rolle
bestimmen den Alltag des Ensembles. Früher einmal, erzählt man mir,
war das alles einfacher. Jeder Schauspieler war für ein bestimmtes
Rollenfach engagiert, das seiner künstlerischen Veranlagung entsprach,
und hatte bei einer Neuinszenierung Anrecht, für sein Fach besetzt zu
werden. Solche Rollenfächer waren zum Beispiel der »jugendliche
Liebhaber«, wie Shakespeares Romeo, die »Naive«, wie das Gretchen
in »Faust«, die Salondame, der Bonvivant. Jeder im Team hatte also
seine spezifische Funktion, sein Brain Script. Ein solches Ensemble
ermöglichte nach innen das optimale Zusammenspiel und gab nach
außen das Bild, reibungslos aufeinander eingestimmt zu sein.

Später entdeckte ich, dass auch die Belegschaft eines gutgeführten Unternehmens nach dem »Ensembleprinzip« funktioniert. Da sind Produktionsensembles, deren Zusammenspiel vor allem nach innen funktionieren muss, wie etwa die Fertigungsgruppen in der Automobilindustrie. Und da sind jene Ensembles, deren Abstimmung aufeinander als imagefördernde Visitenkarte sichtbar werden soll, etwa in einem Team von Sicherheitsleuten, Hostessen und Betreuern einer Großausstellung. Aber einerlei, wo die Ensemble-Dramaturgie letztlich eingesetzt wird, immer braucht sie ganz bestimmte Voraussetzungen, um wirksam zu werden.

Jedes Ensemble ist eine Gruppe von Menschen. Dieses Beziehungsgeflecht wird von uns als *Cognitive Map* gelesen. Wir registrieren Hauptpersonen als Knoten, um die sich alles dreht, identifizieren Teilgruppen als Districts mit eigener Identität, erkennen Beziehungsachsen. Im Spezialistenteam des »Raumschiffs Enterprise« erscheint uns Captain James T. Kirk als Hauptperson, weil er sich im Stuhl des Kommandanten auf der Brücke im Schnittpunkt aller Informationen befindet. »Langohr« Spock, Lieutenant Uhura und die anderen versorgen Kirk mit Informationen (»Ich empfange einen Funkspruch«) und erhalten von ihm Anweisungen (»Aktivieren Sie die Schutzschilde!«). Jedes Mitglied eines Ensembles kennt seine Aufgabe, verfügt über sein eigenes *Brain Script*, sein eigenes Verhaltensrepertoire, um diese Funktionen zu erfüllen. Der Bordingenieur Scotty kümmert sich um die Sol-Triebwerke, Wissenschaftsoffizier Spock analysiert eingehende Informationen (»faszinierend«), McCoy vertritt als Schiffsarzt die emotionale Seite der Dinge (»Das kann ich nicht verantworten«), Chekov und Zulu steuern das Schiff usw. Wenn ein Ensemble wirklich an einem Strang zieht, wird das vom Zuschauer bemerkt. Er registriert unwillkürlich: »Das Ganze ist mehr als die Summe der Teile.« Das ist das *Erlebnis des Zusammenspiels*, das der Konsument hat, und er muss sich geschickt anstellen, seine *Media Literacy* einsetzen, um dieses Zusammenspiel der Einzelaktionen zu einem Ganzen wahrzunehmen. Die dramaturgische Formel für die Ensemblebildung lautet daher: CM + BS = ML.

Für das Marketing haben Ensembles natürlich in erster Linie die Bedeutung von *Visitenkarten*. Das Team steht auf Grund seiner reibungslosen Kooperationsfähigkeit in der Öffentlichkeit gut da und unterstützt so das Image der Unternehmung, die das Ensemble im Interesse des

Kunden bewältigt. Eine solche Unternehmung im großen Stil sind alle Großveranstaltungen, wie Olympische Spiele und Weltausstellungen, große Firmen-Events, manchmal Messen oder Museen. Jede Service-gruppe auf einer Expo besitzt üblicherweise eine eigene Uniform, die signalhaft die Funktion der Gruppe kenntlich macht. Weiße Uniformen vielleicht für die Sanitäter, Kappen mit dem Expo-Logo für die offizi-ellen Führer der Expo, blaue Fahreruniformen für die Transportleute, strenge Kappen und leicht paramilitärische Uniformen bei sympathisch beruhigenden Farben für die Sicherheitsleute. Würde man einen Be-sucher einer solchen Expo dazu bringen, die kognitive Landkarte des Servicepersonals aufzuzeichnen, würde er verschiedene Inseln aufma-len, könnte zu jeder Insel eine andere typische Verhaltensweise nennen und mit Achsen angeben, welche Gruppen in welcher Reihenfolge miteinander kommunizieren. Wenn ich etwa mein Kind im Gewühl verliere, käme ich nicht auf die Idee, mich an die Sanitäter zu wenden, sondern ich würde die Sicherheitsleute auf Trab bringen, die sich dann ihrerseits mit den Kindergärtnern der Expo verständigen würden, da diese wissen, was Kinder tun, wenn sie verloren gehen. Das würde ich dann, wenn alles gut geht, als das Zusammenspiel eines Ensembles empfinden.

Das genaue Gegenteil des Ensembles als Visitenkarte sind jene Grup-pen, die verdeckt arbeiten und deren Zusammenspiel nicht durch-schaut werden darf. Manchmal soll nicht einmal erkannt werden, dass die einzelnen Personen überhaupt Bestandteil eines Ensembles sind. Geheimdienste und Banden agieren auf diese Weise. Im viktorianischen England, der großen Zeit der Trickbetrüger und Taschendiebe, hatten Verbrecher regelrechte Rollenfächer, deren Namen auf die Funktion des Bandenmitglieds im Ensemble verwies. »Der Windmacher« war etwa eine Person, die von einem Taschendiebstahl oder Einbruch ablenkte, indem sie die Aufmerksamkeit auf sich zog, zum Beispiel einen Betrun-kenen mimte. Entscheidend für das reibungslose Zusammenspiel der Bande ist das präzise Timing der einzelnen Teilscripts jedes Bandenmit-glieds. Zu diesem Zweck müssen die Ensemblemitglieder miteinander verdeckt kommunizieren. Kleinste Gesten, vereinbarte Zeichen, Codes wie Räuspern und Lachen, Überschreiten oder Vermeiden einer Linie, Geräusche und vieles mehr signalisierten, welche Teilscripts jetzt zum Einsatz kommen, ob die Aktion abgebrochen werden soll usw. Noch bis in die Gegenwart werden Überfälle auf ahnungslose Touristen von solchen Bandenensembles durchgeführt. Einer entreißt dem Touristen die Handtasche. Zwei weitere verhindern, dass der Tourist den Täter stellt, indem sie zufällig im Weg stehen und so eine Verfolgung behindern. Ein dritter übernimmt die Tasche, damit der Dieb, falls doch gefasst, nicht überführt werden kann. Weitere Bandenmitglieder behalten den Bestohlenen im Auge, bieten, um abzulenken, ihre Hilfe bei der Suche nach dem Dieb an oder drohen dem Opfer. Kellner, Verkäufer, Artisten und Manager bei Verhandlungen und Präsentationen müssen manchmal ebenso als verdecktes Ensemble agieren. Das Zusammenspiel darf dabei nur für die aktiv Beteiligten ein Erlebnis sein. Die Opfer werden ahnungslos gehalten.

Am 15. Oktober 1991 betrete ich zum ersten Mal die alte Universitätsstadt Tübingen und bin für eine Zeit Professor für Medienanalyse. Den spektakulärsten Blick auf die Stadt hat man vom Ufer des Neckars aus. Man schaut auf eine unglaubliche Ansammlung von Fachwerkhäusern, die in vier, fünf Schichten übereinandergestapelt sind. Da ist die alte Burse mit dem Karzer, der Hölderlin-Turm, in dem der berühmte Dichter umnachtet seine letzten Lebensjahre verbrachte, etliche Verbindungshäuser, eine Kirche, die Burg. Jedes Haus ist gut für sich einsehbar, und man erkennt nach kurzem »Briefing« durch Einheimische am Aussehen seine Funktion. Und doch registriert man die Ganzheit des Ensembles, das in seiner Monumentalität und Theatralik einfach stärker ist als seine Teile: die Neckar-Front. Das ist eine hundert Meter lange Schaufassade der Stadt, leicht gebogen, wie ein Rundhorizont am Theater. Es ist ein *Architektur-Ensemble*.

Jeder von uns hat in seiner Wohnung einige solcher Architektur-Ensembles »im kleinen«: Ein Sofa mit einem Tischchen davor, einer Stehlampe, einem seitlichen Beistelltisch und einem kleinen Teppich, der den »Distrikt« umgrenzt, ist ein Ensemble mit einem erkennbaren Zusammenspiel mehrerer Teilfunktionen. Diese Funktionen – sitzen, lesen, ablegen – sind die Brain Scripts, die jenen Teil der kognitiven Wohnzimmerlandkarte zu einem sinnvollen Ganzen machen. In Shopping-Malls, durch die sich eine architektonische Handschrift durchzieht, werden innenarchitektonische Ensembles bewusst eingesetzt. Am schönsten ist das vielleicht in der »Galerie du Carrousel« gelungen, der unterirdischen Shopping- und Restaurantlandschaft des Louvre.

Ausgehend vom Knoten des Komplexes, einer umgekehrten, auf der Spitze balancierenden Glaspyramide, gelangt man zu drei weitausladenden marmornen Ladenstraßen mit einem Virgin Megastore, einem esoterisch inspirierten »Nature Shop« bis zum Laden mit edlen Schreib- und Papierwaren. Architekt Pei hat es geschafft, dass die einzelnen Shops mit ihrem ganz unterschiedlichen Sortiment als eine zusammengehörende, exklusive Ladenzeile wahrgenommen werden. Auf diese Weise entgeht er der Gefahr, mit einem billigen Basar am Ende noch das größte Museum der Welt zu entweihen. Jedes Geschäft ist gleich aufgebaut. Konisch zulaufende Marmorwände saugen den Kunden durch das zentrale Ladentor, das von einem runden Glasfenster über dem Eingang betont und von zwei kleinen Glasvitrinen links und rechts des Tors flankiert wird. Riesige Fenster machen aus dem ganzen Laden ein einziges überdimensionales Schaufenster. Jeder Shop hat eine dramatisch gestaltete Treppe, die auf eine ebenfalls einsehbare Galerie führt. Das jeweils gleiche Zusammenspiel von Schaufenster, Portal, Vitrine, Galerie schweißt die Shops zu einer homogenen Ladenzeile zusammen, die schließlich bruchlos in die unterirdischen Grundmauern des Louvre übergeht.

Ensemble

Prinzip: Das Ganze ist mehr als die Summe der Teile
Formel: CM + BS = ML
Methode: Aufeinander bezogenes Verhalten schaffen
Ziel: Zusammenspiel

In einem der Shops unter dem Louvre habe ich mein Büchlein mit dem roten Ledereinband gekauft, in dem ich die Formeln der strategischen Dramaturgie verzeichne. Auf einer eigenen Seite steht unter Nummer 18 bis 24 »Erklärstrategien«. Das ZDF, dem ich so vieles verdanke, hat mich vor einigen Jahren motiviert, über das »Erklären« nachzudenken. Daraus ist in der Folge dann eine Seminarserie für die Graphiker des Hauses geworden, später haben dann auch meine Auftraggeber in Werbung und Öffentlichkeitsarbeit davon profitiert. Ich habe entdeckt, dass es neben dem *didaktischen* Erklären auch ein *dramaturgisches* Erklären gibt, das sinnlicher, moderner, lebensfroher ist. Hier ist das Ergebnis dieser Arbeit:

18. Who am I?

Dieser Kunstgriff hilft Politikern, ihr wahres Ich an die Öffentlichkeit zu bringen; verhilft wertvollen Produkten, die auf Grund ihres unattraktiven Aussehens ein Mauerblümchendasein führen, zu einem Coming-Out und enthüllt generell verborgene Werte und versteckte Skandale. Außerdem ist er ein ständiges Thema bei meinen Seminarteilnehmern von der ZDF-Graphik.

Sie warten gerade vor laufender Paintbox, dem elektronischen Zeichengerät der Fernsehleute, auf die erste Aufgabe des Seminars. Ich zeige ein Foto der Londoner Tower Bridge. Hunderte Male hat sie jeder Tourist schon auf Abbildungen und in London selbst gesehen. Man mag gar nicht mehr richtig hinsehen, wenn man ihr stromabwärts auf der Themse begegnet. Aber die Tower Bridge ist auch eine riesige viktorianische Dampfmaschine. Das ist, so die erste Seminaraufgabe, den Touristen klarzumachen, damit sie die Brücke mit neuen Augen sehen und vielleicht die zwei Pfund Eintritt für die Besichtigungstour zahlen. Kurzes Rätselraten, dann entsteht auf der Paintbox schnell ein stilisierter Querschnitt, der einige Dampfmaschinen, Hydraulik, Aufzüge im Inneren des Brückenkolosses zeigt. Die Aufgabe ist bravourös gelöst, denn die Frage »Wer bin ich?« lässt sich am besten durch eine *Enthüllung* beantworten.

Um zu zeigen, wie dieser Kunstgriff dramaturgisch funktioniert, erzähle ich eine Geschichte über den ehemaligen tschechischen Staatspräsidenten Vaclav Havel. Als Dissident der Charta 77 war er nicht gerade begeistert, regelmäßig die Präsidentengarde abschreiten zu müssen. Eines Tages beauftragte er deshalb den oscargekrönten Filmausstatter Theodor Pistrik (»Amadeus«) mit der Aufgabe, neue Uniformen für die Garde zu entwerfen. Mit vergoldetem Schulterlametta und großen Phantasieorden ließ er die Präsidentengarde zur Operettenarmee verkleiden. Seine Sekretärin rief der ehemalige Dissident und Schriftsteller mittels Hupe zum Diktat. Und mit einem Tretroller transportierte besagte Frau Stepanova, eine Kabarettistin, Akten durch die weiten Gänge des Hradschin. »Ich bin für mehr Ironie in der Politik«, sagte Havel denn auch in einem *Spiegel*-Interview. Zu fragen »Wer bin ich?« ist eine dramaturgische Strategie, die ein vorhandenes, aber teilweise verdecktes Image nach außen bringt, es erst so richtig sichtbar macht. Havel kannte jeder als Dissident im Pullover, doch nun war da ein Mann im dunklen Nadelstreifanzug. Da sind jene *Inferential Beliefs* einfach nicht zu vermeiden, die den ehemaligen Revolutionär jetzt als eine Art angepassten Banker erscheinen ließ. Um dem entgegenzutreten wurden von ihm Handlungen gesetzt, die man ohne weiteres als schelmisch bezeichnen könnte. Diese schelmischen *Brain Scripts* wiesen den Präsidenten nun als immer noch kämpferischen und mit literarischer Ironie versehenen Mann aus. Das sind die *Inferential Beliefs*, die enthüllt wurden. Was verdeckt war, wurde durch die Intervention offenbar. IB + BS = IB lautet die dramaturgische Formel für die »Who am I?«-Strategie.

Im Falle der Tower Bridge hat der visualisierte Querschnitt überraschend Maschinen, Funktionen losgetreten, die davor so nicht vermutet worden wären. Als man vor einigen Jahren den Louvre von Grund auf umbaute, nützte man die Chance, dem Publikum aus der ganzen Welt in einer großen Show zu zeigen, was dieses Museum eigentlich ursprünglich war: eine mittelalterliche Burg. Bekanntlich betritt man das Gebäude zunächst einmal durch die Glaspyramide, die uns in den Untergrund führt, wo man die Wahl zwischen drei unterschiedlichen Zugängen in drei Himmelsrichtungen hat. Am liebsten gehe ich zuerst entlang der Hauptachse in den Sully-Trakt. Hunderte von Metern wandert man dabei erst unterirdisch an den mächtigen, mystisch beleuchteten Grundmauern des Louvre entlang, blickt in Zisternen, betastet die dicken, gewölbten Mauern des Kastells und vergleicht sie mit dem Modell, das ebenfalls hier unten steht. Tatsächlich: man wandert eindeutig entlang von Burgmauern, steigt nach und nach langsam ins eigentliche Museum hinauf, dessen stimmiges Innerstes – Who am I? – man jetzt erkannt hat.

In jedem Fall dürfen Enthüllungen nur dann eingesetzt werden, wenn durch die Script-Intervention ein tatsächlich verborgenes Image ans Licht befördert wird. Wer jemandes Image durch Geschichten manipuliert, die nicht der Wahrheit entsprechen, setzt ein Gerücht in die Welt oder macht sich einer Public-Relations-Lüge schuldig, die vom Kunden oft schnell als »Phony«, als nicht glaubwürdig, entlarvt wird. So setzen japanische Kaufhäuser die Havelsche Technik des *Outings* strategisch im Verkauf ein, um größere Kundennähe zu erreichen. Zu diesem Zweck tragen Verkäufer Badges, also Ansteckknöpfe, die etwas über ihre Persönlichkeit verraten. Da steht dann etwa geschrieben: »I am a Veteran Golfer.« Die Botschaft bewirkt, dass der Kunde sein Gegenüber mit ganz anderen Augen sehen kann. Aber eine solche Behauptung muss natürlich auch unter Beweis gestellt werden können.

Grenzen sind der Enthüllungsstrategie einfach auch durch die Anzahl der Imagefaktoren gesetzt, die glaubwürdigerweise enthüllt werden können. Wer durch seinen Pressereferenten monatlich eine neue edle Eigenschaft enthüllen lässt, muss sich bald die Frage gefallen lassen, warum ein so edler Mensch nicht schon längst vom Papst heilig gesprochen wurde. Dasselbe gilt für Unternehmen. *Overkill* lauert als Gefahr. Benetton hat mit seiner im Prinzip brillanten Kampagne, bei der auf Plakaten Priester und Nonnen einander küssten oder ein noch blutiges Neugeborenes abgebildet war, einfach ein Zuviel an liberaler Haltung behauptet, um damit noch glaubwürdig zu sein. Also wurde Benetton immer radikaler, was der Glaubwürdigkeit erst recht geschadet hat.

Zu den Merkwürdigkeiten der »Who am I?«-Strategie gehört die paradoxe Technik der *Lüge für die Wahrheit*. Aluminium, das in der Raumfahrt verwendet wird, ist extrem leicht, sehr elastisch, von größter Härte und Widerstandsfähigkeit. Wenn man aber den Fertigungsprozess im Werk für einen Imagefilm dreht, erhält man Bilder mit einer rotglühenden Flüssigkeit, die sich in graue Barren verwandelt. Der Augenschein zeigt dann ein schweres, sprödes und minderwertiges Produkt wie aus dem Stahlwerk. Die hochwertigen Eigenschaften des Metalls zeigen sich jedoch erst durch den dramaturgischen Eingriff. Also griffen wir in unserem Imagefilm zur Lüge, um die Wahrheit zu zeigen. Zwei Dutzend Aluminiumbarren wurden auf Hochglanz poliert, die Halle mit blauem, gelbem und rotem Licht ausgeleuchtet und die Barren an Transportsaugnäpfe gehängt. Alle Voraussetzungen waren geschaffen, um zu schwebender Musik den nächtlichen Traum von der Aufhebung der Schwerkraft zu beschwören und so dem Metall gerecht zu werden.

Beim »Who am I?« dreht sich alles um die Frage, mit welcher Technik man die Brain Scripts im Konsumenten aufruft, damit dieser die richtigen Schlussfolgerungen in Bezug auf das Image ziehen kann. Neben der Outing- und der Querschnitts-Methode gibt es hier noch viele andere Methoden. Eine davon ist die *Geste*. Das ist eine Aktion, die vom Konsumenten deshalb akzeptiert wird, weil mit offenen Karten gespielt wird: Der Konsument ist eindeutig Adressat einer PR-Botschaft. Präsident Nixon »enthüllte einmal den Chinesen in sich«, als er während seines historischen Staatsbesuchs in China zum Schläger griff, um Pingpong zu spielen.

Eine andere Technik basiert auf der alten Binsenweisheit: *Ein Bild sagt mehr als tausend Worte*. Der enthüllende Schnappschuss, der eine Situation erzählt, hat »Time-Life« berühmt gemacht und ist die visuelle Entsprechung des Enthüllungsjournalismus. In der harten PR-Welt des 21. Jahrhunderts muss jeder, der in der Öffentlichkeit steht, höllisch darauf aufpassen, welche Fotos von ihm oder ihr kursieren. So erging es Private Lindy England, die im Kerker von Abu Ghraib, mit ihrem Schießfinger auf die entblößten Genitalien eines irakischen Gefangenen zielte und sich so zur Folterfee des Irak entblößte, mit weltweiter Resonanz.

Eine andere Technik tritt die Scripts durch *Wahrnehmungserweiterung* los. Wir Menschen bekommen bestimmte Dinge einfach nicht mit, weil sie außerhalb dessen liegen, was wir wahrzunehmen in der Lage sind. Manche Töne sind für uns beispielsweise zu hoch, und manches geht uns einfach zu schnell, um die Details einer Aktion verständig einzuschätzen. Im Spielfilm »Nur Pferden gibt man den Gnadenschuss« quält sich eine Gruppe von Arbeitslosen in der Rezessionszeit der dreißiger Jahre durch ein Marathontanzturnier. Zwischen den tagelangen Tanzphasen finden immer wieder Wettläufe statt, bei denen die jeweils letzten Paare ausscheiden. Bei einem dieser Wettläufe geht das Bild plötzlich in die Zeitlupe, und erst jetzt sehen wir die schmerzverzerrten Gesichter, die verzweifelten Augen, das Ringen um Atem der Protagonisten. Die Zeitlupe enthüllt, was da wirklich vor sich geht. In anderen Fällen verwenden Filmemacher für solche Enthüllungen extreme Bildvergrößerungen, Zeitraffer oder Aufnahmen mit Nachtsichtgeräten.

Beinahe alle Erklärstrategien haben eine Entsprechung in der christlichen Liturgie oder Tradition. Das *Bekenntnis* beispielsweise ist ein bewusster Akt, der die Zugehörigkeit zu einer bestimmten Wertehaltung zum Ausdruck bringt. In der Liturgie gibt es dafür Gebete, wie das Glaubensbekenntnis. »Ich glaube an Gott, den heiligen Vater«, der die unterschiedlichsten Taten vollbracht hat. Amerikaner stehen vor ihrer Flagge, halten die rechte Hand an die Brust und sprechen die heiligen Worte der Unabhängigkeitserklärung. In der Zeit der Geiselnahme amerikanischer Staatsbürger in der iranischen Botschaft wurden so genannte »Bekennerschleifen« populär, mit denen man seine Solidarität mit den Landsleuten bekundete. Unsereins trägt vielleicht die roten Bekennerschleifen gegen die Tabuisierung von Aids oder reiht sich in eine Lichterkette wider die Gewalt gegen Ausländer ein. Solche Bekenntnisse haben inzwischen in die Gestaltung von Infotainment-Displays Eingang gefunden. Ein besonders kostengünstiges Bekenntnisdisplay steht im Ellis-Island-Museum in New York. Dort, wo einst die Einwanderer das Land der unbegrenzten Möglichkeiten betraten, zeigt heute dieses Display, woraus Amerika eigentlich besteht: aus Ausländern. Dazu sieht man die amerikanische Flagge, die Stars and Stripes. Das Foto der Flagge wurde auf viele kleine Quadrate aufgeteilt, die von der Wand wegstehen und anscheinend eine zweite Seite haben. Und tatsächlich, wenn man auf die andere Seite geht, sieht man, wie sich die Flagge langsam in die Porträts von Menschen aus der ganzen Welt verwandelt.

Zwei Monate nach dem ZDF-Fernsehgraphikerseminar treffe ich mich mit den Teilnehmern zu einem Supervisionstag wieder. Es ist Samstag Vormittag, und ich bringe traditionellerweise an diesem Tag einige Artefakte mit, die ich in den Wochen nach dem ersten Seminar irgendwo auf der Welt gefunden habe. Heute ist es ein Fundstück zum »Who am I?«-Kunstgriff, ein *Folien-Booklet* des New Yorker Guggenheim-Museums für moderne Kunst. Die Enthüllung erfolgt durch eine Art Striptease des Gebäudes. Erst sieht man es von außen, dann klappt man die erste Folienhülle weg und sieht die Spiralenkonstruktion der an der Wand nach unten führenden Rampe, wie sie Frank Lloyd Wright erdachte, dann sieht man noch tiefer in die Spirale hinein, sodass sich nach und nach die ganze Genialität der Konstruktion offenbart. Museen operieren ja selbst manchmal mit diesem Trick und lassen uns in aufgeschnittene U-Boote hineinsehen. Aber noch nie habe ich gesehen, dass sich ein Museumsgebäude mithilfe der Folientechnologie selbst zum Ausstellungsobjekt macht. Wie wäre es, wenn auch mal eines unserer renommierten europäischen Unternehmen Mitarbeitern wie Kunden zeigt, was so in ihm steckt? Folien-Booklets haben sicherlich Zukunft.

> **Who am I?**
> *Prinzip:* Verborgene Eigenschaften sichtbar machen
> *Formel:* IB + BS = IB
> *Methode:* Outing, Querschnitt, Bekenntnis,...
> *Ziel:* Enthüllung

19. Das Gleichnis

Dieser Kunstgriff ist dann die richtige Wahl, wenn etwas erklärt werden soll, was eigentlich außerhalb unserer Vorstellungskraft liegt. Das Gleichnis macht abstrakte Wertvorstellungen konkret und medizinische oder technische Vorgänge für den Laien verständlich. Die häufigsten Anwendungsgebiete sind daher Predigten, im tatsächlichen wie im übertragenen Sinn, sowie das Ratgeber-Business: tägliches Brot für Fernsehgraphiker und daher Bestandteil einer Seminaraufgabe.
Wie schafft man es, in einem populärwissenschaftlichen Magazin für den Sonntagnachmittag folgende Botschaft rüberzubringen: Unser Knochenskelett bleibt zwar unser ganzes Leben von außen gesehen gleich, verändert sich aber in seinem Inneren entsprechend dem Alter des Lebewesens. Dabei soll, mit Rücksicht auf die Sonntagsstimmung, eine nüchtern-formale medizinische Graphik tunlichst vermieden werden. Diesmal brauchen unsere Graphiker etwas länger, um eine Lösung zu finden. Doch dann entwickeln sie eine geniale Idee. Sie zeigen zuerst ganz kurz einen Knochen, der sich aber sofort in ein Haus verwandelt, das mit ihm gleichgesetzt wird. Nun sieht man zu, wie das Haus im Laufe der Jahre innen immer wieder umgebaut wird, Wände eingezogen werden, wenn man ein zweites Kinderzimmer braucht, ein Wintergarten entsteht – während das Haus außen doch immer gleich bleibt.
»Das ist die Lösung«, sage ich und zücke die Bibel. Dort schlage ich das

Neue Testament auf und rezitiere das Gleichnis vom verlorenen Schaf. Ein Schaf, das hier für den Sünder steht, verlässt die Herde, der Sünder wird abtrünnig. Nun lässt seinerseits der Hirte die ganze Herde zurück, sucht das verlorene Schaf, bringt es tatsächlich zurück, und es herrscht überschwängliche Freude darüber. Die Freude – das ist der Clou –, die Freude über das eine Schaf, das umkehrt – den einen Sünder, der bereut –, wird im Himmel größer sein als über die Herde der Gerechten, die einfach immer folgsam geblieben sind. Weil in biblischer Zeit die Menschen mehr mit dem Leben von Hirten anzufangen wussten als mit Religionsphilosophie wurde diese Parallelwelt herangezogen, um die Botschaft nachvollziehbar zu machen. Alles beginnt beim Gleichnis also immer mit einem *Brain Script*, das nicht verstanden wird. Dann folgt das Gleichnis. Es sagt: »Das ist so wie ...« Der unverständliche Ablauf wird mit einem vergleichbaren, analogen Ablauf gleichgesetzt. Der Rezipient der Botschaft muss sich natürlich gehörig anstrengen, um die Analogie wahrzunehmen; er muss hierzu seine Media Literacy einsetzen. Die Analogie gibt dem *Brain Script* nun plötzlich seine Regeln: man begreift. BS + ML = BS ist deshalb die Formel des Kunstgriffs.

Diese Methode steckt in uns allen. Sobald man jemandem etwas erklären muss, was eigentlich außerhalb seiner Vorstellungskraft liegt, kommt unweigerlich das Gleichnis zu seinem Recht. Oder wie war das mit den Blumen und den Bienen? In einem internationalen Industrieunternehmen wurden auf der Führungsebene Maßnahmen zur Verbesserung des Qualitätsbewusstseins am Montageband besprochen. Dann ging man in die Halle hinunter, und siehe da: Die Ausbildungsmeister hatten längst selbst dramaturgisch perfekt kalkulierte Maßnahmen gesetzt. Da war ein handgemaltes Plakat, auf dem sinngemäß stand: »99,9 % fehlerfrei, das bedeutet, dass auf dem Frankfurter Flughafen täglich 17 Maschinen verunglücken. 99,9 % Fehlerfreiheit heißt, dass täglich 4 Babys im Brutkasten sterben.« Und so ging es weiter. Der Meister hatte selbst Gleichnisse gefunden und an seine unmittelbaren Mitarbeiter weitertransportiert. Das Gleichnis ist eben Bestandteil unseres Denkens.

Gleichnisse sind moralische Kampfmittel um mehr Gerechtigkeit in der Welt. Das Schlimme am Unrecht ist oft, dass wir Satten und Wohlhabenden es uns gar nicht vorstellen können, wie das ist, zum Beispiel, ausgedrückt zu werden wie eine Orange. Vor einigen Jahren erreichte die Runde der Werbespezialisten beim Werbefilmfestival in Cannes ein beeindruckender Spot. Wir, die wir die Insel Timor bewohnen, hieß es da, erzählen euch, die ihr nicht einmal wisst, dass das eine Insel in Südostasien ist, eine Geschichte. Unser Land, das ist diese Orange. Ein Messer kommt ins Bild und teilt sie entzwei. Ja, sagen wir Timoris, unsere Insel wurde geteilt, und Indonesien bekam die eine Hälfte, während die andere Hälfte ein unabhängiger Staat wurde, unser Staat. Doch das war den Indonesiern nicht genug: Sie kamen über die Grenze und quetschten unser Land aus, wie diese Orange vor euren Augen jetzt ausgepresst wird. Und wir sagen euch: Wenn ihr in Indonesien Urlaub macht, dann hebt wenigstens euer Glas und trinkt einen Schluck auf uns und unser ausgepresstes Land. Whummm!! Der Spot erhielt einen Preis, und ich habe Timor seither nicht mehr vergessen!

Alle Gleichnisse haben sozusagen ein gemeinsames technisches Problem. Ein unverständlicher Ablauf wird erst dann klar, wenn man ihn mit einem analogen, bekannten Ablauf in Beziehung setzt. Aber wie stellt man dieses »Das ist so wie« her? Irgendein Faktor muss gefunden werden, der die beiden Scripts, das uns bekannte und das noch unbekannte, in Beziehung setzt. Und wieder war es ein Spot aus dem Bereich »Social Advertising«, der in dieser Hinsicht Maßstäbe gesetzt hat. In diesem Fall ging es um den Regenwald. Man kann uns ja lang erzählen, dass das Abholzen der Bäume dort auch uns in Europa langfristig nicht gut tut. Wir schauen uns die Zahlen der Umweltschützer an und sagen: Ja, ja. Aber was dieser Eingriff wirklich bedeutet, das können wir eigentlich nicht emotional nachvollziehen. Also steht da in diesem Spot ein Indianerjunge aus dem Amazonasgebiet vor uns, mit langer dunkler Mähne und ernstem Gesicht. Eine Hand kommt ins Bild, ein elektrisches Haarschneidegerät tritt in Aktion. Das ist das, was wir sehen. Was wir hören ist jedoch, wie eine Motorsäge angeworfen wird. Nach und nach verliert der Junge seine Haarpracht, die Motorsäge heult und brummt dazu. In dem Augenblick, in dem das letzte Haarbüschel fällt, hören wir, wie ein offensichtlich mächtiger Baum krachend zu Boden fällt. Und wir »verstehen«, und mehr noch, wir »spüren«. Das Geräusch des Haarschneidegeräts wurde sozusagen von der Motorsäge synchronisiert, und so wurden wir mit der Nase darauf gestoßen, den einen Ablauf durch den anderen verstehen zu können.

Und wieder sind einige Monate vergangen. Es macht wirklich Freude, die Teilnehmer eines Seminars nach einiger Zeit wiederzusehen, zu diskutieren und neue Fundstücke zu zeigen. Zum Thema »Gleichnis« habe ich diesmal ein Foto eines kostenpflichtigen Parkplatzes in Manhattan mitgebracht. Auf einer Tafel stehen die Preise. Sie sind gestaffelt. Am billigsten ist es für die Frühaufsteher. Und auf die direkte Art der New Yorker steht da tatsächlich: »Special Price for Early Birds«. Jeder versteht sofort, und es macht vielleicht sogar ein wenig Spaß, sich als »early bird« vorzukommen.

> ### Das Gleichnis
> *Prinzip:* Das ist so wie ...
> *Formel:* BS + ML = BS
> *Methode:* Unverständliches mit Bekanntem gleichsetzen
> *Ziel:* Verständnis

20. Der Vergleich

Jeder kennt den Slogan: »Der Vergleich macht Sie sicher.« Es geht also auch bei diesem Kunstgriff darum, etwas emotional einschätzbar zu machen. Umgangssprachlich differenzieren wir meist nicht zwischen den beiden auf den ersten Blick ähnlichen Kunstgriffen »Vergleich« und »Gleichnis«. Und doch sind sie grundverschieden. Zwar wird bei beiden etwas nebeneinander gestellt. Doch in einem Fall, beim Gleichnis, wird dadurch ein Ablauf nachvollziehbar, und im anderen Fall, beim Vergleich, das Image einer Person oder eines Produkts. Und so dient der Vergleich sowohl der Werbung für Putzmittel wie der Überzeugungskraft der neuesten Wirtschaftsdaten. Aber unsere Graphiker des ZDF und vielleicht auch Sie warten schon auf die Aufgabenstellung zum Thema. Sie lautet:

»Die höchsten Gebäude der Welt, wie der Taipei 101, die Petronas Towers in Kuala Lumpur und der Sears Tower in Chicago, sind alle über 450 Meter hoch. Stellen Sie diese Höhenangabe in anschaulicher Weise dar.«

450 Meter, wird sich so mancher denken, was ist das schon? Wie soll man diese Größenordnung anschaulich machen? Die Antwort kann man sich in einer der »Guinness World of Records« Erlebnismuseen anschauen. Dort hält man den Weltrekord in unterhaltenden Vergleichs-Displays. Zur Frage an meine ZDF-Kollegen: Bei »Guinness« stehen in einem Vitrinen-Display die Modelle mit der Skyline von London. Man sieht den großen Big Ben, die noch größere St. Paul's Kathedral und den riesigen Wolkenkratzer in den Docklands. Und dann steht daneben der Taipei 101 und er ist mit seinen 508 Metern mehr als doppelt so hoch, wie der höchste Skyscraper in London.

Jeder Vergleich beginnt mit einem Image, das nicht so recht erfasst werden kann. Dann nimmt man ein vergleichbares, analoges Produkt, das bekannt und deshalb einschätzbar ist, und stellt es, tatsächlich oder metaphorisch, neben das Unbekannte. Jetzt, im unmittelbaren Vergleich, erschließen sich plötzlich auch die Imagewerte des ersten Produkts, so, wie wenn man einkaufen geht und bei einem Mantel nicht so recht weiß, ob der Preis gerechtfertigt ist, aber alles klar ist, sobald man den Stoff vergleichbarer Mäntel befühlt. IB + ML = IB lautet die Formel für den Vergleich. Unbekanntes und bekanntes Image sind die beteiligten *Inferential Beliefs*, die *Media Literacy* signalisiert uns, dass hier zwei Dinge gleichgesetzt werden: Höhe mit Höhe, Geschwindigkeit mit Geschwindigkeit, Stoffqualität mit Stoffqualität.

Die Dinge einfach *nebeneinander stellen* ist eine der Techniken, mit denen man vergleicht. Wer kennt nicht jene einfallslosen, aber trotzdem erfolgreichen Werbespots, in denen man eine Fensterscheibe vorgeführt bekommt, die mit einem »herkömmlichen« Putzmittel nur mangelhaft rein wurde, sodass es sogar grauenhafte Schlieren hinterließ, während daneben das beworbene Mittel die andere Scheibe so »glasklar wie unsichtbar« macht. Sagen Sie nicht, das ist Volksverdummung. Jener schon zuvor erwähnte unbekannte Ausbildungsmeister eines internationalen Automobilunternehmens hat vielleicht gerade von solchen Spots gelernt. Er baute in »seinem« Werk ein Lkw-Fahrerhaus auf, von dem die eine Hälfte die ganze Palette der typischen Lackierfehler enthielt. Die andere Hälfte des Fahrerhauses war fehlerfrei lackiert bis ins Letzte. Wer nur die fehlerhafte Hälfte für sich sieht, sagt sich: Na ja, schaut doch eigentlich ganz gut aus. Sobald man aber die makellose Hälfte daneben zu Gesicht bekommt, registriert man ganz deutlich den Unterschied. Kompliment, Herr Meister!

Nach einem Vortrag in Newcastle fragten mich vor einigen Jahren Mitglieder der »International Association of Departement Stores« warum das Kaufhaus »John Lewis« in der Londoner Oxford Street so erfolgreich ist, obwohl dort kaum mit Geschichten, Glamour und anderen typischen Mitteln der »Experience Economy« gearbeitet wird. Nach einer Schrecksekunde erzählte ich von den grandiosen Vergleichsinszenierungen, die man dort sehen kann. Da gab es in der Geschirrabteilung eine Wand, auf der die ganze Evolution der Töpfe dargestellt war. Horizontal alle in derselben Farbe: der grüne Topf mit Henkel und Knopf am Deckel, der grüne Topf ganz ohne Henkel, der grüne Topf mit Henkel und Schnabel usw. Vertikal gab es immer denselben Topf in einer jeweils anderen Farbe: der grüne Topf mit Henkel, Schnabel und Griff, der rote Topf mit Henkel, Schnabel und Griff, der gelbe... Mit einem einzigen Blick auf die Vergleichswand sah der Kunde den »Topf seines Lebens«.

Eine andere Vergleichstechnik ist die Präsentation von *vorher/nachher*. Sie wurde vor allem bei jenen Anzeigen und Werbespots, die Produkte zum Abnehmen bewerben, zu einem klassischen Mittel. Heute bietet die digitale Fernsehtechnologie dafür eine zusätzliche Dimension, indem sie etwa nicht restaurierte und restaurierte Fresken, sagen wir, der Sixtinischen Kapelle, unmittelbar in einem Bild vergleicht. Man sieht zuerst das ramponierte, von der Sonne der Jahrhunderte gebleichte Fresko. Dann blättert sich dieses Bild digital weg, und dahinter liegt dasselbe Bild, aber diesmal leuchtstark und frei von Rissen. In den neunziger Jahren waren die »Vorher-Nachher-Shows« überall auf der Welt ein Hit, bei denen sich Frauen umstylen lassen konnten und am Schluß der Sendung einen großen Auftritt hatten, oft vor dem Hintergrundbild ihres unscheinbaren Aussehens davor. Im 21. Jahrhundert tauchte dann plötzlich mit »The Swan« die Hardcore-Variante des Vorher-Nachher-Formats auf. Frauen ließen auf Kosten der Sender ihre Nase oder die Backenknochen operieren, ließen sich Fett absaugen, die Zähne bleichen, machten Fitness und Yoga. Am Ende standen sie weinend vor Glück vor dem Spiegel und Millionen konnten im Vergleich zu den Fotos in grauer Unterwäsche, die eingeblendet wurden, sehen, wie aus einem häßlichen Entlein ein Schwan geworden war.

Und wieder ist es Samstag Vormittag im Gebäude des ZDF in Mainz. Die Artefakte des Monats habe ich heute aus der Kinderbuchabteilung ei-

nes Museums mitgebracht. Die Fundstücke sind originalgetreue Repro-
duktionen viktorianischer »Dress Dolls«. Das sind Puppen aus Pappe,
die man aufstellen und mit unterschiedlichen Kleidern und Accessoires
behängen kann. Nach dem Prinzip »Kleider machen Leute« verändert
der Look den Charakter der Puppe zum Teil erheblich. Sportliches Ten-
nisdress und Abendrobe, verspielte Frühjahrskleidung und Badeanzug:
immer wird die jeweils vorangegangene Kleidung zum Vergleichspunkt
der folgenden. Die Kinder des viktorianischen Zeitalters hatten ihren
Spaß daran, und auch die ZDF-Graphiker, die sich vielleicht etwas von
ihrer Kindheit bewahrt haben, hatten an diesem Verkleidungsspiel ihre
helle Freude.

Der Vergleich
Prinzip: Der Vergleich macht Sie sicher
Formel: IB + ML = IB
Methode: Dinge zueinander in Beziehung setzen
Ziel: Einschätzung

21. Denkmodelle

August Leroux oder, präziser, Monsieur le Général August Leroux, hatte
ein Hobby, das er vor Fremden lieber geheim hielt. Er spielte für sein
Leben gern. Nicht etwa, dass es für einen fünfundsiebzigjährigen Vete-
ranen des Indochinakriegs unstatthaft gewesen wäre, strategisch interessante Schlachten nachzustellen. Aber er war sich nicht sicher, wie
die Außenwelt auf seine Zinnsoldaten, Berge und Flüsse im Miniatur-
format reagieren würde. Ein kindischer alter Mann, der im Sandkasten
spielt, würde so mancher denken. Dabei wusste der General, dass alle
großen Feldherren solche Simulationen benutzten, um ihre Schlacht-
pläne zu erstellen. Uns Menschen fällt es offenbar leichter, Abläufe
zu durchschauen, wenn wir sie, wie in einem Theaterstück, räumlich
vor uns ablaufen sehen. Doch kürzlich hatte ein Schlüsselerlebnis die
Ängste des Generals ein wenig gemildert. Mit seinem fünfjährigen Enkel, den er über alles liebte, war er in der Kinderabteilung eines dieser
neumodischen Museen gewesen, wie sie »der verdammte Sozialist«,

so nannte er Francois Mitterrand, erbauen ließ. Mitterrands »Cité des Sciences et de l'Industrie« draußen in La Villette war trotzdem eines der bevorzugten Ziele ihrer gemeinsamen Sonntagsausflüge. Der kleine Gaston zeigte trotz seiner erst fünf Jahre ein erstaunliches Verständnis für technische Dinge. Die Eröffnung dieser speziellen Kinderabteilung, in die Erwachsene nur in Begleitung eines Kleinkindes hinein durften, war daher Anlass für sie, wieder einmal in La Villette aufzukreuzen. Der General war beeindruckt. Das war ja hier so wie auf seinem kleinen Feldherrnhügel. Komplizierte technische oder biologische Abläufe wurden ganz klar und einfach, weil sie räumlich dargestellt waren. Die Kinder erforschten begehbare Szenarien. Eines zeigte, »wie das Wasser in die Badewanne kommt«. Man folgte einer vergrößerten Wasserleitung entlang von Ventilen und Klappen, die man bedienen konnte, um dann dessen Einfluss auf den Wasserdruck auf dem Weg zur Wanne zu beobachten. Ein anderes Modell stellte einen überdimensionalen Ameisenhaufen dar, der von echten Ameisen bewohnt wurde, die in Plexiglasröhren ihren Geschäften nachgingen, ohne sich von den neugierigen Blicken der Kinder stören zu lassen. Man konnte sogar in den Ameisenhaufen hineinkriechen.

Der General wäre wegen seiner Leidenschaft für Modelle sicher noch beruhigter, würde er erfahren, dass ein wissenschaftliches Prinzip hinter dem steckt, was Modelle an Darstellungsarbeit leisten können. Ein unverständlicher Ablauf, ein *Brain Script*, wird dadurch anschaulich, indem man es in eine *räumliche Anordnung* bringt, also mithilfe einer *Cognitive Map* erzählt. Was dabei herauskommt, ist neuerlich ein *Brain Script*, aber diesmal eines, von dem man weiß, wie es abzulaufen hat. Die Angriffsstrategie steht fest, und die Kinder in La Villette wissen, wie das Wasser in die Wanne kommt. BS + CM = BS ist daher die dramaturgische Formel.

August Leroux blickte auf. Zwei Männer in dunklen Anzügen verlassen eilig die Kinderabteilung. Kurz darauf stürzen zwei Frauen vom Aufsichtspersonal in die abgesperrte Zone und scheinen nach einem zurückgelassenen Kind Ausschau zu halten. Doch sein Enkel war noch da, stellte der General beruhigt fest. Wenige Stunden später saß ich schon im Flugzeug nach Frankfurt, denn die beiden Männer, die jene Abteilung so eilig verließen, waren der (damalige) Direktor des Deutschen Museums in München und ich. »Wo sind Ihre Kinder?« fragten entsetzt die Damen an der Rezeption. Da normalerweise niemand ohne Kinder in diese Zone hineingeht, hat man als Erwachsener auch wieder mit Kind herauszukommen. »Wir haben keine Kinder«, sagen wir in aller Eile, weil wir zum Flughafen müssen.

Jetzt sitze ich hier in einem der Seminarhotels des ZDF, und die Seminarteilnehmer müssen sehr über diesen Vorfall lachen. Ich erzählte ihnen die Geschichte, weil auch sie gerade dabei sind, ein Erklärmodell zu entwickeln. Am Beispiel von La Villette wollte ich zeigen, wie man auch komplizierte wirtschaftliche Abläufe für jedermann transparent machen kann. Die Graphiker haben die Aufgabe, einen so genannten »Strukturvertrieb« darzustellen. Dabei geht es darum, dass dubiose Geschäftemacher von Fabrikanten Produkte beziehen, die sie an Vertreter weiterverkaufen, die auf eigene Rechnung die Produkte an den Kunden bringen. Damit sich das für die Vertreter rentiert, müssen sie ihrerseits wieder Vertreter anheuern, die dann an der Haustür die mühevolle Verkaufsarbeit leisten. Die letzten in der Verkaufspyramide beißen die Hunde, die Leute an der Spitze kassieren überproportional viel und geben auch dem Fabrikanten seinen Teil ab. Soweit die Struktur – und jetzt die Darstellung, wie sie im Seminar diskutiert und für das ZDF-Wirtschaftsmagazin *WISO* produziert wurde. Mithilfe der elektronischen Paintbox wurde eine Art stilisiertes Spielfeld aufgebaut, das rechts oben die Fabrik mit einem schwarzen Kegel als »bösen Kapitalisten« zeigt. Zentral im Bild lag ein Podest, auf dem die Drahtzieher des Deals thronten, bunte grinsende Kegel, die manchmal einen Borsalino-Gangsterhut trugen. Rechts gab es eine stilisierte Tür, die Tür, an der jeder Vertreter »die Klinke putzt«, und daneben die entsprechenden kleinen Vertreterkegel. Die einzelnen Bereiche wurden, je nach Voranschreiten der Argumentation, herausgezoomt. Der ganze Aufbau entsprach einer optimalen kognitiven Landkarte: Es gab einen zentralen Knoten für die Drahtzieher und eigene Distrikte für Produktion und Verkauf an der Tür. Nachdem nun die Bühne bereitet war, konnte die Vorstellung beginnen, das »Brain Script« räumlich eingearbeitet werden. Produkte flossen von der Fabrik zum zentralen Podest, die Drahtzieher winkten mit Geld, sodass kleine Kegel auftauchten und die Produkte zu ihnen weiterflossen. An der Tür, im Verkaufsdistrikt, entstand eine kleine Pyramide innerhalb der Vertreterwelt. Schließlich floß das meiste Geld zurück in den Knoten, ein Teil davon weiter zum Fabrikantenkegel, der zu grinsen begann, während sich das Zentralpodest in eine Insel verwandelte und die Drahtzieherkegel dort unter Sonnenschirmen ihren Gewinn genossen.

Wirtschaftliche Abläufe, technische Vorgänge, ökologische Zusammenhänge, Produktionsprozesse: Die Anwendung des Erklärmodells ist breit gefächert und eignet sich für all jene Fälle, in denen abstrakte Abläufe auf eine kleine, überschaubare Bühne gebracht und daher von jedem verstanden werden können. Große Unternehmen könnten auf diese Weise, in der Art einer begehbaren Modelleisenbahnanlage für Erwachsene, Produktionsvorgänge plastisch darstellen; etwa zur Schulung junger Mitarbeiter, für die Presse- und Öffentlichkeitsarbeit. Das *virtuelle Modell* ist eine Technik, bei der über die reale Produktionszone das erklärende Modell gewissermaßen darüber gestülpt wird. Dabei werden im realen Gelände Signale gesetzt, die den Mitarbeitern oder Besuchern helfen, bestimmte Produktionsabläufe im Gelände zu lokalisieren. Bei jedem Automobilwerk gibt es im Ablauf der Förderbänder einen besonderen Punkt: dort nämlich, wo Fahrwerk, Aufbau und Motor zusammengeführt werden. Als ich das erste Mal sah, wie das Fahrwerk von hinten kam, die Fahrerkabine des Lkw von links heranfuhr und der schwere Motor von unten dazufuhr, war ich beinahe gerührt über diesen heiligen Ort im Werk. »Hochzeit« nennen das die Arbeiter, aber niemand hält es für nötig, diesen besonderen Punkt, den Knoten im Modell, auf irgendeine Weise visuell zu betonen. Genauso wenig werden unterschiedliche Produktionsabläufe – Lackierung, Qualitätskontrolle usw. –, die in unterschiedlichen Districts abgewickelt werden, dem Charakter der Arbeit entsprechend visuell hervorgehoben. Wer jedoch zusätzlich sieht, was er tut, das Modell seiner Arbeit im Arbeitsablauf selbst wahrnehmen darf, wird sich nicht mehr als unbedeutendes Rädchen im Getriebe fühlen, sondern motiviert erleben, wie er am Zu-Stande-Kommen des Ganzen beteiligt ist.

Denkmodelle

Prinzip: Sandkastenspiele
Formel: BS + CM = BS
Methode: Abläufe räumlich darstellen
Ziel: Veranschaulichen

22. Seeing is Believing

Hinter diesem Kunstgriff steckt die Überzeugungskraft des Augenscheins. Er lässt uns an die Qualität von Markenartikeln glauben, lässt Entscheidungsträger sehen, welche Konsequenzen ihr Tun haben könnte, und gibt uns allen das Gefühl, ganz genau zu wissen, wie historische Ereignisse, etwa die Entdeckung Amerikas, tatsächlich abliefen.

Alles begann damit, dass ein gewisser Thomas Didymus, den man später den ungläubigen Thomas nennen sollte, nicht glauben konnte, dass während seiner Abwesenheit der bereits gestorbene und begrabene Jesus Christus die anderen Jünger besuchte, um ein wenig zu plaudern und gebratenen Fisch zu essen. Eine Woche später kam Jesus ein zweites Mal und forderte den Ungläubigen auf, seine Wundmale genau anzuschauen und zu berühren. Nun glaubend, sank dieser auf die Knie, denn »Seeing is believing«, oder wie Jesus sagte: »Weil du mich siehst, glaubst du?« Doch wie der ungläubige Thomas sind wir alle, und wenn es um Werbung geht, ganz besonders. Also demonstriert man in Waschmittel-Spots vor unseren Augen, wie das wundersame Pulver den Fleck sogar unter dem Knoten entfernte, und so wurde der Knotentest zu der klassischen »Reason Why«-Technik der Werbekommunikation. Wir glauben an den behaupteten Produktnutzen – den »Consumer Benefit« – nur dann, wenn uns der »Reason Why« beweist, warum wir dieses oder jenes tun oder kaufen sollen. Berühmt geworden sind in diesem Zusammenhang Ikeas eindrucksvolle Dauerbelastungstests, bei denen sich eine Maschine zweihunderttausendmal oder öfters auf einen Stuhl setzte. War der Stuhl danach noch ganz – »Seeing is Believing« –, glaubten wir.

Heute haben wir es mit einem besonders misstrauischen Werbekonsumenten zu tun. Er weiß, dass es Filmtricks gibt, und will deshalb »überzeugend getäuscht« werden. Das weiß man auch auf dem Planeten Reebok. In einem TV-Spot überzeugt uns Reebok von der Tritt- und Rutschfestigkeit seiner Schuhe, weil ein wagemutiger Läufer das Gerüst eines noch im Bau befindlichen Wolkenkratzers hinaufläuft, steil nach oben, ohne auf den Eisentraversen auszurutschen. Er springt über den Abgrund und landet zentimetergenau auf dem Metallstück gegenüber, und sofort gibt ihm sein Schuh festen Halt. Wir wissen natürlich, dass dem Stunt die Tricktechnik Hollywoods nachhalf, aber was soll's? Wir akzeptieren die Demonstration, weil sie uns überzeugend getäuscht hat. *Überzeugend täuschen heißt: dem derzeitigen Stand der Media Literacy entsprechend.* Denn bei diesem Kunstgriff ist die Akzeptanz gegenüber der Demonstration davon abhängig, ob beim Spiel mit Schein und Wirklichkeit genug »Täuschungskraft« vorhanden ist, um den »ungläubigen Thomas in uns« wenigstens kurzfristig zu überlisten. Mit dem kritischen Blick der *Media Literacy*, die jede Demonstration sofort auslöst, wird vom Rezipienten das *Brain Script* der Vorführung auf Wahrhaftigkeit abgecheckt. Erst wenn dieses Spiel gewonnen ist, ist der Zuschauer bereit, die Demonstration als »wirklich und wahrhaftig« anzunehmen. Er »glaubt«, und die Botschaft ist nun, so sagen es ihm seine *Inferential Beliefs*, glaubwürdig. Das ist das angestrebte Ziel dieses Kunstgriffs: das Image eines Produkts, einer Person, einer Handlung glaubwürdig erscheinen lassen. Die Formel lautet daher: ML + BS = IB.

Im Graphikerseminar des ZDF lautet die Aufgabe des Tages, einer Gruppe von Politikern und Investoren die möglichen Konsequenzen ihres Tuns vor Augen zu führen. Diese hatten tatsächlich vor, die Hamburger Binnenalster zuzuschütten, um so Bauland zu gewinnen. Die Formulierung der Aufgabe weist hierbei eigentlich bereits den Weg zur Lösung: etwas »vor Augen führen«.

Die Graphiker entscheiden sich für die Technik des Hyperrealismus, um das »Seeing« zu einem »Believing« zu machen.

Sie gestalten mit der Paintbox eine Betonplatte, und vor unseren Augen verwandelt sich die leicht gekräuselte, lebendige Wasseroberfläche in eine starre und öde Betonlandschaft, auf der ein deprimierendes Einkaufszentrum emporwächst. Da eine Firma für Landschaftsplanung vorschlug, diese Platte zu begrünen, um daraus einen Park zu machen, ziehen die Graphiker noch eine Pflanzendecke über die Betonplatte hinweg. Alle lachen, denn die ganze Absurdität eines solchen Plans, bei dem Natur zerstört wird, um dann über Beton in unpassender Weise wieder erneuert zu werden, ist auf dem Fernsehmonitor unmittelbar und eindrucksvoll ersichtlich.

Die hyperrealistische Darstellung, wie sie die neuen elektronischen

Technologien Paintbox, Computer-Animation und Virtual Reality ge-
statten, ist der eine Weg zur Glaubwürdigkeit.

Ein anderer Weg besteht in der Technik des authentischen Details.

Wir alle kennen die Überzeugungskraft von Einzelheiten. Wenn uns
jemand eine ganz und gar unglaubwürdige Geschichte auftischt, sind
wir eher geneigt, an sie zu glauben, wenn uns zusammen mit der großen
Story auch unbedeutende, aber stimmige Einzelheiten mitgeliefert werden. Warum haben wir das Gefühl, ganz genau zu wissen, wie das mit
der Entdeckung Amerikas durch Christoph Columbus war, mit der Pest
im Mittelalter, mit dem Leben im alten Rom und der Ermordung Julius
Caesars? Weil wir diese Ereignisse im Kino und im Fernsehen gesehen
haben und weil uns dabei eine ganze Menge stimmiger Details mitgeliefert wurde. Columbus watet an Land, und kaum hat er festen Boden unter den Füßen, kniet er nieder und küsst die Erde. Oder im Mittelalter:
Die Leichen der Pestopfer werden auf Karren gelegt, ein herrenloser
Hund heult, und die Pestknechte sind vermummt, um der Ansteckung
zu entgehen. Das alles haben wir so oder so ähnlich gesehen. Unsere
»Media Literacy« checkt dabei ab, ob die Details zusammenpassen.
Wenn ja, »glauben« wir.

Ich besitze auch ein passendes Fundstück zu diesem Thema, das ich
den ZDF-Graphikern jetzt stolz vorführe. Vor etwa 25 Jahren habe ich
in Rom dieses erstaunliche Folienbüchlein gekauft, das auf der Straße
als touristisches Mitbringsel angeboten wurde und sich der Technik des
authentischen Details bedient. Das Ziel ist unterhaltende Information
für Touristen, zweifellos eine fremdenverkehrsfördernde Maßnahme.
Wenn man auf dem Forum Romanum die drei schlanken Säulen des
ehemaligen Vestatempels sieht, sagt man sich: »Schön, na und?« Dabei
sind diese Säulen die letzten Überreste des bedeutendsten Tempels der
römischen Antike, eines riesigen, prachtvollen Hauses mit unendlich
vielen Säulen und einem prachtvollen Giebel. Ich schlage mein Booklet
auf. Auf Seite 31 findet man ein Foto der drei Säulen, wie man sie heute
sieht. Dann blättere ich die Folie von Seite 30 darüber, auf der sich eine
Graphik des Tempels befindet. In der Zeichnung ließ man genau dort,
wo sich die drei Säulen bis heute erhielten, ein wenig Platz, sodass
sich jetzt ein gezeichneter Tempel und die echten Säulen zusammen

in einem Bild befinden. Die Fotosäulen von heute werden dadurch für den gezeichneten Tempel zum authentischen Detail. Und jetzt ist es für mich auch glaubhaft, dass diese drei mickrigen Säulen einmal Bestandteil von etwas ganz Besonderem waren.

Die dritte Methode der Demonstration – die »Hands On« der Science Museums und Pop-Up-Books - gewinnt ihre Überzeugungskraft durch eine sofortige motorische Rückmeldung.

Im Epcot-Vergnügungspark der Walt-Disney-World in Orlando hat mich ein »Hands on« beeindruckt, das mich begreifen ließ, dass Temperaturempfindungen, wie vieles, eine Sache der Konstruktion im Kopf sind. Man greift zwei Metallstangen an. Die eine ist ein wenig warm, die andere ein bisschen kalt. Wenn man mit beiden Händen zugleich beide Stangen angreift, zuckt man im ersten Moment reflexartig zurück: die Stäbe erscheinen brennheiß auf Grund der widersprüchlichen Temperaturinformation, und man »begreift«. Kindern erleben denselben Effekt, wenn sie in einem der »Pop-up-Books« blättern, wie sie aus dem anglikanischen Raum jetzt endlich auch ihren Weg ins Mitteleuropäische gefunden haben. Am meisten liebe ich das »Art Pack« des Verlages Ars Edition. Ich blättere um, und durch den Vorgang des Umblätterns stellt sich vor meinen Augen ein Modell des Parthenons auf der Akropolis auf. Ich klappe eine Folie mit den Maßen des Goldenen Schnitts vor der Tempelfassade hoch, und siehe da, es stimmt: »Seeing is Believing.«

Die vierte Methode, Interaktivität spürbar zu machen, ist das sofortige Feedback auf eine Aktion des Rezipienten: etwas bewirken und das sofort bemerken.

Man streicht mit dem Cursor der Computermaus über ein Symbol, und sofort reagiert irgendetwas auf dem Schirm: entweder das Symbol verändert sich, zeigt zum Beispiel eine Menüauswahl seiner Inhalte, oder der Mauspfeil wird zu einem Zeichen, einer Note, einem kleinen Koffer, einem Fragezeichen, und kündigt mit diesem Piktogramm an, dass jetzt diese oder jene Funktion durch einfaches Darüberstreichen in Bereitschaft versetzt wurde. Noch vor den großartigen Flash-Websites des Internet wurde diese Technik in den CD-Rom-Dramaturgien der neunziger Jahre perfektioniert. Peter Gabriel, der berühmte englische

Songwriter, taucht in seiner klassischen CD-Rom »Explora« immer wieder selbst auf, um zu helfen, zu danken, zu mahnen, zu erklären. Links oben in der Ecke der Multimedia-Animation erscheint das bewegte Filmbild Gabriels in Großaufnahme. Mit dem Finger zeigt er hinunter auf die richtigen Knöpfe, und mit seiner Stimme ermuntert er uns, doch probeweise einen davon anzuklicken. Nachdem man sein Porträt interaktiv zu einem Phantombild zusammengesetzt hat, taucht Gabriel selbst an vertrauter Stelle links oben auf und bedankt sich freundlich: »Thank you for putting me together.« Wenn man das Symbol anklickt, durch das man hinter die Bühne des Konzerts gelangen sollte, erscheint Gabriels Alter Ego und bedauert, dass man ohne Backstage-Pass leider nichts von dem Video, das das Geschehen hinter der Bühne zeigt, sehen kann (der Pass muss erst noch aufgesammelt werden). Wenn man es einige Minuten später noch einmal probiert, sagt Gabriel doch tatsächlich: »Ich habe Ihnen doch gesagt, Sie brauchen einen Pass.« Das Multimedia-Programm simuliert, dass sich das Männchen in der Maschine gemerkt hätte (und persönlich bemerkt hat), was der User mit dem Programm macht. Wenn der User schließlich die CD-Rom schließt, erscheint Peter Gabriel ein letztes Mal und bedankt sich: »Come back again, soon!« ruft er uns noch nach.

Wieder einmal sind zwei Monate vergangen, der routinemäßige Supervisionstag im Sender steht auf dem Programm. Ich lasse das »Artefakt des Monats« herumgehen. Es war als normale Postwurfsendung in meinem Postkasten: ein Folder, der auf die Eröffnung eines neuen Luxushotels in Linz hinwies. Inmitten des Textes befindet sich eine freie Öffnung, aus der ein Stück Teppich hervorlugt. Man betastete das Teppichstück und war vollauf überzeugt: In diesem Hotel erwartet einen einer jener Teppiche, in denen man schier versinkt, Signal für Komfort und Luxus. *Ich taste und glaube!* Ein weiteres Beispiel für eine wirksame, in diesem Falle praktisch nachvollziehbare Glaubwürdigkeitsdemonstration.

Seeing is Believing

Prinzip: Augenschein
Formel: ML + BS = IB
Methode: Hyperrealismus oder authentische Details
Ziel: Glaubwürdigkeit

23. Klassifizieren

Flug OS 501 nach New York. Wir sind wieder einmal über dem Atlantik. Ich habe mich immer schon für das Fliegen interessiert, weniger für die technische Seite als für die exotische, eigenständige Welt der Flughäfen und Flugzeuge. Jetzt hat das »In-Flight-Information-System« des Airbusses meine Aufmerksamkeit erregt. Auf dem persönlichen Videomonitor, auf dem man sich auch Spielfilme ansehen und mit dem man Videospiele spielen kann, sieht man, dass sich unsere Maschine gerade Island nähert. Ein kleines Flugzeug – das sind wir – bewegt sich langsam, in einer leicht gebogenen Kurve, von rechts nach links über den Bildschirm. Das System zeigt an, wie viele Kilometer wir schon unterwegs sind, welche Stadt oder Flugleitzentrale uns gerade am nächsten ist, wie lange wir schon fliegen, wie schnell und in welcher Höhe.

In gewissem Sinn ist dieses System die High-Tech-Variante eines simplen Lageplans, auf dem ein roter Punkt auf einer Landkarte sagt: »You are here.« Man findet solche Karten in U-Bahn-Stationen, großen Museen oder auch in Verwaltungsgebäuden. Die Landkarte hat die Funktion, in uns eine *Cognitive Map* der Region aufzubauen, eine innere Vorstellung des Ortes. Der rote Kreis ist der feste Bezugspunkt, den jedes Navigationssystem braucht. Mit seiner Hilfe und dem Gesamtplan können wir nun unseren Standort bestimmen: Hier bin ich, so sieht die ganze Region aus, also müssen wir dort rechts herum, um dorthin zu gelangen; das ist Navigation. Der Benutzer des Systems muss sich dazu wiederum geschickt anstellen, seine *Media Literacy* einsetzen und dabei immer wieder zwischen Plan und realer Umgebung vergleichen. Man versucht zum Beispiel, Anzeichen des Ortes im Plan wiederzufinden: »Schau, hier ist die Treppe von dort drüben, und deshalb müssen wir jetzt hier lang.« Durch diesen Vorgang des Klassifizierens, des Zu- und Einordnens, entsteht nicht nur Orientierung, sondern auch und vor allem ein Gefühl dafür, welcher Einsatz von Zeit und Kraft nötig ist, um das Ziel zu erreichen. Das weiß jeder, der schon einmal auf einem solchen Plan den Weg zur nächsten Toilette gesucht hat. Ein Gefühl für die Eigen-Zeit, die *Time Line*, die man vor sich hat, ist deshalb der Output des Klassifizierungsprozesses. Die dramaturgische Formel lautet daher: CM + ML = TL.

Seit einigen Jahren gibt es von solchen Navigationshilfen auch interaktive Versionen mit Touch-Screen, meist als Bestandteil öffentlich zugänglicher Stadtinformationssysteme. Auch große Unternehmen entdecken zunehmend die Wichtigkeit der dramaturgischen Standortbestimmung. Im riesigen World Financial Center in New York haben wir noch kurz vor dem denkwürdigen Datum 9/11 eine Maschine nach dem Weg zu AT & T befragt und prompt den kürzesten Weg, ausgehend von unserem Standort, angezeigt und ausgedruckt bekommen. Früher waren Navigationsgeräte noch ein psychologisches Extra am Rande. Heute gibt es genug Handys mit GPS-System, die uns sicher und wohlbehalten über den Kaiber-Pass oder zur nächsten Toilette bringen.

Wie die Navigation im Raum, wird die Navigation in der Zeit an Bedeutung gewinnen. Manche Leute können an der Anzahl ihrer Gin Tonics bestimmen, wann die Halbzeit auf dem Transatlantikflug erreicht ist. Wir trinken nur ein wenig Sekt und sind deshalb auf das »In-Flight-Information-System« angewiesen. Es sagt gerade, dass wir seit 2 Stunden 15 Minuten unterwegs sind. Da wir wissen, wie lange der Flug dauern soll, können wir unseren Status im Ablauf der Reise leicht bestimmen. Auch die Navigation in der Zeit braucht also »das Ganze« und einen Bezugspunkt. Dieses »Ganze« wird am besten durch eine lineare kognitive Landkarte dargestellt, einer Zeitachse. In Büchern über die Erdzeitalter gibt es ganz oben auf jeder Seite oft eine Zeitübersicht mit einzelnen Abschnitten, in denen Namen wie Meolythikum und Zahlen wie 200 Millionen Jahre stehen. Eine Markierung wandert dann Kapitel für Kapitel über die Abschnitte und sagt, wo im Lauf der Jahrmillionen man sich befindet. *Chronologien* jeder Art brauchen also unbedingt, neben der Markierung des Zeitpunkts die Darstellung des Gesamtzeitraums. »Chronologien der Ereignisse« in Firmenzeitschriften jeglicher Art lassen diese Basisanforderung jedoch immer wieder vermissen. In der Grande Galerie des Pariser »Muséum National d'Histoire Naturelle« findet man im ersten Stock ein Chrono-Display, das beeindruckend die Folgen der Überbevölkerung der Erde dokumentiert. In ein kugelförmiges Gefäß tropft oben eine blaue Flüssigkeit hinein und unten fließt ein wenig blaue Flüssigkeit ab. Sich dazu ständig verändernde Digitalzahlen geben an, wie viele Menschen gerade und pro Monat geboren werden und wie viele gerade und monatlich sterben. Es überrascht uns nicht, dass wesentlich mehr Menschen geboren werden als sterben. Was uns überrascht, ist die Tatsache, dass diese Kugel, unsere Erde, sehr bald und schneller als wir dachten überfüllt sein wird. Wir sind nämlich bereits viel weiter in Bezug auf den Gesamtzeitablauf, als wir dachten. Und was dann?

> **Klassifizieren**
> *Prinzip:* Navigation
> *Formel:* CM + ML = TL
> *Methode*: In einen Gesamtzusammenhang einordnen
> *Ziel:* Standortbestimmung

24. Der Ratschlag

Heute, am letzten Tag unserer Seminarreihe für Graphiker des ZDF, sitze ich auf einer Tischplatte und lese aus einem aufgeschlagenen Buch vor:

»Der Kaspar, der war kerngesund, ein dicker Bub und kugelrund. Doch einmal fing er an zu schrein: Ich esse keine Suppe, nein! Am nächsten Tag – ja, sieh nur her! Da war er schon viel magerer. Da fing er wieder an zu schrein: Ich esse keine Suppe, nein! Am vierten Tage, endlich gar, der Kaspar wie ein Fädchen war. Er wog vielleicht ein halbes Lot – und war am fünften Tage tot.«

Das ist eine gekürzte Fassung der Geschichte vom Suppenkaspar aus dem belehrenden Kinderbuch »Der Struwwelpeter«. Die Geschichte gibt uns den Ratschlag, gefälligst unsere Suppe aufzuessen und droht mit letalen Konsequenzen, falls wir dieser Aufforderung nicht nachkommen. Heute werden in Ratschlägen den negativen Konsequenzen alternativ meist auch positive Auswirkungen gegenübergestellt, wenn man sich dementsprechend verhält.

Der »Ratschlag« ist ein Kunstgriff, der autoritäre Erziehungsmuster des 19. Jahrhunderts als Erklärmethode in der Gegenwart nutzbar macht. Dabei wird immer ein bestimmtes Vorgehen mit entsprechenden Konsequenzen in Zusammenhang gebracht.

Tust du dieses, geschieht dir jenes, machst du aber dieses andere, musst du mit solchem rechnen. Furcht und Hoffnung sind stets Triebfedern unseres Handelns.

Der Ratschlag soll also zu Entscheidungskompetenz führen. Dramaturgisch ausgedrückt, werden dabei meist mehrere Handhabungsweisen eines *Brain Scripts* einander gegenübergestellt, wobei jeder Scriptverlauf mit einer anderen *Antizipation*, einer anderen Erwartung den Ausgang betreffend, verbunden wird. Manches Vorgehen soll positiv belegt werden - tritt angenehme *Inferential Beliefs* in uns los - während anderes Verhalten zur Erwartung von unangenehmen Gefühlen führt: BS + AZ = IB lautet somit die Formel des Ratschlags.

Warum ich das alles unseren Graphikern erzähle? Sie gestalten unter anderem den *WISO*-Tipp der ZDF-Sendung »Wirtschaft und Soziales«. Da kommt es darauf an, dem Zuschauer klar zu sagen: Wenn du so mit deinem Geld oder diesem und jenem Rechtsproblem umgehst, erwarten dich diese oder jene Konsequenzen. Ratschläge in Wirtschaftsmagazinen waren die Vorhut einer ganzen Flut von sinnlich inszenierten Ratschlägen in Fernsehsendungen. Die Themen heute sind Kochen, Putzen, Einrichten, Kindererziehung, aufbereitet in so genannten »Doku Soaps« mit echten Experten und echten Ratschlägen, aber dramatisierten Situationen. Der erste war wahrscheinlich Jamie Oliver, hipper junger Fernsehkoch aus England. Er führt vor gekippter Kamera und in rasant geschnittenen Koch-Clips vor, wie man dem Huhn schmackhafte Dinge unter die Haut schiebt, um es saftig zu machen, und wie unkompliziert es sein kann, ein mehrgängiges Menü zuzubereiten, am besten in zehn Minuten. Man sieht im Fernsehen, wie Häuser renoviert werden, Putztrupps geben Ratschläge, etwa, auf den ewig schmutzigen Küchenkästchen Zeitungspapier aufzulegen, sodass man nur das Papier ab und zu erneuern muss, ohne die Kästchen mühsam oben zu reinigen. Umstritten ist »Die Super Nanny«, die verzweifelten Eltern nach dem Konzept des britischen »positive parenting« vor laufender Kamera hilft, mit den Quälgeistern besser zurechtzukommen. Man stellt gemeinsame Regeln auf, die an der Wand hängen und für Kinder wie Eltern genauso gelten (»Es wird nicht geschrien, geschlagen und geschimpft!«).

In der Welt des Marketings hatten Ratschläge bei jeder Art von qualifiziertem Verkaufsgespräch immer schon einen wichtigen Stellenwert. Wenn ich im Blumengeschäft um die Ecke einen Strauss erwerbe und die Verkäuferin merkt, dass ich nicht der geborene Florist bin, empfiehlt sie mir vielleicht, den Stiel der Rosen schräg anzuschneiden, bevor ich sie ins Wasser stelle. Vor allem die Präsentationen von Produkten bei Hausparties, von Tupperware bis Modeschmuck, sind voll von Ratschlägen als Bestandteil der Verkaufsstrategie. »Dieser Ohrring ist etwas ganz Besonderes für junge Mütter«, heißt es da, »denn wenn das Kleine daran zieht, öffnet sich der Verschluss von selbst und es entstehen keine Verletzungen«. So oder so sucht man ein Schmuckstück als Geschenk aus, so pflegt man den Schmuck und so bewahrt man ihn auf, damit man sofort das passende Stück zu jedem Outfit findet. Ratschläge durchziehen unser Leben und sie haben längst nichts Autoritäres mehr an sich, wie zur Zeit des Struwwelpeter.

Der Ratschlag
Prinzip: Verhaltensregeln
Formel: BS + AZ = IB
Methode: Drohen und versprechen
Ziel: Entscheidungskompetenz

Nun liegen alle 24 Kunstgriffe vor, unterteilt in fünf Segmente.

A: Idealisierende Kunstgriffe
① Der verbotene Ort . . . . CM+ ML = AZ
② Der dramaturgische Event . . . . BS + ML = IB
③ Placement . . . . IB + ML = IB
④ Leadership-Design . . . . SF + ML = IB
⑤ Image-Verschiebung . . . . IB + BS = ML

Diese fünf Kunstgriffe idealisieren Produkte, machen sie mythisch oder zu etwas ganz Besonderem.

B: Emotionalisierende Kunstgriffe
⑥ Spuren der Vergangenheit . . . . CM+ BS = IB
⑦ Das Prinzip des »Rides« . . . . CM+ TL = AZ
⑧ Red Herring . . . . BS + ML = AZ
⑨ Der Spannungsbogen . . . . BS + SF = AZ
⑩ Blickwinkel . . . . IB + ML = IB

Diese Kunstgriffe emotionalisieren Produkte, machen sie plastischer, spannend oder interessant.

C: Stabilisierende Kunstgriffe

⑪ Alles an seinem Platz . . . .   CM+ BS = SF
⑫ Stationen einer Reise . . . .   BS + SF = CM
⑬ Die gute Adresse . . . .   CM+ IB   = SF
⑭ Territorium . . . .   CM+ ML = SF

Diese Kunstgriffe stabilisieren Produkte, bringen Ordnung ins Leben, erzeugen Sicherheit.

D: Vereinheitlichende Kunstgriffe

⑮ Thematisierung . . . .   IB + ML = BS
⑯ Frames . . . .   ML+ SF = ML
⑰ Ensemble . . . .   CM + BS = ML

Diese Kunstgriffe vereinheitlichen Produkte, sind eine Art dramaturgischer »Superkleber«.

E: Aufklärende Kunstgriffe

⑱ Who am I? . . . .   IB + BS = IB
⑲ Das Gleichnis . . . .   BS + ML = BS
⑳ Der Vergleich. . . . .   IB + ML = IB
㉑ Denkmodelle . . . .   BS + CM= BS
㉒ Seeing is Believing . . . .   ML+ BS = IB
㉓ Klassifizieren . . . .   CM+ ML = TL
㉔ Der Ratschlag . . . .   BS + AZ = IB

Diese Kunstgriffe, schließlich, erklären uns das Leben in anschaulicher Weise.

Wie kommt es zu all diesen Kunstgriffen? Wer hat sie erfunden? Die Zivilisation hat sie hervorgebracht. In einem evolutionären Prozess der Auslese hat sich das durchgesetzt, was praktikabel schien und dem Denken und Fühlen der Menschen am besten entsprach. Man könnte die einzelnen Elemente der Kunstgriffe, die Brain Scripts, die kognitive Landkarten, wie bei einem Puzzle auf einem Tisch auflegen und die Hexenküche der Evolution einfach nachspielen.

Die Hexenküche der dramaturgischen Evolution

Angenommen, es soll ein Ort dramaturgisch gestaltet werden. Das bedeutet, dass auf jeden Fall »kognitive Landkarten« im Spiel sind. Ich nehme also die Symbole für »Cognitive Maps« (CM) – Knoten, Achsen, Distrikts usw. – und lege sie auf den Spieltisch.

Was alles kann man mit einem Ort machen? Die Antwort lautet: All das, was prinzipiell in einer kognitiven Landkarte angelegt ist. Wer die »Achse« einer Allee entlanggeht und in der Tiefe erwartungsvoll das Ziel der Wanderung sieht, spürt, dass Antizipation (AZ), also Spannung, zur Natur kognitiver Landkarten gehört. Diese Tendenz wird von zwei der beschriebenen Kunstgriffe verstärkt: vom »Verbotenen Ort« und vom »Prinzip des Rides«. Man kann den Zugang zu einem Ort erschweren, indem man Barrieren setzt, also die Fähigkeit zur Media Literacy ausreizt. Ich nehme das Symbol für »Media Literacy« (ML) und lege es hinter den Symbolen für die »kognitive Landkarte« auf den Spieltisch: CM + ML = AZ, das ist der »verbotene Ort«. Oder aber, man lässt den Bezwinger eines Ortes immer wieder warten und aktiviert damit seine innere »Eigen-Zeit« (TL): CM + TL = AZ, das ist der »Ride«, und ich lege an einer anderen Stelle des Spieltisches das Symbol für »Time Line« hinter die »Cognitive Maps«. Was ich auf dem Spieltisch nachvollziehe, hat die zivilisatorische Evolution durch Versuch und Irrtum wie von selbst hervorgebracht.

Kunstgriffe entstehen immer dann, wenn eine Eigenschaft, die im Basismechanismus enthalten ist – hier sind das die kognitiven Land-karten – verstärkt wird, um so ein strategisches Ziel zu erreichen.

Der Basismechanismus steht immer an erster Stelle der dramaturgischen Formel und wird durch Zusatzmechanismen in einer bestimmten Richtung interpretiert.

Zu den Elementen der kognitiven Karten gehören auch die »Distrikts«, die Viertel. Wie aber unterscheiden wir zwischen dem einen und dem anderen Viertel? Zum Beispiel auf Grund seiner Funktionen. Ein Stadt-viertel wird in der Nacht gebraucht, ein anderes dient dem internationalen Geldverkehr. In dem einen Viertel tut man dieses, im anderen jenes. Das unterscheidet die »Distrikts«, legt die Umgrenzungen fest.

Und etwas tun heißt schließlich, sich nach bestimmten »Brain Scripts« zu verhalten. Wird dann das Script herausinszeniert, entsteht der Kunstgriff »Alles an seinem Platz«: CM + BS = SF. Die andere Möglichkeit, ein »Distrikt« vom anderen zu unterscheiden, ist das Image. Stadtviertel, Viertel eines Raumes, sind schließlich Materie, haben eine Oberfläche, haben Farben, bestehen aus Beton oder Gras, riechen frisch nach Limonen oder tragen den Smog der Großstadt in sich. Jedes Viertel enthält also zwangsläufig Imagesignale, die »Inferential Beliefs« auslösen. Werden diese gefolgerten Meinungen hervorinszeniert, kommt dabei »Die gute Adresse« heraus: CM + IB = SF.

So entstehen also Kunstgriffe. Aber wie kommt es, dass sich zum Beispiel das Prinzip »Alles an seinem Platz« in so unterschiedlichen Bereichen wie Marktrestaurants, Videospielen, Fernsehmagazinen und Tageszeitungen etablieren konnte?

Wo ist die geheime Dramaturgiezentrale, die das alles steuert? Sie ist in unserem Kopf, genauer im Gehirn, und, noch präziser lokalisiert, in unserem kollektiven Gedächtnisspeicher, den wir Menschen des beginnenden 21. Jahrhunderts ständig über die Medien, die Architektur, die Kommunikation von Mensch zu Mensch miteinander austauschen und aktualisieren.

Richard Dawkins, der geniale Evolutionstheoretiker aus Oxford, würde die Kunstgriffe der Strategischen Dramaturgie als »Meme« bezeichnen. Ein *Mem* ist eine Idee, die so unwiderstehlich unsere Bedürfnisse trifft, dass sie einem nicht mehr aus dem Kopf geht. Mehr noch: Es wird darüber berichtet, andere sehen die Produkte, die damit hergestellt werden, und »verstehen« intuitiv. Man sieht hin und begreift. Das Mem pflanzt sich fort, oder, wissenschaftlich ausgedrückt, es beansprucht Speicherkapazität in unseren Gehirnen. Meme sind Vervielfältigungsmaschinen, Replikatoren. Der wunderbare Douglas R. Hofstadter (»Goedel, Escher, Bach«) sagte dazu: »Ich ertappe mich häufig dabei, wie ich mir das Mem als flüchtiges, flirrendes Funkenmuster vorstelle, das von Gehirn zu Gehirn hüpft und dabei brüllt: Me, Me! (ich, ich!)« Vielleicht ist ja die replikatorische Kraft des Mems auch ein wenig in dem Buch, das Sie gerade lesen, vorhanden. In einem meiner Seminare in der amerikanischen »Mall of America« hielt ein Seminarteilnehmer ein

Kurzreferat über das Kaufhaus Nordstrom. Er beschrieb, wie dort die Herrenabteilung durch einen Zerberus, der, wie er sagte, »allein durch seinen Blick Mauern aufbauen konnte«, die Abteilung zu etwas ganz Besonderem machte, und dann sagte der Teilnehmer, selbst Besitzer eines internationalen Unternehmens, plötzlich: »Mikunda würde das als einen verbotenen Ort bezeichnen.« Ich war verblüfft. Woher kannte er den Begriff? Offensichtlich hatte er einen Artikel von mir gelesen. Und Nordstrom? Nun, mir war die Strategie dort tatsächlich entgangen, aber zweifellos, der Mann hatte Recht. Das »Verbotene-Ort-Mem« hatte man hier in Minneapolis realisiert, und der Teilnehmer hatte es durch »meine Augen« gesehen, ohne dass ich unmittelbar an diesem Vorgang beteiligt gewesen wäre. So also pflanzen Meme sich fort und werden zu allgemein anerkannten Kunstgriffen.

3. SYSTEME

Alles ist viel komplizierter. Denn der *Verbotene Ort*, die *Thematisierung* - alle dramaturgischen Kunstgriffe, die im vorigen Kapitel beschrieben wurden - sind immer Bestandteil eines Systems, eines größeren Ganzen. Ein solches System sind etwa die »Brandlands«, die eine Marke am Unternehmensstandort erlebbar machen.

Wer in Korneuburg bei Wien den Hinweisschildern bei der Autobahnabfahrt folgt, stößt bald auf ein Gebäude, das von Aussen wie eine Industrieskulptur oder wie ein riesiger Flugzeugflügel aussieht. Innen erlebt man im B.I.Z., dem Büro-Ideen-Zentrum von Möbel Blaha, alles, was man je über Büromöbel wissen wollte und wird zugleich in eine schicke Lifestylewelt hineinversetzt (www.blaha.co.at).

Denn typisch für Brandlands ist, dass sie erklärende Kunstgriffe mit Image bildenden Kunstgriffen verbinden: »Die Marke erklären – die Marke verehren« lautet das Motto.

Gerade setzt sich ein Kunde in eines der »Theater der Bürostühle«. Auf im Boden eingelassenen Inseln stehen je sechs Stühle im Kreis und verlocken den Besucher zu einem Vergleichssitzen von Stuhl zu Stuhl. Daneben bewirkt die »Allee der Schreibtische« ähnliches, vor allem, weil alle Tische dieselbe Farbe haben und dadurch der *Vergleich* der unterschiedlichen Funktionen – Höhenverstellbarkeit, Spezialaufsätze wie Stehpulte – umso leichter fällt.

Höhepunkt des Brandlands ist eine - wie sie Friedrich Blaha nennt – »Virtuelle Company«. Man betritt sie beim Empfang und wandert dann an unterschiedlichen Bürotypen vorbei: vom Großraumbüro bis zum repräsentativen Chefbüro. Alle Schreibtische, Bürostühle, Stau- und Ablagemöbel werden dabei zusammen mit Accessoires und Designobjekten präsentiert, die man auch kaufen kann. Kakteen in ausgefallenen Glasobjekten; Locher, Hefter, Tixoroller aus Edelstahl; Designlampen und Designpapierkörbe - erzeugen eine coole Bürowelt. Die *Lifestyle-Thematisierung* greift so überzeugend, dass man sich nicht nur gut vorstellen kann, wie eine solche Bürowelt aussehen könnte, sondern sie immer wieder einige Kunden dazu bringt, mitzuspielen. Da wippt ein junger Manager im großen Chefsessel hin und her und fühlt sich bereits wie nach dem Karrieresprung.

Die virtuelle Company steht in einer hohen Halle im ersten Stockwerk des Brandlands, »verpackt« von einem ungewöhnlichen Holzraum. Holzdecke und Holzwände gehen in einer Rundung ineinander über, noch überhöht durch indirektes Licht, das auf ein Fries von erhöht plazierten Stühlen strahlt. Das jeweilige Highlight der Saison wird durch den Kunstgriff des *sakralen Placements* auf einem Leuchtpodest präsentiert. Und *Placement* »für die Seele« ist eine Verbindungsröhre zum Firmensitz im Altgebäude, die in unterschiedlichen Farben erstrahlt (mehr über Brandlands und andere Systeme der »Experience Economy« findet sich in meinem Buch »Marketing spüren – Willkommen am Dritten Ort«).

Bei jedem dramaturgischen System stellt sich demnach zuerst die Frage: Was ist der gemeinsame Nenner des Systems und welche dramaturgischen Kunstgriffe bieten sich daher an.

Vier Systeme sollen exemplarisch vorgestellt werden: *Malling* umfasst all jene Erlebniswelten, in denen das Promenieren der gemeinsame Nenner ist. Das trifft auf Einkaufszentren zu, auf Großmuseen und Weltausstellungen, auf Luxuskaufhäuser, Freizeitparks und die Fußgängerzonen unserer Innenstädte. *Serial* wird durch das Phänomen der Wiederholung zusammengehalten. Es ermöglicht einen besonders ökonomischen Umgang mit allem, was regelmäßig wiederkehrt: Fernsehserien, Reihenhäuser, Firmenketten, Produktserien. *Virtualität* ist eine Art »Weltersatz«, der von den Menschen als echt und tatsächlich vorhanden angesehen wird. Sie bestaunen die Häuser von Menschen, die niemals existierten, sie glauben, dass es irgendwo in Amerika das Marlboro-Land geben muss, sie tauchen ein ins Internet. Die *Soziodramaturgie*, schließlich, beschreibt den Traum von der Machbarkeit sozialer Veränderungen durch inszenierte Maßnahmen und ästhetische Gesten.

Malling

Endlich kommt der Bus. Wir haben zwar selbst einen eigenen, großen, aber darüber hinaus kreuzt auch noch ein kleiner Shuttle-Bus viertelstündlich zwischen dem Seminarhotel und der »Mall of America« hin und her. In den letzten drei Tagen haben wir ihn während unserer Recherche oft benutzt. Über 400 Shops, dutzende Bars und Restaurants haben wir analysiert. Jetzt ist der Zeitpunkt gekommen, unsere Erfahrungen weiterzugeben. »Lassen Sie Ihre Mäntel ruhig im Hotel«, raten wir den Teilnehmern an unserer Lernexpedition. Verblüffte Blicke, denn es sind draußen minus 19° Celsius. Aber so ist das hier.

Alles unter einem Dach

Wo Schneestürme an der Tagesordnung sind, ist man darauf eingerichtet, alles »indoor« zu erledigen. Wer in Minneapolis zum Joggen geht, beteiligt sich am Programm »Walking through the Mall«. Wer die Wälder Minnesotas liebt, findet unter dem Glasdach der Mall einen beheizten Wald mit 400 großen Bäumen. Man hat dort tatsächlich 50 000 Wespen ohne Stacheln ausgesetzt, um das ökologische Gleichgewicht aufrechtzuerhalten. Und tatsächlich: Die großen Malls, wie die »Mall of America« und Kanadas »West Edmonton Mall«, sind alle »Biospheres«, abgeschlossene Welten in Gegenden, in denen extreme klimatische Bedingungen herrschen: öffentlicher Raum, Zuflucht, die Stadt der Zukunft?

Malls jeder Art bringen die Welt in eine Nussschale, auch wenn diese manchmal riesig ist. Sie reagieren damit auf den Druck äußerer Verhältnisse. Draußen ist es extrem *kalt* oder extrem *heiß*, wie außerhalb vieler klimatisierter »Shopping Malls«, oder es ist draußen sehr *gefährlich* oder es scheint zumindest so. In den USA wurden in den achtziger Jahren »Leisure Parks« zu einem Renner, die von privaten Sicherheitsdiensten bewacht wurden und dem Mittelstand die abends relativ gefährlich gewordenen Innenstädte ersetzten. In New York schlenderten die Angestellten von der Wall Street zum Pier 17, dem »South Street Seaport«, in dem es neben alten Segelschiffen viele Restaurants gab, eine Mole zum Flanieren, Feuerschlucker und andere Kleinkünstler, Geschäfte und Spektakelkinos für die Touristen. In San Diego flüchtete man aus der Downtown ins »Seaport Village«, in San Francisco zu »Fisherman's Wharf«. Immer war es dieselbe Kombination aus Sicherheit, Erlebnisgastronomie, Kleinkunst und Human-touch-Shopping à la »Nature Company«.

Doch seit einigen Jahren sind auch in den USA die Downtowns wieder im Kommen. Und so tauchte ein neuer Grund auf, um ein Malling System zu etablieren: die *Wiederherstellung verödeter Innenstädte.* Besonders spektakulär gelang dies in der englischen Industriestadt Birmingham. Dort entstand vor kurzem die »Bullring Shopping Mall« in einer Gegend, die, obwohl zentral in Bahnhofsnähe gelegen, jegliche Urbanität eingebüßt hatte. Im Mittelalter war hier der erste lizenzierte Viehmarkt Englands und ein Knotenpunkt allerersten Ranges. Um diesen Knoten wiederherzustellen zog man die drei Strassen, die auf das Center zuführen, einfach in die Mall hinein. Die erste Strasse wird zum linken Innenweg der Mall und die echten Fassaden außen werden in der Mall durch angedeutete Fassadenelemente weitergeführt. Die andere Straße wird zum rechten Erschließungsweg und die dritte führt als Fußgängerweg oberirdisch über die Mall hinweg, geradewegs auf eine alte Kirche zu, die als Tiefenpunkt entlang der Achse die Besucher anzieht. Dort, wo sich vor der Mall diese drei Straßen kreuzen, hat man – an Stelle eines europäischen Brunnens oder Denkmals – eine Art Designmaibaum aufgestellt, der den Knoten betont, wie der Pariser Triumphbogen den Étoile. Da Bullring genau zwischen den beiden Bahnhöfen von Birmingham liegt, führt ein Fußgängerweg durch die Mall, der von Leuchtpunkten betont wird und selbst nachts die Durchquerung des Gebäudes ermöglicht. Die Bahnhöfe sollten weiter auf dem kürzest möglichen Weg erreichbar bleiben. Durch diese Maßnahmen glückte die Wiederbelebung des Viertels und die Wiederherstellung der Urbanität.

Der Wunsch nach *räumlicher Verdichtung* ist ein weiterer Antrieb für die Konstruktion von Malls. Für Touristen baut man in der ganzen Welt Museumsdörfer, die weit auseinander liegende oder bereits zerstörte Sehenswürdigkeiten an einem Ort versammeln. Besonders gelungen finde ich hier das »Poble Espagnol«, das 1929 für die Weltausstellung in Barcelona erbaut wurde und damals wichtige Beispiele spanischer Architektur in einer Art »belehrenden Zusammenschau« vorführen sollte. Dazu wurden die Gebäude meist in halber Originalgröße aufgebaut und zu einem »künstlichen Dorf Spanien« zusammengefasst, in dem man in einer halben Stunde die Eigenheiten aller Regionen erleben konnte. Zu den Olympischen Spielen 1992 hat man alles nochmals renoviert und mit zahlreichen Restaurants, Bars und Shops ausgestattet. Heute ist das »Poble Espagnol« eine Art »Missing Link« zwischen den »Nussschalen« vom Typ Museum, vom Typ Einkaufszentrum und vom Typ Leisure Park. Auf künstlichen pittoresken Wegen, über Treppen, vorbei an markanten Türmen und romantischen Plätzen besichtigt man Ausgestelltes wie im Museum, shoppt wie im Einkaufszentrum und wählt das richtige Lokal im passenden Ambiente wie im bewachten »Leisure Park«. In jedem Fall macht man dabei eines: man promeniert.

Das Prinzip der Promenade

Eine Mall, das kann also auch ein Museum oder ein Freizeitpark sein. Entscheidend ist nicht, was angeboten wird, sondern, ob der Konsument dazu gebracht wird, zu flanieren. Die Basis jeglichen Mall-Systems ist ein *Stationenweg*, der den Besucher von Shop zu Shop oder von Kunstwerk zu Kunstwerk führt. Dabei werden wir durch Inszenierungsmaßnahmen dazu gebracht, diese Objekte aus immer wieder anderen *Blickwinkeln* zu sehen.

Jede dramaturgisch gestaltete Mall ist eine Promenade, die ähnliche Waren oder Objekte in immer anderen Blickwinkeln darstellt.

Das ist die Marketingfunktion der Promenade und deren Leistungspotential. Während unserer ersten Recherche in der »Mall of America« haben wir vor Ankunft der Seminarteilnehmer schöne, polierte Steine mit gleicher Begeisterung einmal im Shop »The Nature Company«, dann im »Everything's $ 1« und schließlich bei »Scientific Revolution« gekauft. Die Ware blieb gleich, die Inszenierung hat sich geändert.
»The Nature Company« funktioniert weltweit erfolgreich durch den Kunstgriff des »Placements«, das heißt, der Shop »verpackt« die Ware durch esoterische Musik, Gerüche und ein naturnahes Ambiente. Die Steine werden durch diesen Imagekommentar als Naturprodukte »erlebbar« gemacht. Hinter »Everything's $ 1« steckt ein »Frame-Phänomen«, ein Kaufspiel, das als formales Ordnungsprinzip ein ganz und gar

diversifiziertes Sortiment aneinander klammert. »Was alles kostet noch genau einen Dollar« ist das Geschicklichkeitsspiel, das hier abläuft und den Wert der Steine in den Vordergrund rückt. »Scientific Revolution« schließlich ist ein typischer »Theme-Shop«, der die Ware in eine Geschichte hineinversetzt und den Kunden dazu bringt, diese Geschichte mitzuspielen, sich selbst in diese andere Welt hineinversetzen zu lassen. Wer als Kind einen Chemiebaukasten oder etwas Ähnliches sein Eigen nannte, versteht sofort, wenn er den freundlichen Mann im weißen Labormantel sieht, der da gerade mit einem wissenschaftlichen Spielzeug agiert und so den vorbeieilenden Kunden in den Shop lockt. »Faszination Wissenschaft«, das ist das Thema, und die polierten Steine werden zu Objekten, deren Gesteinsstruktur man sich gerne mit der beiliegenden Lupe aus der Nähe ansieht. Der Wechsel der Inszenierung verhindert, dass in der Shopping Mall Kaufbedürfnisse erlahmen und im Museum das Interesse an der Ausstellung sinkt.

Das Gemeinsame jeder Mall, ihre Eichung, ist also der ständige Blickwechsel auf dieselben Objekte durch eine unterschiedliche Inszenierung. Wer sich vertrauten Waren von einem anderen Blickwinkel aus nähert, verändert allein durch den Vorgang der Wahrnehmung das Objekt. Hinter dem Wechsel von Inszenierung zu Inszenierung, etwa von »Placement« über »Frames« zur »Thematisierung«, steht der Kunstgriff des *Blickwinkels*. Sie erinnern sich: Wenn man auf einen Stuhl steigt, sieht die Welt von dort oben gleich ganz anders aus. Und man steht sozusagen auch bei jedem neuen Haufen immer gleicher polierter Steine auf einem anderen Stuhl und schaut daher auch den Stein aus einem anderen Blickwinkel an.

Jedes dramaturgische System muss man sich wie ein Haus vorstellen, dessen Räume unterschiedliche Kunstgriffe sind. Manche Räume sind »Frames«, es gibt vielleicht einen »Themen-Raum« oder das »Placement«. Der Bauplan, der sagt, wie die Räume aneinandergefügt werden sollen, ist der alles kalibrierende Kunstgriff, die Eichung. Das ist im Fall des Mallings eben der Kunstgriff des »Blickwinkels«.

Während in einer Shopping Mall die Waren meist »thematisiert«, »verpackt« oder »gerahmt« werden, sind für Museen wiederum andere Kunstgriffe typisch. Der Louvre inszeniert ähnliche Plastiken, sagen wir Grabplastiken von Sarkophagen des 17. Jahrhunderts, einmal mit dem Kunstgriff des »Ensembles«, dann wieder als »verbotener Ort«. Als

»Ensemble« liegen die Statuen der Verstorbenen, eine nach der anderen, auf dieselbe Art in den Bögen des Richelieu-Traktes aufgebahrt und erscheinen so als Ensemble, als Kreuzgang. Als »verbotener Ort« findet sich ein einzelner Sarkophag vielleicht als altarähnlicher Endpunkt eines geheimnisvollen Ganges. Wenn man ähnliche Museumsobjekte durch die Blickwinkel unterschiedlicher Inszenierungen wahrnimmt, entsteht auch im Museum die Lust am Promenieren. Deshalb also können auch Museen zu Malls werden.

Besucherstrom-Optimierung

Laut nachgedacht: Wenn der Clou einer Mall darin besteht, dass die Leute durch relaxtes Umherflanieren aus immer neuen Blickwinkeln auf die immer irgendwie ähnlichen Dinge unserer Waren- und Produktwelt schauen, dann müsste die »dramaturgische Optimierung des Besucherstroms« in erster Linie darin bestehen, die Leute dazu zu bringen, bummeln zu gehen. Um dies zu erreichen, gibt es eine Reihe von Maßnahmen.

Zur Einführung einer solchen Maßnahme im Zürcher Jelmoli-Kaufhaus kommen wir gerade zurecht. Noch werden die Hämmer geschwungen, aber vieles ist schon zu erkennen. Im 3. Stockwerk entsteht eine neue »Damenwäschewelt«. Ein eleganter Rundweg schwingt sich ellipsenförmig um eine griechische Säulenlandschaft und gibt, je weiter man der Rundung nachschlendert, immer neue Blicke auf die unterschiedlich inszenierten Dessous-Produkte frei. Gleich daneben sieht man noch die klassischen Kaufhausgänge, die einander im rechten Winkel kreuzen und dem Besucher keinerlei Überraschungen bieten. Rundwege laden zum Promenieren ein. *Die Kunst des Rundgangs* ist die Kunst der Reizerneuerung: jede Biegung enthüllt Neues und Unerwartetes. Besonders brillant wird diese Kunst in den New Yorker Luxuskaufhäusern Saks und Bloomingdale praktiziert. Ständig möchte man dort weiter und weiter »ums Eck schauen«, um zum nächsten und zum übernächsten inszenierten Raum oder Dorfplatz zu gelangen, von denen ein jeder von einem anderen großen Modeschöpfer »bewohnt« wird.

Ein ordentlicher Rundweg gehört markiert und gesäumt. Meist ist es ein Marmorpfad, der dem Besucher den Weg weist, so wie der gelbe Pfad in dem Filmmusical »The Wizzard of Oz« mit Judy Garland. Für die männlichen Einkaufsmuffel hält der Rundweg, wie jede Seepromenade auch, Bänke zum Ausruhen bereit.

Sehr große Shops inszenieren den Rundgang sogar im Laden. »Oshman's Super Sports USA« in der »Mall of America« ist auf den ersten Blick ein Sportgeschäft wie jedes andere auch. Doch dann fällt der Blick auf eine Jogginglaufbahn, wie sie New Yorker Fitnessstudios haben. Sie schlängelt sich durch das gesamte Geschäft. Tatsächlich probieren einige Jogger darauf gerade ihre neuen Schuhe aus. Die meisten anderen Besucher des Ladens benutzen die Laufbahn als Rundweg, der an einigen ungewöhnlichen Kojen vorbeiführt. Dort drüben wird in einer Koje Basketball gespielt, rechts dahinter ist ein Boxring in Aktion, dem Laufband folgend links ums Eck liegt die Koje für die Bogenschützen usw. Ein »Event« nach dem anderen gibt den potentiellen Käufern Gelegenheit, das angestrebte Sportgerät gleich vor Ort auszuprobieren. Wer sich so in die Sportsituation hineinversetzen darf – oder den schwarzen Kids zusieht, die sich den teuren Ball gar nicht leisten wollen, aber uns zeigen, was damit alles möglich ist –, der kauft leichter. Der ständige Wechsel dieser »Events« mit im »Ensemble« angetretenen Sportgeräten entlang des Laufwegs schafft eine Promenade, die »Oshman's« zu einem der aufregendsten Sportläden der Welt macht.

Wer mit Kindern spazieren geht, weiß, dass sie das Bedürfnis haben, eine Promenade nicht linear von A bis Z zu durchmessen, sondern gern vorlaufen, nach links hinauf, um den Weg von oben zu sehen, zurückbleiben, dahinter schauen, rundherum laufen, von unten anschauen usw. Mit einem Wort: Kinder erkunden gerne Unterschiedlichkeit durch geänderte Blickwinkel. Museumsarchitekten versuchen manchmal, diese Lust am Ausprobieren des unterschiedlichen Blicks wiederzuerwecken. Richard Meier, Architekt wunderbarer Museen in Washington, Frankfurt am Main und Barcelona, schuf für sein Frankfurter »Museum für Kunsthandwerk« ein solches *Areal der Erkundungen*. Auf diesem Abenteuerspielplatz für Kulturinteressierte hat Meier eine weiße Vitrinenlandschaft gebaut. Es gibt enge Gassen, die in kleine Plätze münden, Fenster in den weißen Wänden, die wie Schaufenster aussehen, Wände, die sich zu offenen Räumen zusammenfinden, Durchblicke, Ausblicke. Zum Beispiel steht da eine wunderschöne antike Buddhastatue. Ich spaziere durch die Gasse und sehe die Statue in der Fensteröffnung wie in einem Schaufenster stehen. Dann gehe ich um die Wand herum und befinde mich nun in einem intimen Raum, ganz allein mit der Buddhastatue, die jetzt unmittelbar vor mir auf einem Sockel steht. Eine Statue, zwei unterschiedliche Blickwinkel, jeweils ein ganz anderer Eindruck und die Freude, diese beiden unterschiedlichen Sehweisen der Statue entdecken zu dürfen: Malling, das der Anreicherung der Seele dient.

Serial

Während das Malling seine Attraktivität aus dem immer anderen Blickwinkel bezieht, gewinnt die serielle Dramaturgie ihre Kraft aus der Wiederholung des immer Gleichen.

Dazu werfe ich jetzt den Videorecorder an. Auf dem Bildschirm sieht man ein kleines Mädchen. Sie hat rote Zöpfe, reitet auf einem Schimmel und singt: »Zwei mal drei macht vier, widewidewit, und drei macht neune, ich mache mir die Welt, widewide, wie sie mir gefällt.« Es ist Pippi Langstrumpf, die ihr ungewöhnliches Einmaleins erklärt, und wir sind in Mainz in einem meiner Seminare für Drehbuchautoren von Fernsehserien. Pippi Langstrumpf verkündet mit diesem Song ihr Lebensmotto einer auflehnenden Haltung gegen die Regeln der Erwachsenenwelt. Sie singt dieses Lied zu Beginn jeder neuen Folge der bekannten Kinderserie von Astrid Lindgren, und sie erinnert uns kleine und große Zuschauer damit an das »Brain Script« der Auflehnung, mit dem wir die Serienfolge lesen sollen.

Dann fliege ich nach Zürich und lege dort eine andere Videokassette in den Recorder. Jetzt sind wir in einem Seminar für Marketingfachleute, und deshalb führe ich Werbespots vor. Es sind die bekannten Toyota-Spots aus den neunziger Jahren, in denen alle Tiere reden können und dabei die Vorzüge der Autos besprechen. Die Inhalte der Spots sind verschieden, doch immer kommen am Ende die Affen mit dem berühmten Motto der Werbeserie zu Wort: »Nichts ist unmöglich, Toyota.« Das ist auch das »Brain Script«, nach dem alle Folgen der Werbeserie ablaufen.

Die beiden Seminare ähneln einander auf weiten Strecken in verblüffender Weise. Hier wie da werden durch wiederkehrende Slogans die »Brain Scripts«, die rituellen Abläufe der Handlungen, erinnert. Denn

hier wie da treten die beteiligten Medienprodukte »seriell« auf, wieder-
kehrend, sodass man schon auf sie eingestellt ist und wenige Signale
genügen, um an wichtige dramaturgische Eigenheiten zu erinnern. Von
der Werbung abgesehen, gibt es viele andere Anwendungsbereiche
des Marketing, deren Produkte seriell sind. Supermärkte und Hotels
gehören manchmal zu Ketten und das darf man auch bemerken.
Zeitschriften erscheinen periodisch, sodass man mit einem wiederkehrenden journalistischen und visuellen Aufbau rechnen kann. Und
auch Produktgenerationen haben serielle Merkmale. Hinter allem steht
dasselbe Phänomen.

Das Prinzip des Fließbands

Serials entwickeln sich deshalb, weil die Menschen zu wenig Zeit
und Kraft haben, um die Welt immer neu zu erfinden. So entstand das
industrielle Fließband, mit dem Produkte, wie etwa Autos, nach einem
bestimmten Schema mit gleichbleibender Qualität hergestellt werden
konnten. Doch schon Jahrhunderte vor Henry Ford gab es eine Art dramaturgisches Fließband, mit dem Groschenromane, Theaterspektakel
und Kriminalheftchen nach einem erfolgreichen Schema produziert
wurden. Ein Detektiv des 19. Jahrhunderts hatte in allen Heften fest-
stehende Charaktereigenschaften (»Leadership-Design«) und dieselbe
Art von Beziehung zu seinem Assistenten, zu seinem Todfeind in Ver-
brecherkreisen und zur feinen Gesellschaft (»Ensemble«). Er benutzte
stets dieselbe todsichere Methode, seine Fälle zu lösen, und begegnete
dabei jeweils ähnlichen Komplikationen (»Spannungsbogen«).

*Jedes dramaturgische Element befindet sich in jeder neuen Folge ge-
nau dort, wo der Autor es immer hinstellt und der Leser es erwartet.
Es ist »Alles an seinem Platz«.*

Das ist der Kunstgriff, der das serielle System zusammenhält. Hinter
dem Kunstgriff steht, zur Erinnerung, jenes Phänomen, das uns auf dem
unaufgeräumten Schreibtisch alle Dinge dort wiederfinden lässt, wo sie
üblicherweise zu liegen haben. Serien sind irgendwie wie Schreibtisch-
platten, die auf immer dieselbe Art neu voll geräumt werden.
Wirklich erfolgreich wurde die serielle Vorgehensweise dadurch, dass

sie nicht nur für den Industriellen, der das Fließband bauen lässt, Produktivitätssteigerung bedeutet. Sie bietet verblüffenderweise auch eine Erleichterung für den Konsumenten. Manche Autofahrer bleiben ihr Leben lang einer Automarke treu und kaufen sich über die Jahrzehnte hinweg bloß nur das jeweils neueste Modell der Serie. Fernsehserien sind bei den Zuschauern dann besonders beliebt, wenn sie sich in die Standards der Serie so richtig eingelebt haben. Empirische Untersuchungen haben sogar festgestellt, dass viele Serienfans gerade jene Folgen einer Serie besonders schätzen, die sie schon ein- oder zweimal gesehen haben. Diese Untersuchung muss wohl auch dem Erfinder von Wiederholungen zu Ohren gekommen sein, oder gäbe es sonst auf vielen Kanälen heute so viele »Déjà-vu-Erlebnisse?«

Die totale Erinnerung

Serielle Produkte sind Erinnerungsmaschinen. Ein Kick genügt, und schon ist für den Konsumenten alles klar. Unterschiedlichen Bedürfnissen entsprechend gibt es vier grundlegende Arten, sich zu erinnern:

1. Serien
erzählen jeweils mit demselben Inventar an Personen und Schauplätzen dieselbe prinzipielle Geschichte in immer anderer Weise. Dieser Form des Seriellen liegt die Erfahrung zu Grunde, dass wir uns im Laufe unseres Lebens ein bestimmtes Verhaltensrepertoire – »Brain Script« – aneignen, mit dem wir versuchen, durchs Leben zu kommen. Dazu richten wir uns in einem Beziehungsgefüge ein, an dem sich auch oft nicht viel ändert. Nach gescheiterten Beziehungen etwa suchen sich viele von uns einen ähnlichen Partner, um dieselben Fehler erneut zu begehen.
Auf dem Videorecorder, während meines bereits erwähnten Drehbuchseminars in Mainz, läuft gerade »Knight Rider« mit David Hasselhoff. Das Script mit der stereotypen »Spannungskurve« wird gleich zu Beginn jeder Serienfolge verlautbart: »Ein Mann und sein Auto kämpfen gegen das Unrecht.« Nicht umsonst heißt der Held der Serie Michael Knight. Herr »Ritter« muss wie ein Ritter ohne Furcht und Tadel den Bedrängten zu Hilfe eilen. Dabei unterstützt ihn sein treues Pferd, pardon, Auto, das sprechende Computerfahrzeug K.I.T. Wie ein

Pferd springt es – mit Turboboosterantrieb – über Stock und Stein und kommt seinem Herrn zu Hilfe, wie weiland das legendäre Pferd »Fury«. Die kognitive Landkarte des Personenensembles besteht aus dem Paar Michael-K.I.T. im Zentrum, Michaels Auftraggeber Davon von der »Foundation« und der hübschen Mechanikerin von K.I.T. Auf der anderen Seite gibt es immer wieder andere Bösewichte und dazwischen eine »schwache« Person, oft eine Frau, manchmal ein Kind, der Michael zu Hilfe eilen muss. Jede Folge der Serie erzählt zwar vordergründig eine andere Geschichte, sie bedient sich aber immer derselben Kunstgriffe: »Spannungskurve«, »Ensemble« und »Leadership-Design«, zu dem etwa K.I.T.S Pferdeverhalten gehört.

In Zürich, beim Marketingseminar, zeigt der Videorecorder die Werbespotserie, die der heute an der Parkinson Krankheit leidende Schauspieler Michael J. Fox (»Zurück in die Zukunft«) für Pepsi-Cola gedreht hat. In jedem Spot muss er unter widrigen Umständen eine Pepsi-Dose besorgen. Einmal klettert er im Regen die Dachrinne hinunter, weil seine hübsche Nachbarin eine Pepsi haben will. Er muss seine Angst vor Rockern überwinden, die den Automaten belagern, usw. Ein anderes Mal kämpft er gegen einen heimtückischen, bissigen Hund. Seine Freundin ist dabei, und er versucht, ihr zu imponieren. Der Serieneffekt lässt uns sofort verstehen, was los ist, und wir fühlen uns automatisch in dem immer ähnlichen Personenensemble heimisch.

Serien des *Typs 1* haben in sich abgeschlossene Folgen, mit gleicher Spannungskurve, stabilem Personenensemble und unverändertem Leadership-Design der Hauptfiguren. Bis die Folge zu Ende geht, müssen alle Konflikte gelöst, muss das »Brain Script« der Handlung bis ins letzte erfüllt sein.

2. Fortsetzungsserien

zeigen Geschichten hingegen abschnittsweise. Sie brechen einfach ab, wenn es am spannendsten ist. Diese Erfahrung macht man schon als Kind: Wenn es am meisten Spaß macht, wird man ins Bett geschickt.

Fortsetzungsserien basieren auf der banalen Erkenntnis, dass das Leben immer weitergeht. Deshalb leben viele Zuschauer mit Fortsetzungs-TV-Serien, wie der Lindenstraße (Folge 1000 lief gerade 2005), besonders intensiv mit, weil dort im Fernsehgerät das Leben genauso von Tag zu Tag weitergeht wie im richtigen Leben außerhalb des Fernsehers. Ein

»Cliffhanger« beendet die Folgen im spannendsten Moment. Es bleiben ja auch viele Fragen offen, wenn wir den Tag beenden und ins Bett gehen.

In Mainz ist man böse auf mich. Ich habe eine Gruppe von Drehbuchautoren gezwungen, im Schnellgang 13 Folgen einer der erfolgreichsten Fortsetzungsserien aller Zeiten zu analysieren: »Dynasty – Der Denver-Clan« aus den achtziger Jahren. Doch die Quälerei hat sich gelohnt. Am Ende haben wir den prototypischen Bauplan für Fortsetzungsserien vor uns. Es ist ganz einfach. Das »Brain Script« des Familienkriegs wird auf drei unterschiedliche Handlungsstränge aufgeteilt. Ein Strang erzählt über sieben Folgen, wie ein tot geglaubtes Familienmitglied wieder auftaucht, ein anderer Strang erzählt vielleicht von einem politischen Wahlkampf, während ein dritter Handlungsstrang Intrigen um die Firma Denver Carrington verfolgt. In jeder Folge werden die Stränge abwechselnd erzählt, sodass immer dort die Antizipation des Zuschauers angefacht wird, wo ein Strang gerade in einem spannenden Moment verlassen wird und die Folge im anderen Erzählstrang weitergeführt wird. Es gibt demnach pro Folge keine geschlossene Spannungskurve, sondern eine Art »*Zopfmuster*«. Dieses Geflecht zieht sich über viele Folgen hinweg, denn wenn sich ein Handlungsstrang endlich zu Ende neigt, wird ein weiterer gestartet, und der dritte befindet sich gerade auf seinem Höhepunkt. So läuft die Serie, wie ein Perpetuum mobile, endlos weiter.

Meine Drehbuchautoren haben noch eine weitere Entdeckung gemacht. Nicht nur die Spannungskurve, auch das Personenensemble setzt sich fort. Im Laufe von drei, vier Serienstaffeln zu je 13 Folgen verbündet sich jede Person der Serie mit jeder anderen zu einer strategischen Allianz: da sind Liebesbeziehungen, das gemeinsame Vorgehen in Wirtschaftsangelegenheiten, Erbschaftsfälle. Die kognitive Landkarte des Personenensembles dreht sich hierbei einmal um die eigene Achse, um 360 Grad. Das ist eine großartige Leistung der Drehbuchautoren der Serie, die dem Zuschauer zusätzlich das Gefühl von »Fortsetzung« vermittelt, zugleich aber durch die Drehung auf der Stelle keine wirkliche zeitaufwändige Entwicklung der Figuren erfordert: wahrlich eine Strategie im Geiste des Fließbands und ein Milliardengeschäft, das serielle Dramaturgie unmittelbar in weltweite Akzeptanz umsetzte.

In Zürich, im Marketingseminar, ist die Sache wesentlich simpler. Wir

sehen uns Plakat- und Anzeigenserien an. Fortsetzungsplakate brauchen, wie Fortsetzungsserien, einen dramatischen Anlass, der die Neugier des Publikums entfacht. Es muss etwas geben, auf Grund dessen es
sich lohnt, der Fortsetzung entgegenzufiebern. In Serien wie »Dynasty«
ist das oft eine *Katastrophe*. Im Laufe der Serie fallen zum Beispiel, so
etwa im Abstand von 30 Folgen, mit eigentümlicher Regelmäßigkeit
schwangere Familienmitglieder vom Pferd, sodass sich der besorgte
Zuschauer über dem einfrierenden Schlussbild jeweils fragt, ob die
Frauen wohl das Kind verlieren werden. Die eine Woche später gesen-
dete Anschlussfolge erhält dann dementsprechend hohe Aufmerksamkeit. Plakate und Anzeigen, die in Fortsetzungen geschaltet werden,
verwenden diesen Effekt, um dem beworbenen Produkt möglichst viel
Aufmerksamkeit zu verschaffen. Das zuerst geschaltete Werbemedium
enthält die Katastrophe. Ein französisches Plakat mit der Schrift »Au
Départ«, bei der Abfahrt, zeigt ein Jeanshemd, auf dem eine Riesenpor-
tion Ketchup gelandet ist. Darunter steht: »Und keine Waschmaschine
in Sicht«. Das ist die Katastrophe. Das Fortsetzungsplakat liefert die
Lösung. Es ist mit »À l'Arrivée«, bei der Ankunft, überschrieben. Das
Jeanshemd ist wieder makellos, und dazu sieht man die Verpackung
des Waschmittels »MIR, express«, das alles im Waschbecken, auch auf
der Reise, wunderbar sauber wäscht.

Die andere Motivation zur Unterbrechung der Spannungskurve sind
Rätsel. Berühmt wurde die Einführungskampagne für die Automarke
»Xedos«. Es gab zwei Anzeigenserien. Die erste Serie gab dem Wer-
bepublikum zunächst Rätsel auf, die zweite Staffel beantwortete dann
die Rätsel und führte dadurch das Produkt ein. Zuerst sah man etwa
schemenhaft die Silhouette des berühmten Eames-Designstuhls und
las dazu. »Echt cool: Ist Xedos cooler?« Darunter wurde dann der
Eames-Stuhl erklärt, seine Bedeutung für die Geschichte des modernen
Designs. Niemand wusste jedoch, was das sein soll: ein Xedos? Auf einer anderen Anzeige sah man die berühmte Zitronenpresse von Philipp
Starck, die auf hohen Spinnenbeinen steht. Darüber stand: »Echt stark.
Ist Xedos stärker?« Wiederum wurde die Zitronenpresse erklärt, aber
nichts von Xedos. So ging es weiter, bis die Antwortserie schließlich die
offenen Enden der Spannungskurven schloss. Jetzt sah man die form-
schönen Sitze des Xedos und las: »Cooler als cool. Xedos, das Meisterstück«, und las dazu über die Vorzüge der Polstermöbel im Xedos. Oder

man sah den Kühlergrill des Wagens und las: »Stärker als stark« und wurde über die unverwechselbare Karosserie des Xedos informiert. Die Kampagne hat gegriffen, und ich erinnere mich noch genau, wie jeder Xedos, der auf der Straße zu sehen war, meine Aufmerksamkeit auf sich zog, obwohl ich mir als führerscheinloser Taxi fahrender nicht sonderlich viel aus Autos mache.

3. Mehrteiler

sehen auf den ersten Blick Fortsetzungsserien ähnlich. Doch Fortsetzungsserien verwenden die Unterbrechung nur als Effekt. Der Schnitt kann jederzeit und überall gesetzt werden, solange dafür ein dramaturgischer Grund eingeführt wird. Bei Mehrteilern kann die Unterbrechung nur an ganz bestimmten Stellen erfolgen. Mehrteiler entsprechen bewusst unserer Erfahrung von dramaturgischer *Entwicklung*. Sie vollziehen gewissermaßen Lebensabschnitte nach.

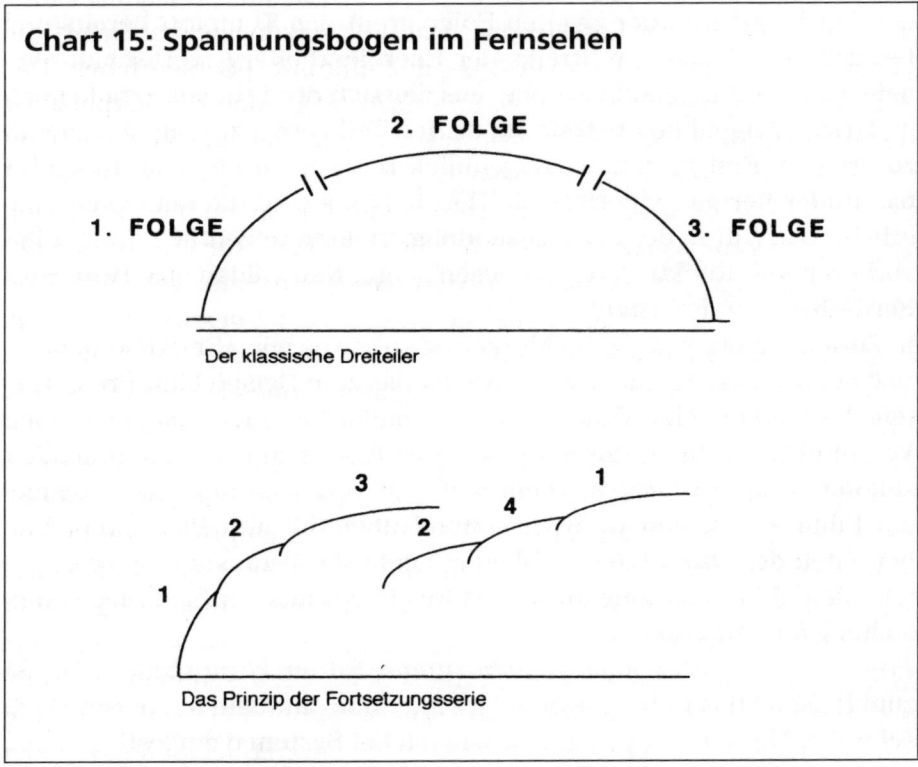

Chart 15: Spannungsbogen im Fernsehen

2. FOLGE

1. FOLGE   3. FOLGE

Der klassische Dreiteiler

Das Prinzip der Fortsetzungsserie

Spannungskurven sind im aufsteigenden Ast wie der Morgen des Lebens, am Höhepunkt wie der Mittag und am absteigenden Ast wie der Abend des Lebens. Der *klassische Dreiteiler* entspricht mit seinen drei Folgen dieser Abfolge von Einatmen, Durchblick und Ausatmen. Aber auch Zweiteiler, Vierteiler und Fünfteiler vollziehen stets eine nachvollziehbare Entwicklung. Im Gegensatz dazu ist es die Stärke von Fortsetzungsserien, eben keine Entwicklung nachzuzeichnen, sondern durch ständig neu beginnende Handlungsstränge ein immer spannungs-geladenes Kommen und Gehen vieler Entwicklungen durcheinander oder hintereinander vorzuführen.

Mit dem Dreiteiler »A Very British Coup« hat die BBC den wahrschein-lich besten Mehrteiler aller Zeiten produziert. Meine Mainzer Dreh-buchautoren im Seminar sehen in der ersten Folge, wie ein Sozialist, Stahlarbeiter in der dritten Generation, zum britischen Premierminister gewählt wird. Wir begreifen das »Brain Script« des Komplotts und lernen die Gegner des Premiers im britischen Establishment und in der CIA kennen. In der zweiten Folge greift das Komplott bereits und bewirkt, auf Grund von Streiks der Energiearbeitergewerkschaft, bei-nahe eine nationale Katastrophe, aus der sich der Premier gerade noch im letzten Augenblick befreit. Im dritten Teil versucht man, ihn zu Fall zu bringen. Erst im letzten Augenblick reißt er durch seine Integrität das Ruder herum, widerlegt die Beschuldigungen, die man gegen ihn erhebt, und ruft in der Fernsehsendung, in der er eigentlich den für ihn vorbereiteten Rücktrittstext verlesen sollte, Neuwahlen aus. Britisches Fernsehen vom Feinsten!

In Zürich rätseln wir, wo im Marketing so etwas wie »Entwicklung« se-riell nach außen gebracht wird. Wie ist das zum Beispiel mit Pressetex-ten, die rund um eine Veranstaltung formuliert werden? Da gibt es eine Vorberichterstattung, die klarmachen soll, was auf die Öffentlichkeit zukommt: das *Einatmen.* Dann läuft die Veranstaltung, zum Beispiel ein Filmfestival, und es wird laufend über die aktuellen Ereignisse berichtet: der *Durchblick.* Schließlich geht die Veranstaltung zu Ende, und die Public Relations formuliert Resümees aus der Sicht des Veran-stalters: *das Ausatmen.*

Produktserien sind nach hinten offene Entwicklungsketten. Da ist zum Beispiel das Betriebssystem meines Mac, auf dem ich dieses Buch schreibe. Mit jedem Update, seitdem ich bei System 6 eingestiegen bin, ist mein Bildschirm dreidimensionaler und interaktiver geworden. Die Betriebssysteme repräsentieren eine Spannungskurve, deren Dimension und Steigungswinkel noch nicht absehbar ist. Trotzdem habe ich mit jeder Weiterentwicklung das Gefühl, eine Entwicklung mitzuerleben. Eines geht aus dem anderen hervor, es ist ein fixes »Ensemble« an Features erkennbar, und gemäß dem »Leadership-Design« sind der Apfel und andere vertraute Etiketten auch immer vorhanden. »Alles ist an seinem Platz«, und doch gibt es eine Fortentwicklung.

4. Reihen

haben auf den ersten Blick überhaupt nichts Serielles. Während die einzelnen Folgen von Serien, Fortsetzungsserien und Mehrteilern immer dieselbe »Spannungskurve« besitzen, dasselbe »Ensemble« handelnder Personen, dieselben Etiketten des »Leadership-Designs«, gibt es bei Reihen weder denselben Spannungs- und Handlungsaufbau noch Personen oder Etikettensignale, die durchgehend vorhanden sein müssen. Ein prägnantes Beispiel, das die Drehbuchautoren und ich gleichermaßen lieben, ist die Märchenreihe, die »Muppets«-Erfinder Jim Henson für das Fernsehen schuf. Jedes Märchen der Reihe hat natürlich eine ganz andere Geschichte, also auch andere »Brain Scripts«, Spannungsverläufe, Figuren und Schauplätze. Gleich sind nur die Rahmenfiguren: ein Erzähler und sein treuer Hund (eine Puppe) sowie die Machart der Reihe, ihre »Media Literacy«. Durch alle Folgen zieht sich ein und dasselbe unverwechselbare Wahrnehmungsspiel, das als »Frame« die Reihe aneinander klammert. Es handelt sich dabei um die Aufhebung der Raum-Zeit-Logik. Im Märchen lässt eine Prinzessin gerade eine Rose zu Boden fallen, und sie landet vor der Schnauze des Hundes, der sich aber gar nicht im Märchen befindet, sondern in der guten Stube, in der das Märchen erzählt wird. Oder: »Fürchtenicht« aus »Einer, der auszog, das Fürchten zu lernen« sitzt am Rande eines Weihers (in dem der schreckliche Wassermann haust), aber der Weiher ist zugleich auch der Wassernapf des Hundes, der die Figuren verwundert anschaut.

Ein »Frame«, der sich durchzieht, während alles andere sich ändert, ist eine Konstellation, die für alle Periodika typisch ist. Buchreihen gehören dazu, deren Cover auf ein gemeinsames Schwerpunktthema des Verlages verweisen. Werbekampagnen, die beispielsweise über unterschiedliche Funktionen eines Produktes informieren, brauchen die

Form der Reihe ganz besonders. Für ein Rechenzentrum sollte in einer Kampagne das ganze Leistungsspektrum der computergesteuerten Automatisationsüberwachung dargestellt werden. Wie macht man das, wenn es in jeder Anzeige inhaltlich um etwas ganz anderes geht? Durch alle Anzeigen zog sich, neben dem gleichen Layout, ein Wortspiel. Das Produkt hieß IZI, und in Lautschrift dargestellt, gab es zu unterschiedlichen Bild-Sujets Slogans wie: »Take it easy {'i:zi}« und ein gestresster Manager war zu sehen, oder »Easy going {'i:zi}« usw. So konnte man einmal den Kostenaspekt betonen, dann wieder technische Details in den Vordergrund stellen oder auf die allgemeine gesellschaftliche Notwendigkeit des Produkts verweisen: Immer gab es einen seriellen Zusammenhalt zwischen den einzelnen Folgen der Anzeige.

Schließlich sind alle modernen Hotel-, Restaurant- und Ladenketten vor allem Reihen. In jedem einzelnen Outlet weiß der Kunde genau, was ihn erwartet und wie er zurechtkommen wird. Das gibt Sicherheit und Vertrauen, beschleunigt Abläufe in Fast-Food-Restaurants und erleichtert die Selbstbedienung in Concept Stores. Gerade vor einigen Tagen saß ich am Londoner Bahnhof Paddington an der Theke eines der zahlreichen YO! Sushi Restaurants. Das ist die High Tech Variante eines »Running Sushi«, wie man es auf der ganzen Welt kennt, aber mit zahlreichen Erleichterungen, auf die man sich verlassen kann. Routiniert bestelle ich meine Miso Suppe und den grünen Tee, denn ich weiß, dass beides unlimitiert nachgeschenkt wird. Ich sitze, wie immer, direkt vor einem der zahlreichen Zapfhähne, die aus der Theke herausragen und weiß, dass ich in beliebiger Menge rechts Mineralwasser ohne und links Mineralwasser mit Kohlensäure nachzapfen kann. Ich weiß, auf welche Gerichte ich warten werde, die am Förderband an mir vorbeifahren, kenne den Farbcode der Schälchen, der mir den Preis jeder Köstlichkeit verrät. Wenn ich will, dass die Schälchen gezählt werden und die Rechnung vorbereitet wird, muss ich nicht verzweifelt winken, sondern drücke für das Schnellservice auf den roten Knopf, den es vor jedem Platz gibt. Nicht immer entsteht der Genuß im Restaurant durch das Einzigartige, sondern bisweilen auch durch das Vorhersehbare des Seriellen.

Das Katapult, die Gebetsmühle und der Fan

Serien sind optimale Dramaturgiemaschinen. In einem »normalen« Spielfilm müssen dem Konsumenten alle dramaturgischen Elemente erst einmal mühevoll beigebracht werden. In der Dramaturgie wird diese Phase als Handlungsanstieg der »Spannungskurve« bezeichnet. Wer sind die Hauptpersonen, wie stehen sie zueinander, welches Muster liegt der Handlung zu Grunde? Bis das alles klar ist und der Film so richtig losgehen kann, sind oft schon zwanzig Minuten vergangen. *Die serielle Dramaturgie* hingegen katapultiert den Zuschauer sofort ins Zentrum des Geschehens. Da man in einer Serie Tag für Tag oder Woche für Woche »Alles an seinem Platz« vorfindet, genügen wenige Signale, um alles klarzumachen. Wie durch ein Katapult schnellt man sofort hoch in die Spannungskurve hinauf. Dafür gibt es mehrere Methoden.

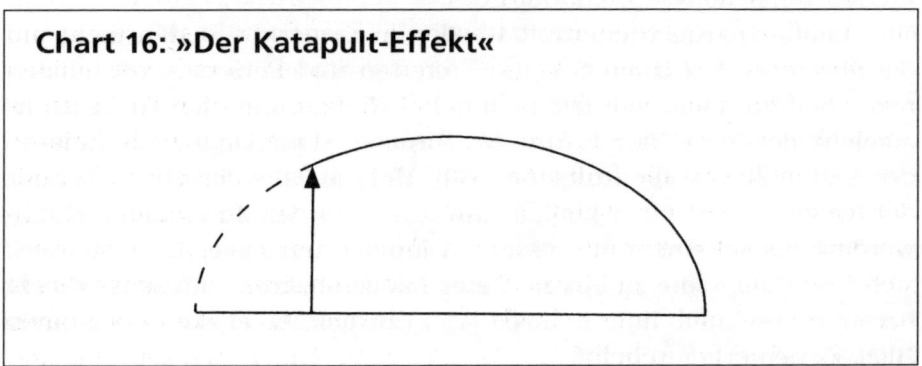

Chart 16: »Der Katapult-Effekt«

Am einfachsten ist es, zu Beginn einer Serienfolge dramaturgische Muster einfach als *Programm* zu verlautbaren: »Der Weltraum – unendliche Weiten. Wir schreiben das Jahr 2200. Dies sind die Abenteuer des Raumschiffs Enterprise, das mit seiner 400 Mann starken Besatzung fünf Jahre lang unterwegs ist, um neue Welten zu erforschen, neues Leben und neue Zivilisationen. Viele Lichtjahre von der Erde entfernt, dringt die Enterprise in Galaxien vor, die nie ein Mensch zuvor gesehen hat.«
Im Werbespot heißt es: »Ist das weich, ist das neu? Nein mit ...« und schon läuft die Sache, und zwei weitere Szenen erfüllen das Handlungsmuster, das da zuvor angemeldet wurde. »Wie schmecken denn die?«

lautet die Frage bei »Fisherman's Friend«, und wir alle wissen, was dann kommt, denn: »Nicht fragen! Kaufen!«

Wenn die Sache dann läuft, muss sie auch am Laufen gehalten werden. Wie bei einer tibetanischen Gebetstrommel, die bei jeder Umdrehung das »Om Mani Padme Hum« wiederholt, erinnern *Slogans* an die seriellen Vereinbarungen. »Null Problemo«, sagt »Alf«, der Außerirdische, bei jeder passenden Gelegenheit und erinnert mit dieser Anspielung daran, dass er in seiner amerikanischen Gastfamilie sehr wohl ständig Probleme verursacht. In der Werbung verbinden Slogans den Produktnamen mit einer rituell vorgetragenen Anweisung zum Handlungsverständnis. In meinem Werbeseminar an der Universität Wien haben dies zwei meiner Studenten in einem Referat praktisch getestet.

»Pflanzen brauchen Liebe«, sagen sie, »und Substral«, ergänzen fünfhundert Studenten einstimmig. »Bauknecht weiß...«, sagen sie, »was Frauen wünschen«, spricht der Chor.

Gebetsmühlenartig wiederholt werden in modernen Serien nicht nur die feststehenden Brain Scripts, Etiketten und Personenkonstellationen, sondern auch, wie früher nur bei Reihen, die charakteristische Machart der Serie, der *Frame* als formale Klammer. Bestes Beispiel der letzten Zeit ist die Kultserie »Ally McBeal«, bei der die Tagträume der Hauptperson - einer jungen Anwältin – für den Zuschauer sichtbar werden. Als sie einem interessanten jungen Arzt begegnet, schlängelt sich ihre Zunge, die zu einem Meter Länge ausfährt, um sein Gesicht herum und schnellt flugs in ihren Mund zurück, als er etwas von ihrem Blick zu bemerken scheint.

Bisher habe ich in diesem Kapitel die »Welt der Serie« mit der »Welt des Marketing« verglichen. Aber natürlich wollen auch Serien vermarktet werden. Ein hochinteressantes Instrument dafür sind die so genannten *Fanzines*. Fanzine, das ist eines jener typisch amerikanischen Kunstwörter, entstanden aus der Symbiose von »Fan« und »Magazine«. *Fanzines sind Zeitschriften für Fans.* Was Programme und Slogans innerhalb eines seriellen Produkts bewirken, macht das Fanzine von außen, es trainiert dramaturgische Standards. Fanzines enthalten für die Serie typische Dialogpassagen, Inhaltsangaben von Folgen, die der Zuschauer vielleicht versäumt hat, Setcards, also Steckbriefe, der Schauspieler mit Informationen über: Hobbys, Privatleben, was sie gerne in ihrer Freizeit machen, was sie essen, wo sie die Ferien verbringen.

Die Abbildung kognitiver Landkarten hilft dem Fan, sich im Gewirr vieler Figuren zurechtzufinden. Abgedruckte Brettspiele lassen die Fans typische Handlungszüge nachspielen. Und manche serienübergreifende Fanzines spezialisieren sich auf bestimmte Aspekte der Serien. Eines zum Beispiel enthält alle Hochzeitstermine eines Serienjahres mit Fotos der noch nicht gesendeten Vermählung, Details über die Brautkleider, Interviews mit den pseudoverheirateten Schauspielern.

Die totale Verschmelzung von Fernsehen und Markt zelebrierte die wohl meist diskutierte Serie der letzten Jahre, »Sex and the City«, rund um vier New Yorker Singlefrauen in den Dreißigern. Carrie Bradshaw, die eine intellektuelle Sexkolumne schreibt, liebt die High Heels des Schuhdesigners Manolo Blahnik. Und Prada Kostüme wie Fendi Taschen, Kondome von Durex und die Redaktion der Vogue, für die Carrie eine Zeit lang arbeitet, werden nicht als verstohlenes Product Placement hineingeschmuggelt, sondern offen gezeigt und angesprochen. In »Sex and the City« wurden Marken erstmals zum fixen Bestandteil des Serieninventars - des Milieus ihrer Figuren - wie das früher nur der wiederkehrende Schauplatz einer Serie war. Was wir hier vor uns haben und gebetsmühlenartig wiederholt wird, ist dieselbe Lifestyle-Thematisierung, wie sie auch ein Flagship Store wie DKNY auf der New Yorker Upper Eastside zelebriert. Hier wie da verschmelzen ursprünglich getrennte Objekte zu einer gemeinsamen Themenwelt, in der man versinkt. Bei DKNY stehen unter den Kleidern die passenden Schuhe, liegen daneben die passenden Bücher und Kunstobjekte, spielt die eigens für DKNY gemixte Musik. Kleider sind auch Kultur, heißt es, und Bücher sind auch Mode. Alles zusammen ergibt eine begehbare Lifestylewelt, so wie auch in »Sex and the City« eine solche Lifestylewelt über die Bildschirme flimmert. Die Bindung mit dem Fan festigt sich, weil – »Alles an seinem Platz« – nicht nur die Figuren und Stories wiederkehren, sondern auch ihr Lifestyle, dem man nicht nur im Fernsehen, sondern auch in Magazinen, Shops und dem eigenen Leben wieder begegnet.

Virtuality

Im Jahre 1787 ließ der russische Feldherr Jassy Potemkin die Attrappen ganzer Dörfer am Horizont aufbauen, um damit seine Kaiserin Katharina II. von seinen Erfolgen als der für die Besiedlung der Schwarzmeerküste verantwortliche Beamte zu überzeugen. Im Jahre 1995 wurde auf der südjapanischen Insel Kyushu der »Ocean Dome« eröffnet, die größte gedeckte Badeanlage der Welt, in der man auf echtem Sand an einem Sandstrand liegt, dabei auf das dunkelblaue, künstliche Meer schaut, die Augen am simulierten Horizont ruhend, umgeben von Palmenwäldern und Felsen, unter der Sonne Japans, die bei Schlechtwetter, so die Erbauer, perfekt simuliert wird unter dem dann geschlossenen Dach der kilometerlangen Strandlandschaft.

Der Weltersatz

Immer schon waren die Menschen davon fasziniert, gottgleich neue Welten zu erschaffen. Die schöpferische Fähigkeit, die uns dafür zur Verfügung steht, ist unsere Vorstellungskraft sowie die Eigenschaft, an die Echtheit unserer Phantasien zu glauben oder auch, wie bei den Potemkinschen Dörfern, andere von deren Vorhandensein zu überzeugen.

»Virtual Reality« heißt jene Technologie, bei der man sich mit Computerbrille und Datenhandschuh in einer künstlichen Umgebung bewegt. Dort greife ich mit der Hand nach einer graphisch simulierten Vase und kann sie tatsächlich hochheben. Ich drehe den Kopf nach rechts und kann jetzt tatsächlich die rechte Wand des simulierten Raums sehen. »Virtual Reality« vereint zwei Eigenheiten der Wirklichkeit zu einem Begriff: *virtuell*, also der Vorstellungskraft nach vorhanden, und Realität, also tatsächlich existent. Und wirklich werden viele virtuelle Realitäten dafür geschaffen, um, zumindest für eine Zeit lang, als echt angesehen zu werden.

In den Vereinigten Staaten gibt es etwa »Virtual-Reality«-Programme, durch die Menschen ihre Höhenangst überwinden lernen. Man legt die Computerbrille an und befindet sich nun plötzlich in schwindelerregender Höhe. Man lernt, auf einem schmalen Balken zu balancieren und die dabei auftretenden Panikgefühle zu kontrollieren. »Dialog im

Dunkeln« war eine in ganz Europa gastierende Wanderausstellung, die Sehende durch eine raffinierte visuelle Anordnung in die Welt der Blinden versetzte. Die Anordnung kam hier gänzlich ohne High-Tech aus. Man drehte einfach das Licht ab. Mit einem blinden Führer und Blindenstock ausgestattet, gelangt man durch mehrere Lichtschleusen in die absolute Dunkelheit. Für die Dauer der Führung ist man sozusagen blind. Ich taste mich mit meinem Stock durch die Dunkelheit. Erst laufe ich gegen einen Baum, dann finde ich ein Geländer und taste mich über eine Brücke. Erschöpft sitze ich kurz auf einer Bank. Zum ersten Mal in meinem Leben sitze ich auf etwas, von dem ich nicht weiß, wie es aussieht. Dann lerne ich, mich mit dem Stock am Gehsteigrand entlang zu tasten, ohne auf die stark befahrene Straße zu gelangen. Wsch! zischt ein Laster vorbei. Im Supermarkt muss ich mich durchs Drehkreuz mühen und krache sofort gegen einen Einkaufswagen, den irgendjemand einfach mitten im Gang stehengelassen hat. Ich betaste die Dosen im Regal. Alle fühlen sich gleich an. Schließlich sitze ich in der Bar auf einem Hocker, trinke ein Glas Sekt, bezahle mit einem Geldschein (?) und frage nach dem Weg hinaus, zurück ins Licht, ins Sehen. Während der Zeit als Blinder hatte ich nie das Gefühl einer »vergnüglichen Inszenierung«. Für mich war die Situation echt, wahrhaftig vorhanden, verbunden mit Angst, Panikgefühlen und dem Willen, sich jetzt zusammenzureißen, diszipliniert zu sein, um über die Straße zu kommen, aufzupassen, um – ganz einfach – zu überleben.

Damit virtuelle Erfahrungen die Überzeugungskraft realer Wirklichkeiten bekommen, müssen in der »dramaturgischen Alchimistenküche« zumindest zwei Essenzen zusammengemischt werden:

Ein Kunstgriff, der in der Lage ist, eine illusionäre Basis zu schaffen, und ein Kunstgriff, der die Illusion zur überzeugenden Realität verstärkt: »Seeing is Believing«.

In den folgenden Kapiteln werden drei solcher Paarungen vorgestellt:
Virtuelle Ereignisse = Event + Seeing is Believing
Virtuelle Lebewesen = Leadership-Design + Seeing is Believing
Virtuelle Welten = Thematisisierung + Seeing is Believing

Virtuelle Ereignisse

Was, also, kann alles zur virtuellen Realität werden? Zum Beispiel ein Ereignis, ein Traum, der Traum vom Fliegen, ganz allgemein ein »Event«, eine Situation, bei der man, wie bei einem Kinderspiel, so tut, als ob, und dadurch eine nicht zugängliche, irgendwie irreale Situation für bare Münze nimmt: In Disney-World wird jeder Abend zur Silvesternacht. Solche simplen »Events« sind noch Spiele, auf die man sich bewusst einlassen muss, damit sie funktionieren. »Virtuelle Ereignisse« werden durch einen zweiten Kunstgriff zur tatsächlichen Realität. Dieser Kunstgriff ist das »Seeing is Believing«. »Events«, das Spiel, zu tun als ob, bilden hier die illusionäre Basis. Der überzeugende Hyperrealismus des »Seeing is Believing«, des Effekts vom »Ungläubigen Thomas« und der Computeranimation, macht aus dem Spiel Ernst.

Der Hyperrealismus kann eine visuelle Täuschung sein, eine akustische Täuschung, eine Täuschung des Gleichgewichtssinns, ein raffiniertes Spiel mit dem Zeitablauf, mit Schein und Wirklichkeit. *Telepräsenz* etwa ist die zeitgleiche Gegenwart ganz woanders ablaufender, eigentlich unzugänglicher Ereignisse. Telepräsenz zur spektakulären Pressebetreuung hat man jetzt erstmals für den »America's Cup«, eine Segelregatta über den Pazifik, eingeführt. Für Journalisten war es immer schwierig, von diesem Ereignis zu berichten. Wie soll man auch von spektakulären Überholmanövern, von Stürmen, Flauten und Wendemanövern schreiben, wenn man nicht mit an Bord ist, was nicht geht oder im Helikopter über den Booten kreist, was die Regatta empfindlich stören würde? Also hat man im Pressezentrum in Los Angeles die Computerdaten der Satelliten in Realzeit in eine Computeranimation umgesetzt. Man sieht die Schiffe dreidimensional am Bildschirm, von vorne, von oben, von der Seite, in jeder Perspektive. In dem Augenblick, in dem mitten auf dem Pazifik ein Boot ein anderes riskant überholt, sehen die Journalisten den packenden Zweikampf telepräsent auf dem Bildschirm.

Akustischer Hyperrealismus kann »Virtuelle Ereignisse« besonders effektiv auslösen. Sie überfallen uns so unerwartet, weil niemand an hyperrealistischen Ton denkt. Jedermann spricht von Computeranimation, von Virtual Reality Equipments, niemand von THX-Sound, von 5-Hertz-Technik. Im Disney-MGM-Filmpark wurde ich das erste Mal mit dieser Technik konfrontiert: *High Frequency/Low Frequency*. Man sitzt in einer winzigen Kabine und hat Kopfhörer auf. Dann beginnt der »Event«. Eine Art Hörspiel läuft ab. Man selbst, wird einem erzählt, wäre ein Hollywoodproduzent am ersten Arbeitstag im Studio. Jeder Wunsch wird mir von den Lippen abgelesen. Da zucke ich zusammen: Jemand hat an meinem rechten Ohr mit einer Zeitung gewackelt, um mir Luft zuzufächeln. Dann kommt der Friseur. Ich ziehe den Kopf ein, so nah und lebensecht klingen die Scheren rund um meine Ohren. Schließlich werde ich gefönt, und ich nehme mehrmals die Kopfhörer ab, um zu überprüfen, wo da die Luft heraus geblasen wird: nirgendwo, es war der Ton, der alles simulierte.

Jedermann spricht von *Reality TV* und *Doku Soaps*. »Das wahre Leben« hieß die Urform des Reality-TV des Pay-TV-Senders Premiere, in der nach einem Konzept von MTV eine Gruppe junger Leute in Berlin für eine Wohngemeinschaft zusammengespannt wurde, um dort mit der Kamera drei Monate lang beobachtet zu werden; eben beim »wahren Leben«. Einmal stirbt die Großmutter einer Bewohnerin. Sie sitzt am Telefon, die Kamera, wie immer, sitzt neben ihr und beobachtet, wie sie weint, denn ihre Schwester – wir hören sie auch – macht ihr am Telefon Vorwürfe. Sie wäre im Krankenhaus nicht bis zum bitteren Ende dageblieben. Vorwürfe, Gegenvorwürfe, Tränen, der Hörer knallt in die Gabel, das alles kennen wir selbst aus unserem Leben, doch beobachten wir jetzt voyeuristisch andere, die ganz »echt« sind, doch irgendwie immer auch »on Air«, auch noch nach Monaten, und daher auch selbstinszeniert: Das ist *nicht* das »wahre Leben«, sondern ein »Virtuelles Ereignis«.

Das Fernsehen hat erkannt, dass es für viele Menschen interessant sein kann, die Wirklichkeit zu »provozieren«. So entstanden Formate wie »Big Brother«, die Dschungelshow »Ich bin ein Star. Holt mich hier raus«, die Flirtshow »Der Bachelor« und Casting Shows wie das österreichische »Starmania« und das internationale Superstar-Format, wie etwa »Deutschland sucht den Superstar«. Mit unterschiedlichem Vorwand wurden »echte« Menschen in Situationen hineinversetzt (im Käfig, im Dschungel, in der Villa mit vielen Frauen, auf der Bühne bei einem Gesangswettbewerb), damit sentimentale Vorstellungen wahr werden: auserwählt sein – sich in einer Extremsituation bewähren - die wahre Liebe finden – entdeckt werden. Weil diese Formate seriell sind – sie sind Reihen – kommt ein bemerkenswerter Produktionsfaktor hinzu. Es ist billiger, interessante Verhaltensweisen (Dschungelprüfung), ausgefallene Charaktere (Daniel Küblböck) oder Spannung durch »reale« Wettbewerbssituationen (Superstar) zu provozieren, als sie von Drehbuchautoren schreiben zu zulassen. Reality TV heißt einfach: Seriendramaturgie billig herstellen, mit dem Zusatz-Kick des Quasi-Echten.

Leute, an deren Existenz man glaubt

Es geht um »virtuelle Lebewesen« und eigentlich nicht nur um Menschen, denn zuallererst fiel mir dieses Phänomen auf, als ich sehr reale prähistorische Dinosaurier vor mir grasen sah und mir dachte, dass es ganz egal ist, ob sie gefilmt oder, wie hier im Film »Jurassic Park«, mit hochauflösender Computeranimation hergestellt wurden: Ich sah die Saurier und glaubte. »Virtuelle Lebewesen« entspringen der Kombination zweier dramaturgischer Kunstgriffe: »Leadership-Design« und »Seeing is Believing«. Die charakteristischen Etiketten des »Leadership-Design« verleihen dem virtuellen Lebewesen seine unverwechselbare Identität: Der Tyrannosaurus Rex aus dem Film kündigt sich durch sein typisches Brüllen an, Sherlock Holmes hat seine Pfeife und die berühmte Kappe. Darüber liegt – »Seeing is Believing« – eine zweite Ebene, die das Lebewesen real erscheinen lässt: Der Saurier brüllt durch die 5-Hertz-Technik so hyperrealistisch, dass die physisch spürbaren Schwingungen keinen Zweifel an seiner Existenz aufkommen lassen. Sherlock Holmes gewann sein Vorhandensein in unserer Welt durch konkrete, authentische Details. Er besaß zum Beispiel eine echte Adresse in der Londoner Baker Street, und noch heute kann man in London zwei unterschiedliche Führungen zu den ganz realen Stätten der Abenteuer von Sherlock Holmes, Dr. Watson und ihrem Todfeind Professor Moriarty buchen, obwohl die drei selbst doch niemals existierten (kürzlich habe ich übrigens SEIN Haus besucht, da ich gegenüber im Sherlock Holmes Hotel wohnte).

Hyperrealismus oder *authentische Details* sind die beiden Möglichkeiten, um den »Seeing is Believing«-Effekt auszulösen. Bereits zu Lebzeiten von Sir Arthur Conan Doyle, dem geistigen Erfinder des Meisterdetektivs, wurden durch Korrespondenz, Zeitschriften und Clubs, die dem Studium des Lebens der drei Figuren gewidmet waren, diese

als quasi real existierend behandelt (wie Harald Haves beschreibt).
Genauso ergeht es Santa Claus, dem die Kinder jedes Jahr Tonnen von
Bittbriefen an seine Adresse in Finnland schreiben, so ergeht es Romeo
und Julia, deren Balkon ich, wie Millionen anderer Touristen, in Verona
bewundert habe, obwohl hundertprozentig klar ist dass sie eine literarische Erfindung Shakepeares sind. Schauspieler, die in der Werbung
zu Kultfiguren wurden, wissen davon ein Lied zu singen. Ariels »Clementine« oder der »Persil-Mann« sind für uns real existierende Wesen,
und davon lassen wir uns auch nicht von kleinlichen Interviews mit den
oft klagenden Schauspielern abbringen Alles, was nach *tatsächlichen
Lebensumständen* aussieht, fördert dabei die virtuelle Überzeugungskraft einer Figur: eine Adresse wie »Die Schwarzwaldklinik«, in die
Klaus Jürgen Wussow Tausende Briefe mit der Bitte um medizinischen
Rat erhielt; ein Wörterbuch für eine nichtexistente Sprache, durch die
jene fanatischen Fans des »Raumschiffs Enterprise« miteinander »klingonisch« parlieren können.

Parallelwelten

Doch die Virtualität kann noch einen Schritt weitergehen. Ganze Welten
können uns so erscheinen, als ob sie neben unserer Welt, in einer Art
»Paralleluniversum«, existierten. Im 19. Jahrhundert beschrieb der Roman »Alice im Wunderland« mit seiner merkwürdigen Sprache und speziellen Regeln, wie dem Nichtgeburtstag, eine ganz eigenständige Welt.
Im 20. Jahrhundert schuf J. R. R. Tolkien ein monumentales Epos, »Der
Herr der Ringe«, in dem er eine derart komplexe, faszinierende Welt
erdachte, dass bis zur heutigen Zeit bei großen Verlagen Atlanten und
andere erklärende Bücher zu dieser Welt erscheinen. Ich besitze einen
solchen Atlas. Er enthält dutzende Karten nicht existenter Länder, viele
Querschnitte von Gebäuden, die es nicht gibt, detaillierte Tabellen über
Entfernungen, Wegstrecken der beschriebenen Reisen, Klimatabellen,
Bevölkerungskarten, Karten zu Landschafts- und Vegetationsformen
usw. Tolkien hat für sein Buch eine eigene Sprache erfunden, die
Geschichte ganzer Völker (von Eiben und anderen Fabelwesen) sowie
deren Mythen, Religionen. Ein Universum für sich.
Dieses Universum zeigt alle Merkmale einer »Thematisierung«, bei der
man deshalb in einer anderen Welt versinkt, weil man die Inszenierung

als Lebensumwelt akzeptiert, als Bewusstseinshintergrund, den man heranzieht. Man beginnt, in einer solchen Welt zu leben, übernimmt das »Brain Script«, erkennt das Lebensgefühl, das vermittelt wird. Zur »Virtuellen Welt« wird die »Thematisierung« durch die authentischen Details des »Seeing is Believing«, die *Hinweise auf tatsächliche Realität*. Die Welt des J. R. R. Tolkien wird, durch Landkarten und andere Informationen, wie eine reale Parallelwelt behandelt. In der Werbung finden solche Konstruktionen als *Hintergrund-Welten* von Marken Verwendung. Das Marlboro-Land gibt es nicht wirklich, aber manch einer käme auf die Idee, bei einer Amerikareise durch die Nationalparks vielleicht doch danach zu suchen. Das Bacardi-Rum-Paradies gibt es ebenso wenig, aber es war sicher Auslöser vieler Segeltörns in die Karibik. Hintergrundwelten geben Marken Lebensraum und provozieren, durch die »Thematisierung« die Übernahme eines Lebensgefühls.

Zwei Faktoren kennzeichnen Parallelwelten: unsere Bereitschaft, mitzuspielen, ausgelöst durch den »Thematisierungs«-Charakter virtueller Welten, und die Bereitschaft, alles irgendwie als real anzunehmen, durch die authentischen Details des »Seeing is Believing«. Im Internet entwickelte sich daraus eine Art *virtuelle Gemeinschaft*, die den alten Traum eines »Global Village«, eines globalen Dorfes, das sich über die ganze Erde erstreckt, wahr machte. Die Bewohner dieses globalen Dorfes sind füreinander unsichtbar, bewegen sich dabei in den allen bekannten Ländern und Räumen des Dorfs, etwa den »Chat Rooms« der Diskussionsgruppen, und befolgen eine soziale Etikette, die im Netz als »Netiquette« bezeichnet wird. Sie verpönt etwa die Verwendung bestimmter Schimpfwörter oder rassistischer Äußerungen. Um zu zeigen, wie virtuell diese Realität ist, möchte ich von meiner Erfahrung mit einem bemerkenswerten Theaterstück berichten, das Ende der achtziger Jahre in Hollywood und New York lief. Es hieß »Tamara«, und man war für einen Zeitraum von etwa vier Stunden Gast des italienischen Dichters Gabriele d'Annunzio in seinem feudalen Haus. Man bekommt, wenn man das Gebäude betritt, einen Pass, in den der Name des Gastes vom faschistischen Chauffeur des Dichters – er trägt schwarze Lederkleidung – eingetragen wird. Man muss unangenehme Fragen nach dem Woher und Warum des Aufenthalts beantworten. Dann bekommt man ein Glas Sekt, und die Spielregeln werden erklärt. Ein Dutzend Schauspieler betritt den zentralen Salon. Die Gäste werden auf die einzelnen Schauspieler aufgeteilt – und los geht's. Selbst unsichtbar, rast man mit »seinem« Schauspieler durch die verzweigten Räume der riesigen Villa, beobachtet voyeuristisch Auseinandersetzungen und Liebesszenen. Es wird geduscht, getötet, gestritten, getanzt, gekocht. Nur wenn zwei oder mehr Schauspieler miteinander eine Szene haben, darf man zu einem anderen Schauspieler wechseln (andernfalls droht die Deportation) und, zweite Benimmregel, wenn ein Schauspieler rasch durch eine Tür in einen anderen Raum flüchtet und diese Tür hinter sich schließt, ist es verboten, ihm zu folgen. Nach und nach enträtselt sich das Puzzle des Stücks, das an zumindest einem halben Dutzend Orten zugleich abläuft: überall eine andere Szene. Wenn die Zuschauer einander in einem Raum treffen, erzählt man sich gegenseitig flüsternd eben stattgefundene Katastrophen, die dann wiederum zur Motivation des gerade ablaufenden Handelns beitragen.

»Wie wirklich ist die Wirklichkeit?«, fragte Paul Watzlawick. Sie ist immer hergestellt, Produkt einer Konstruktion. Die Wirklichkeit ist ihrer Natur nach »virtuell«.

Denn auch im »wirklichen Leben« konstruieren wir die Geschichte unserer Lebens mittels *Brain Scripts*, konstruieren das Image unserer Freunde und Feinde mittels *Inferential Beliefs* inklusive vorschneller Urteile, erarbeiten uns das Gefühl für einen Ort mittels *Cognitive Maps*, und wenn alle drei Mechanismen glücklich zusammenspielen, haben wir das Gefühl von Heimat und Vorhersehbarkeit. Es ist naiv, zwischen dem so genannten »echten Leben« und den inszenierten Lebenssimulationen der Medien, der Freizeitparks und aller anderen Phänomene der Erlebnisgesellschaft zu unterscheiden. Der Erfinder der modernen Szenographie, der Franzose François Confino, hat dies in seinen spektakulären Großausstellungen »Cités-Cinés« (Städte – Filme), bewiesen. Seine Botschaft war, dass unser Gefühl für Städte ganz wesentlich vom Film geprägt ist. Wenn man zum Beispiel hohe Häuser sieht und einige gelbe Autos daran vorbeifahren, weiß fast jeder: das muss New York sein, auch wenn man noch niemals dort war.
Man betrat die Halle durch eine Filmleinwand hindurch, wurde in einem vollkommen verspiegelten Saal von der Leinwand herunter durch einen Musicalsong begrüßt und mittels Kopfhörerbeschallung von

Inszenierung zu Inszenierung weitergelockt. In jeder Kulisse war eine Filmleinwand so in die Dekoration eingebaut, dass die Wirklichkeit der projizierten Filmcollage mit der Realität der Kulisse verschmolz. Gerade diese Verschmelzung war die Botschaft. Zum Beispiel stehen wir dicht an dicht in der Kulisse einer »Metro-Röhre«. Vor uns wachsen Schienen aus dem Dunkel der Röhre steil auf uns zu. Dort, wo aus dem dunklen Loch, eingepasst in die Rundung, der Zug auftaucht, befindet sich die Leinwand, auf der Collagen aus Filmen laufen, die in U-Bahnen spielen: »Subway«, »Diva«, »Die Zeit nach Mitternacht«. Als in »Subway« der Mord passiert und wir im Film die Flucht des Täters auf den Überwachungsmonitoren sehen, fällt mein Blick auf die Überwachungsmonitore in der Kulisse, die eigentlich ein ganz ähnliches Bild zeigen. In diesem Augenblick spüre ich schlagartig die Botschaft der Ausstellung, denn ich kann kaum noch unterscheiden, welche Eindrücke von der Kulisse der U-Bahn-Röhre und welche von den U-Bahn-Bildern auf der Leinwand ausgehen. Von Inszenierung zu Inszenierung wiederholt sich dieser eindrucksvolle Effekt, etwa bei der »Peripherie«, wo hinter rostigen Gittern und echtem Feuer die Bilder von tristen Stadtrandfilmen und ebenso rostigen Autos über die Leinwand flimmern. Am Schluss ist man von der Wucht, mit der einen die Idee der Ausstellung trifft, so überwältigt, dass einem als gelerntem Filmwissenschaftler schier die Tränen kommen könnten.

Sozio-Dramaturgie

Als ich mich als gelernter Film- und Fernsehdramaturg in den achtziger Jahren immer mehr für die gestaltete Welt interessierte, die uns dreidimensional umgibt, schienen damals die Inszenierungen der »Experience Economy« am faszinierensten: die neuen Designhotels, die inszenierten Shopping Malls, die Museen, die zu Touristenmagneten wurden. Heute findet, wie ich glaube, die interessanteste Entwicklung im sozialen und politischen Bereich statt. Mehr und mehr setzt sich das Gefühl durch, dass der Einfluss auf die Welt nicht nur durch Krieg und Kapital, sondern auch durch inszenierte, emotionale und ästhetische Maßnahmen möglich ist.

*Die Sozio-Dramaturgie beschreibt, wie soziale Veränderungen
mittels Dramaturgie erreicht werden könnten.*

Voraussetzung für jede Art von dramaturgischer Intervention ist jedoch
die Einsicht, wie Erlebnisphänomene immer, auch wenn sie nicht inszeniert werden, unser Leben bestimmen. Als die Tsunami-Welle zu Weihnachten 2004 Hunderttausende tötete und Millionen Menschen obdach-
los machte, war die Hilfsbereitschaft der westlichen Welt groß. Tonnen
von Hilfslieferungen wurden nach Asien geschickt und unter anderem
wollten viele Menschen Kleidung spenden, zum Beispiel ins besonders
betroffene Sri Lanka und nach Südindien. Doch die erfahrenen Helfer
in Indien winkten ab. Sie baten um Geldspenden. Kein Inder, sagten
sie, würde bereits getragene Kleidungsstücke anziehen, denn er würde
befürchten, mit dem Hemd, der Hose auch das Karma des früheren
Trägers zu übernehmen. Diese Vorstellung, die uns absurd erscheint, ist
für viele Inder ganz selbstverständlich. Hinter dem Lebensstil in einem
südindischen Dorf und dem unserem stehen komplett andere *Brain
Scripts*, nach denen die Menschen ihr Leben ausrichten.

Am Nacken packen und den Kopf zu Boden drücken

In einer globalisierten Welt, in der wir alle diesselben Filme sehen und
diesselbe Musik hören, haben wir vergessen, wie unterschiedlich wir
in Wirklichkeit leben. *Brain Scripts* bestimmen unser Handeln und
alle Scripts zusammen den generalisierten Bewusstseinshintergrund,
also das Gefühl, ein Bewohner Indiens oder Dänemarks zu sein. Sobald
man in ein solches System eingreift, muss man dessen *Brain Scripts*
berücksichtigen.

Wer etwa den Irak mit westlicher Demokratie zwangsbeglückt, hätte
sich vielleicht zuvor mit den *Brain Scripts* der Macht in der arabischen
Welt beschäftigen sollen. Die marokkanische Autorin Fatema Mernissi
beschreibt in ihrem Buch »Die Angst vor der Moderne«, wie Geisteshal-
tungen aus dem Mittelalter durch den Umweg der arabischen Sprache
im heutigen Denken präsent gehalten werden. »Präsident der Repub-
lik«, zum Beispiel, wird im Arabischen durch den Begriff *ra'is al-gum-
huirya* umschrieben und das heißt übersetzt: *Am Nacken packen und
den Kopf zu Boden drücken*. Ein Präsidentenamt, das so umschrieben

wird, löst die entsprechende Phantasie einer solchen Handlung aus. Ein Präsident kann einer sein, der dies und jenes tut, jemand, der radikal nach unten agiert: ein Despot.

Achse des Bösen

Im Vordergrund der internationalen Machtpolitik steht jedoch ein anderes dramaturgisches Phänomen: das Territorium, das erobert, oder zumindest in den eigenen Einflussbereich gebracht werden soll. *Cognitive Maps* werden analysiert und geopolitische Theorien werden entwickelt, wie man den Einfluss erringen kann. Die amerikanische Administration der sechziger Jahre fürchtete zum Beispiel die Dominopolitik, wonach das kommunistische Vietnam nach und nach alle angrenzenden südostasiatischen Länder mit dem Kommunismus infizieren würde. So begann der Vietnam Krieg. Die UDSSR und die USA lieferten sich in Afghanistan einen Stellvertreterkrieg, der die Amerikaner dazu brachte, die Taliban auszubilden. Immer hatte man das Territorium der Feinde und der Freunde der eigenen Ideologie im Auge und konnte Konflikte »räumlich« austragen.

Dann flogen zwei Flugzeuge am Morgen jenes 11. September in die Türme des World Trade Center. Von diesem Augenblick an hätte klar sein müssen, dass der Territoriumskonflikt der Vergangenheit angehörte. Denn wo war des Reich des Feindes? Fritz B. Simon, systemischer Analytiker, erläutert in seinem großartigen Buch »Tödliche Konflikte«, wie die USA auf dieses Problem reagierten. Sie negierten einfach die Tatsache, dass da kein feindliches Territorium war, sondern definierten zuerst Afghanistan und dann den Irak als Territorium des Feindes.

Damit reduzierten sie einen komplexen Konflikt der Lebensstile und Brain Scripts auf einen simplen Territoriumskrieg der Cognitive Maps.

Zu den kognitiven Landkarten gehören bekanntlich Achsen, Knoten, Distrikts und Landmarks und so erfand man in den USA die »Achse des Bösen«, zu der nun auch zusätzlich der Iran, Syrien und Nordkorea gehörten. Alles war somit simpel und überschaubar. Doch, oh Schreck! Die arabische Welt sah den Konflikt nicht durch die Brille der kognitiven Landkarten, sondern durch die Brille der »Drehbücher im Kopf«. Und zwar ihrer Drehbücher. Die Bilder, die aus dem inneren Drehbuch einen Film machten, lieferte prompt der arabische Nachrichtensender Al Jazeera. Der Film handelte von einem Gefälle, wie Fritz B. Simon sagt, bei dem die Amerikaner oben die Iraker unten nicht befreien, sondern unterdrücken und die irakischen Terroristen die Helden und Freiheitskämpfer sind. Blöd gelaufen.

Menschen, die fanatisch an etwas glauben, leben in ihrer eigenen Brain-Script-Welt. Wie wäre es auch sonst zu erklären, dass sympathische Studenten, die in Hamburg Technik studieren, eine Flugzeugausbildung (ohne Start und Landung) machen und dann den amerikanischen Way of Life angreifen, obwohl sie doch in Hamburg gesehen haben müßten, dass wir Westler nicht die Teufel sind, als die uns die Fundamentalisten darstellen. Eine Brain-Script-Welt ist wie ein extraterritoriales Gelände, dessen Lage sich mit keiner kognitiven Landkarte beschreiben läßt, da es sich im Kopf befindet.

Die Wasserflaschen von Beslan

Wer kein Territorium erobern kann, muss einen Zugang zu den Handlungsanweisungen in uns finden, den Brain Scripts.

Überall auf der Welt gibt es beeindruckende Beispiele dafür, wie groß das Bedürfnis der Menschen ist, durch eine Intervention eine Botschaft auszudrücken.

Drei Tage lang, vom 1. bis 3. September 2004 mussten hunderte Kinder in der südrussischen Stadt Beslan still und ohne sich zu bewegen in ihrer Schule sitzen. Sie waren von tschetschenischen Rebellen als Geiseln genommen worden. 330 Geiseln starben, davon die Hälfte Kinder. Jetzt steht da weinend eine Mutter und hält das Foto ihres kleinen Sohnes in der Hand. »Drei Tage musste er ruhig dasitzen«, sagt sie. »Dabei konnte er zu Hause keine drei Minuten lang ruhig sein.« Die Mütter leiden besonders unter der Vorstellung, dass ihre Kinder die ganze Zeit über nichts zu trinken hatten. So stellen sie täglich, bis zum heutigen Tag, Plastikflaschen mit Mineralwasser in die Schule. Hunderte Flaschen stehen da. Sie helfen den Müttern, mit dem Leid zurechtzukommen, geben ihnen die Illusion, noch nachträglich etwas für ihre Kinder tun zu können. Wie ein Mahnmal machen die Wasserflaschen die vergangene Situation gegenwärtig, durchlebbar.

Der *soziodramaturgische Event*, den keine Agentur konzipierte, kein Regisseur inszeniert hat, beweist eindrucksvoll, dass in unserer Welt die Menschen mithilfe von Realinszenierungen versuchen, Einfluss auf ihre Lebenssituation zu nehmen. Zu trauern ist dabei eines der stärksten Motive. Die Freunde des islamkritischen holländischen Dokumentalfilmers Theo van Gogh, der von einem Fundamentalisten ermordet wurde, bauten vor seinem Sarg jene Objekte auf, die sein Leben noch einmal greifbar machten: eine Flasche Weißwein, sein Feuerzeug mit übervollem Aschenbecher, der Terminkalender.

Wenn Handtaschen fliegen könnten

Wenn also die Menschen schon ein solches Bedürfnis nach Intervention in die Geschichten ihres Lebens verspüren, warum nicht aktiver, in Form eines soziodramaturgischen Mission Statements eingreifen? Ein starkes Signal, ein *Header*, vermag vielleicht bereits eine Botschaft loszutreten. In Genf steht auf der Place des Nations eine 12 m hohe Holzskulptur des Schweizer Künstlers Daniel Berset. Die Skulptur besteht aus einem riesigen Stuhl, dessen rechtes vorderes Stuhlbein halb weggerissen wurde. Es ist weniger ein Kunstwerk, als ein *Header* der vor Augen führt, was den Opfern der Landminen zustößt. Nicht mit einem Plakat, das einige Wochen hängt, sondern durch eine Maßnahme, die nun zur Stadtmöblierung von Genf dazugehört, wird eine Geschichte tagtäglich losgetreten, bewegt die Menschen, wie uns Touristen, die wir nach einem Vortrag das Mahnmal entdeckten.

Kürzlich fand ich eine Meldung in einer Zeitung. Eine nordkoreanische Dissidentin, der die Flucht nach Südkorea gelungen war, meinte, dass alle Gehirnwäsche und Abgeschlossenheit ihres Landes durch eine einzige Maßnahme schlagartig beseitigt werden könnte. »Warum«, sagt sie, »kann man nicht einige der wunderbaren Handtaschen, die es hier in Seoul zu kaufen gibt, über Nordkorea abwerfen? Dieser Verlockung könnte keine Frau in meinem Land widerstehen und das Regime würde hinweggefegt.«

Was auf dem ersten Blick naiv erscheint, ist in gewissem Sinn tatsächlich geschehen. Die Berliner Mauer fiel nicht nur auf Grund der geänderten politischen Umstände in der UDSSR, sondern auch durch das »Westfernsehen«, das Werte, Stars, Musik und – nicht zu vergessen – den westlichen Lebensstil in die Zone schickte. ZDF stürzt DDR, hieß die Formel. Doch während in der sexuell liberalen DDR Minirock und Rockmusik auf positive Aufnahme in der Bevölkerung trafen, lösen westliche Brain Scripts und Lebensstile im arabischen Raum oft heftige Gegenreaktionen aus. Bewusst haben die irakischen Terroristen für die Exekution westlicher Geiseln deshalb das Köpfen gewählt, ein *Header*, der jener mittelalterlich fundamentalistischen Brain-Script-Welt entspringt, die uns im Westen besonders erschreckt. Das Köpfen ist ein Mission Statement eines uns fremden Erlebnisraums.

Nicht *Einflussräume* treten heute gegeneinander an, sondern *Erlebnisräume*

Wie erleben wir die Welt? Nicht mehr als Gegend, als Ort, als Territorium mit diesem oder jenem Herrscher, einer Religion und Sprache, sondern als Erlebnisraum, in dem auch mitten in Hamburg gebildete arabische Technikstudenten in Jeans in einer Welt leben, die sich von der unseren durch Ansichten, Emotionen, Verhalten grundsätzlich unterscheidet.

Während sich die klassische Geopolitik mit den Cognitive Maps, die die Welt bestimmen, auseinander setzte, muss sich die Soziodramaturgie vor allem mit der Analyse der Brain Scripts und der von ihnen gebildeten Erlebnisräume beschäftigen.

Denn es ist hoch an der Zeit zu erkennen, dass diese Erlebnisräume nicht nur eine Angelegenheit der Unterhaltungsbranche sind, sondern mitten in unserem Alltag unser Lebensverständnis formen. Normalerweise sind wir uns dieser Erlebnisräume gar nicht bewusst. Zu Aufklärung und Intervention könnten hier soziodramaturgische Werkzeuge zum Einsatz kommen. Das betrifft nicht nur die Konfliktlösung zwischen Staaten und Terroristen, sondern auch soziale Konflikte wie das Drogenproblem oder den Kampf von Umweltaktivisten.

Die Mitternachtsliga

Als vor einigen Jahren im Urlaubsparadies Florida immer wieder Touristen von Banden ausgeraubt wurden, entstand der soziodramaturgische
Event der Mitternachtsliga. Man hatte nachgedacht, wann die meisten
Überfälle stattfinden. Dies war regelmäßig in der Zeit um Mitternacht
herum. Also bot man den Jugendlichen für diese Zeit eine attraktive
Beschäftigungsalternative: Basketball. Eine Liga mit mehreren Vereinen wurde gegründet, die ausschließlich um Mitternacht trainierten
und gegeneinander spielten. Auch die begeisterten Zuschauer kamen
aus sozial gefährdeten Schichten und wurden genau zu jener Zeit
beschäftigt, die normalerweise »Mobbing Time« war. Zog man früher
spätabends los, um Touristen auszurauben, muss man jetzt um diese
Zeit zu einem Spiel gehen. Das »Mobbing – Brain Script« wurde gegen
das »Wer-wird-wohl-gewinnen-Script« ausgetauscht. Natürlich können
solche Maßnahmen nicht notwendige soziale Verbesserungen ersetzen,
aber sie sind ein Anfang und für die Kids irgendwie unwiderstehlich.
Kein Wunder, sind dabei doch Erlebnisse im Spiel. Ein negativer Erlebnisraum wurde durch einen positiven Erlebnisraum verdrängt.

Guantanamo 2

»Eine typische Ankunft im Camp X-Ray: Ein Jeep mit verdunkelten
Fenstern fährt vor. Uniformierte zerren einen Mann mit gefesselten
Händen und verbundenen Augen aus dem Landrover. Dem Gefangenen
wird die Maske abgenommen. Was er zu sehen bekommt, wird wohl
von vornherein alle Fluchtgedanken im Keim ersticken: ein Wachturm
mit Maschinengewehr, Flutlicht, Stacheldrahtzäune und unzählige
bewaffnete Wachen. Szenen wie diese spielten sich nicht nur in Guantanamo Bay ab, sondern auch in einer exakten Kopie des US-Camps im
britischen Manchester« (Quelle ORF online). Das Camp ist eine Perfor-
mance des englischen Künstlers Jai Redman und der Künstlergruppe
UHC Collective. Gefangene wie Wachleute sind freiwillig hier, erleben
täglich den exakten Tagesablauf, wie im Originalcamp (allerdings ohne
Folter). Wecken um 5.00 Uhr zum Gebet, dann Untersuchung auf der
Krankenstation, Verhöre am Nachmittag, Nachtruhe um 21 Uhr. Real ist
die Angst, die sich unter dem Gebrüll der Wachen einstellt, die Panik

durch den Sinnesentzug der Augenbinde, das Gefühl der Demütigung durch das Knien. Alle Verhöre wurden live im Regionalradio übertragen. Der Hörfunk meldet: Kaum ein »Gefangener« hält es länger als 24 Stunden hier aus.

Guantanamo Bay 2 ist eine soziodramaturgische Themeninszenierung, die einen sonst nicht zugänglichen Erlebnisraum zugänglich macht.

Wie lebt es sich in Falludscha, was bedeutet es, seine Angst zu überwinden und zur ersten Wahl des freien Irak zu gehen, wie lebt man als gläubiger Moslem - mit welchen Gefühlen, Ängsten, Sehnsüchten - und wie empfindet man dabei die westliche Welt? Durch Thematisierung in einen fremden Erlebnisraum hineinzuschlüpfen, könnte ein soziodramaturgisches Werkzeug zum besseren gegenseitigen Verständnis sein: Andersartigkeit wirklich hautnah spüren und verstehen.

Guardian Angels

Ich glaube an die Macht von Erlebnissen. Sie könnten so vieles in unserer Welt verändern. »Role Models for Life« lautet seit 25 Jahren der Wahlspruch, das Mission Statement, der heute in allen Erdteilen tätigen »Guardian Angels«.

Rollenmodelle werden vorgeführt, Brain-Script-Verhalten wird exemplarisch trainiert, das war früher die Methode der Pfadfinder und ist heute das Credo der »Guardian Angels«.

Das ist jene freiwillige Truppe von Jugendlichen, die ohne Waffen und auch sonst vollkommen gewaltfrei in den U-Bahnen patrouilliert, um »unser aller Leben sicherer zu machen«. Die Idee kommt aus New York und wird jetzt auch in Deutschland langsam heimisch. Jedenfalls ist der Andrang aufnahmewilliger Jugendlicher enorm. Viele von ihnen sind ehemalige Schläger und Bandenmitglieder, die sich vom Saulus zum Paulus bekehrten. Vor Beginn jedes Einsatzes durchsuchen die Angels einander gegenseitig nach Waffen und Drogen. Dann gehen sie in kleinen Gruppen los, trennen Streithähne und besänftigen gefährliche

Typen durch die immer gleiche Methode: reden, reden, reden. Dabei hilft ihnen eine Art Uniform mit rotem Barett, dem typischen Outfit der Angels. Man hat ihnen oft vorgeworfen, dass die Truppe paramilitärisch aussieht. Das stimmt leider auch. Doch es ist genau diese Uniformierung, die eben die Willensstärke der Gruppe nach außen trägt und so manchen Gewalttäter klein beigeben lässt.

Julia auf dem Redwood Baum

»Hier kann ich die Stimme und das Gesicht dieses Baums sein, und das für den ganzen Wald, der nicht für sich sprechen kann«. Das sagte Julia Hill, genannt »Butterfly«, ein ausgesprochen hübsches junges Mädchen aus gutem Haus, das exakt zwei volle Jahre auf einem 70 Meter hohen Redwood Baum verbrachte, um zu verhindern, dass der Eigentümer des 1.000 Jahre alten Waldes, die kalifornische Pacific Lumber Company, den unersätzlich wertvollen Baumbestand einer kommerziellen Nutzung zuführte. Bei Tag und Nacht, bei brütender Hitze und eisiger Kälte, einsam, nur versehen mit einem Handy, harrte sie in dieser enormen Höhe in einem kleinen Zelt aus. Pacific Lumber ist dafür bekannt, nicht gerade zimperlich zu sein. Einer Gruppe von Aktivisten, die im Sitzstreik ruhig am Boden saßen, wurde ganz offiziell durch die kalifornische Polizei Pfeffersprayflüssigkeit in die Augen gestrichen (Sitzstreiks gelten in Kalifornien als Gewaltanwendung). Ich erinnere mich noch an die Schmerzensschreie der jungen Leute. Julia wurde vom brüllenden Lärm und orkanartigen Sturm eines Helikopters gequält, der mit seinem Rotor direkt über ihrem Kopf postiert wurde. Man unterband ihre Lebensmittellieferung, bestrahlte ihren Baum nachts mit extrem hellen Flutlicht und stellte riesige Lautsprecherboxen auf, die Tag und Nacht schmerzhaft laute Musik brüllten, sodass sie nicht schlafen konnte. Umweltaktivisten aus der ganzen Welt besuchten ihren Baum, tausende Menschen verehrten Julia, Kamerateams drehten dutzende Filme über sie.

Ihr Leadership Design, ihr Vorbild, veränderte das Denken der Menschen in Kalifornien und eröffnete vielen einen Erlebnisraum, an den sie zuvor nicht gedacht hatten.

Was verbindet Julia »Butterfly« Hill mit Osama Bin Laden? Beide gaben ihr bequemes Leben auf, um selbstlos einer größeren Sache zu dienen. Julia hockte in einem Zelthaus auf einem Baum, Osama versteckte sich in verdreckten Höhlen. Beide agierten selbstlos und bescheiden. Julia wurde mit Kälte, Lärm und Licht traktiert, auf Bin Laden wurde eine beispiellose Menschenjagd eröffnet. Beide werden von ihren Bewunderern als neue *Leader* verehrt, während sie von ihren Gegnern gehasst werden. Natürlich ist Osama Bin Laden ein Massenmörder und Julia Hill eine engagierte Umweltschützerin, aber dramaturgisch gesehen sind sie einander ähnlich.

Wo aber ist der andere Osama Bin Laden? Einer, der charismatisch *Leadership Design* verkörpert, aber einen anderen, liberalen Islam vertritt, der den Westen kennt und kritisiert, aber ihn nicht (auch aus persönlichen Gründen und Hass auf seine Brüder) verachtet.

Erlebnisräume sind wichtiger als Einflussräume.

Das ist die Botschaft dieses Kapitels. Die Soziodramaturgie kann sich dafür aller Kunstgriffe der Strategischen Dramaturgie bedienen. Ist die Soziodramaturgie wertvoller als jene Anwendungen der Strategischen Dramaturgie, die zum Beispiel dem Marketing dienen? Nicht unbedingt.

Wir Intellektuelle (wenn Sie dieses Buch gekauft haben, sind Sie es) sollten eines nicht vergessen: Im Wort »Erleben« steckt das Wort »Leben«. Und gleichgültig, ob das Erlebnis den wichtigen Zielen der sozialen oder politischen Intervention gilt, oder vordergründig bloß der Unterhaltung oder dem Marketing – steht immer die Sehnsucht der Menschen dahinter, näher an das Leben heranzukommen. Die Aufgabe der Dramaturgie ist es immer, diese Sehnsucht zu erfüllen.

Der Autor

Dr. Christian Mikunda, geboren 1957, war Film- und Fernsehdramaturg und berät heute als »Vordenker neuer Erlebniswelten« (Visa Magazin) die europäische Wirtschaft. Zu den Auftraggebern seiner Beratungsfirma CommEnt gehören Fernsehanstalten, die Automobilindustrie, Museen, Brandlands und Weltausstellungen, Immobilienentwickler, Hotels und der Tourismus, der Einzelhandel und Shopping Malls.

Als Wissenschaftler lehrt er u.a. in Wien, war Gastreferent an der Harvard University in Boston und Gastprofessor in Tübingen. Er hält Vorträge und Seminare im gesamten deutschen Sprachraum sowie regelmäßig in London, Paris, New York und Las Vegas.

1986 publizierte er sein erstes Buch »Kino spüren«, das kürzlich neu aufgelegt wurde. Sein zweites Buch »Der verbotene Ort oder Die inszenierte Verführung, Unwiderstehliches Marketing durch strategische Dramaturgie« gibt es auch auf chinesisch und gilt als Standardwerk zum Thema »Experience Economy«.

2002 schrieb er sein aktuelles Buch »Marketing spüren, Willkommen am Dritten Ort«. Die englische Ausgabe dieses Buchs erschien 2004 in London und zugleich in Sterling, USA, unter dem Titel »Brand Lands, Hot Spots and Cool Spaces – Welcome to the Third Place and the Total Marketing Experience«. Die koreanische Ausgabe erscheint 2005 bei Miraebook Publishing, Seoul.

Christian Mikunda lebt mit seiner Frau Denise und seinem Sohn Julian in Wien.

www.mikunda.com

Danksagungen

Ein solches Buch, vor allem die damit verbundene Theorie, entwickelt sich über viele Jahre hinweg, braucht Gesprächspartner, Verbündete, Auftraggeber, die einen fordern und voranbringen. Am Ende eines solchen Buches muss deshalb Zeit sein, um danke zu sagen.

Zuallererst möchte ich meine Denise umarmen. Neben allen anderen war Mag. Denise Mikunda-Schulz in der Entwicklungsphase dieses Buches meine wichtigste Gesprächspartnerin, Reisebegleiterin in der ganzen Welt und Partnerin bei allen Marketingseminaren. Viele Elemente der strategischen Dramaturgie sind in einem heißen August vor etlichen Jahren mit ihr gemeinsam entstanden. Jede Zeile dieses Buches hat sie als erste gelesen und korrigiert. Ich hoffe, sie weiß, wie dankbar ich ihr dafür bin.

Alles begann 1988, als Ingrid Stelz Senn, meine damalige Auftraggeberin beim ZDF, eine Studie über die psychologischen Grundlagen der Dramaturgie bei mir bestellte. Ihre hartnäckigen Fragen haben dazu beigetragen, dass ich begann, diese Theorie zu entwickeln. Ele Michels, Hans Schroeder und Kurt Diehl vom ZDF haben dann auf der Basis dieser Arbeit Dramaturgieseminare in Auftrag gegeben, von denen in diesem Buch viel zu lesen ist. Sie waren mir Förderer und gute Freunde. Andreas Schlosser hat die praktische Umsetzung der dramaturgischen Ideen in diese Seminare mit unglaublichem persönlichen Engagement mitgetragen. Bei Professor Dr. Manfred »Mucki« Muckenhaupt von der Universität Tübingen muss ich mich entschuldigen. Ich habe ihn und die Vertretung einer Professur nach einigen wenigen Semestern im Stich gelassen, um dieses Buch schreiben zu können.

An einer anderen Universität, in Wien, war ich vor etlichen Jahren mitten im Semester für Professor Dr. Peter Vitouch eingesprungen und habe seine werbepsychologischen Seminare übernommen. Sein Vertrauen hat mich dazu gebracht, mich auch wissenschaftlich verstärkt mit Marketing zu beschäftigen. Das hat sich bis zum Gottlieb-Duttweiler-Institut in Zürich herumgesprochen, wo Karin Frick und Dr. David Bosshart einem damals in der Marketingbranche unbekannten Trainer

Seminare anvertrauten und ihn bis nach Minneapolis und Las Vegas schickten. Danke für diese Erfahrungen.

In den Jahren davor war meine erste Frau Dr. Brigitta Lorenzoni, selbst Autorin und Trainerin, meine Hauptgesprächs- und Reisepartnerin. Beides, Gespräche wie Reisen, waren äußerst bereichernd. Ich werde das nicht vergessen. Danke dafür. Hallo, Herbert Krill aus Los Angeles und Wien. Dieses Buch hat dir viel zu verdanken, deine Hinweise auf die Junkets in Hollywood, auf Gimmicks aus der Welt der Artefakte und auf die wahre Bedeutung Walt Disneys für unsere Welt. Mag. Dr. Karin Taylor, eine enge Freundin, hat die meisten der klaren Graphiken des Buches entwickelt, die übrigen Graphiken hat Alexandra Illera gestaltet.

Zuletzt möchte ich ganz herzlich meinen Verlegern danke sagen, jenen drei Männern, ohne die Sie dieses Buch heute nicht in Händen halten würden. In einem Lift in Minneapolis tippte mir Dr. Hero Kind, damals Chef des Econ Verlags, auf die Schulter und sagte: »Tolle Selbstdarstellung heute. Müssen mal über ein Buch reden.« Sein Nachfolger Dr. Felix Krull boxte das Buch bei Econ durch und war mir immer ein Verbündeter. Er war es auch, der mir vor Jahren einen engagierten Buchhändler vorstellte. Jürgen Diessl wurde später mein Verleger bei Redline/Ueberreuter Wirtschaft. Er zögerte keine Sekunde, gemeinsam mit meinem neuen Buch »Marketing spüren« auch den Klassiker »Der verbotene Ort« neu herauszubringen. Er weiß, wie viel mir diese Entscheidung bedeutet.

Literaturverzeichnis

Anderson, John R.: Kognitive Psychologie. Eine Einführung, Heidelberg 1989.

Aristoteles: Poetik, Stuttgart 1982.

Berne, Eric: Spiele der Erwachsenen. Psychologie der menschlichen Beziehungen, Reinbek 1970.

Bloch, Ernst: Ästhetik des Vor-Scheins l, Frankfurt 1974.

Boesch, Ernst E.: Kultur und Handlung. Einführung in die Kulturpsychologie, Bern 1980.

Collett, Peter: Der Europäer als solcher ist unterschiedlich. Verhalten, Körpersprache, Etikette, Hamburg 1994.

Christie, Agatha: Die Morde des Herrn ABC, Bern 1987.

Crichton, Michael: Im Kreis der Welt, Reinbek 1991.

Crichton, Michael: Der große Eisenbahnraub, München 1994.

Dawkins, Richard: Das egoistische Gen, Heidelberg 1978.

Eco, Umberto: Nachschrift zum »Namen der Rose«, München 1986.

Ernst, Heiko: Dem Leben Gestalt geben. In: Psychologie Heute 2/94, Weinheim 1994, S. 20-26.

Field, Syd u.a.: Drehbuchschreiben für Fernsehen und Film. Ein Handbuch für Ausbildung und Praxis, München 1987.

Graf, Georg-Volkmar/Zedtwitz, Arnim: Tu Gutes und rede darüber, Frankfurt 1961.

Haves, Harald: Donald, Spock und Cyberspace, In: multiMedia 5/94, Wien 1994, S. 8-10.

Heller, Eva: Beim nächsten Mann wird alles anders, Frankfurt 1987.

Hofstadter, Douglas R.: Metamagicum. Fragen nach der Essenz von Geist und Struktur, Stuttgart 1988.

Kostof, Spiro: The City shaped. Urban Patterns and Meanings Through History, London 1991.

Kulterer, Concordia: Die Werbung auf der Couch. Eine Analyse psychologischer Werbegestaltung, Diplomarbeit Wien 1993.

Lewis, Michael: Wall Street Poker. Die authentische Story eines Salomon-Brokers, Düsseldorf 1990.

Lyall, Sutherland: Rock Sets. The astonishing art of Rock Concert Design, The works of Fisher Park, London 1992.

Lynch, Kevin: Das Bild der Stadt, Braunschweig 1965.

Mernissi, Fatema: Die Angst vor der Moderne. Frauen und Männer zwischen Islam und Demokratie, Hamburg 1992.

Mikunda, Christian: Kino spüren. Strategien der emotionalen Filmgestaltung, Facultas Wien 2002.

Mikunda, Christian: Marketing spüren. Willkommen am Dritten Ort. Redline Wirtschaft 2002.

Mikunda, Christian: Psychologie macht Dramaturgie. Ein Hoffnungsgebiet? In: Medienpsychologie Jg. 2, Heft 4, Opladen 1990, S. 243-257.

Mikunda, Christian: Strategische Dramaturgie. Werbung, Public Relations, Corporate Identity. In: gdi Impuls 4/92, Rüschlikon 1992, S. 22-33.

Mikunda, Christian: Die große Kauflustmaschine. Ein Expeditionsbericht aus der Mall of America. In: gdi Impuls 2/94, Rüschlikon 1994, S. 42-52.

Mikunda, Christian/Teuchmann, Maria: Hollywood im Reich der Elfen und Zwerge. Über Max Reinhardts Verfilmung von Shakespeares »Ein Sommernachtstraum«, Schriftenreihe des Österreichischen Filmarchivs, Folge 11, Wien 1983.

Muckenhaupt, Manfred: Text und Bild, Tübingen 1986.

Neisser, Ulric: Kognitive Psychologie, Stuttgart 1974.

Neisser, Ulric: Kognition und Wirklichkeit. Prinzipien und Implikationen der kognitiven Psychologie, Stuttgart 1979.

Nowotny, Helga: Eigenzeit. Entstehung und Strukturierung eines Zeitgefühls, Frankfurt 1989.

Ohler, Peter: Kognitive Theorie der Filmwahrnehmung. Der Informationsverarbeitungsansatz, In: Hickethier, Knut/Winkler, Hartmut (Hg.): Filmwahrnehmung. Dokumentation der GFF-Tagung 1989, Berlin 1990.

Rappaport, Herbert: Time out. Von der Depression zur »Telepression«, In: gdi Impuls 4/91, Rüschlikon 1991, S. 65-72.

Redtenbacher, Claudia: Kognitive Karten im Spielfilm, Diplomarbeit Wien 1993.

Salinger, Pierre/Laurent, Eric: Krieg am Golf. Das Geheimdossier, München 1991.

Schank, R. C./Abelson, R.: Scripts, Plans, Goals and Understanding, Hillsdale 1977.

Schulz, Denise: Das Lokal als Bühne. Die Dramaturgie des Genusses, Metropolitan 2000

Simon, Fritz B.: Tödliche Konflikte. Zur Selbstorganisation privater und öffentlicher Kriege, Heidelberg 2004

Toffler, Alvin: Der Zukunftsschock, Bern 1976.

Truffaut, Francois: Mr. Hitchcock, wie haben Sie das gemacht?, München 1973.

Vitouch, Peter: Fernsehen und Angstbewältigung, Opladen 1993.

Watzlawick, Paul: Wie wirklich ist die Wirklichkeit?, Piper Verlag 1976

Register

Marketing inszenieren

Im schwarzen Trikot einer Fassadenkletterin schwebt die Weinkellnerin am Stahlseil auf den 17 Meter hohen Flaschenturm des Restaurants „Aureole" in Las Vegas. Brüllend wie ein wildes Tier, mit Rauch und röhrendem Motor, erscheint der Sportwagen auf der Außenfassade des Lamborghini Pavillons der VW Autostadt in Wolfsburg. Und in einem Supermarkt bei Wien entspannen zahlreiche Projektionen sich wiegender Sonnenblumenfelder die gestressten Kunden. Solche Urban Entertainment Center, solche Brandlands und Flagship Stores gehören zu den neuen Erlebniswelten der Wirtschaft. Sie sind spektakuläres Erlebnismarketing und „begehbare Werbung". Und sie bringen unsere Städte zum Leuchten!

Christian Mikunda entschlüsselt in seinem Buch erstmals die Psychologie dieser neuen Erlebniswelten, ihre geheimen Kunstgriffe und Inszenierungstricks.

Christian Mikunda
Marketing spüren
Willkommen am Dritten Ort
2., überarbeitete Auflage
Februar 2007

250 Seiten
Format 16,8 x 22 cm, Klappenbroschur
mit zahlreichen farbigen Abbildungen
€ 32,00 (D) | € 32,90 (A) | CHF 55,60
ISBN: 978-3-636-01424-5

www.redline-wirtschaft.de

REDLINE WIRTSCHAFT